TOOL
ツール活用シリーズ

プリント基板CAD
EAGLEでボード作り
プロ仕様の機能を使って本格電子工作

渡辺明禎 ほか・共著
Akiyoshi Watanabe
and Others

CQ出版社

はじめに

きれいなプリント基板が自作できる時代になった

　電子工作をする場合，昔はユニバーサル基板を使用するか，フェルトペンなどで，生のプリント基板上にパターンを手書きしてエッチングしていました．その後，感光基板が出てきてフォトマスクを自分で作成して，プリント基板上にパターンを形成してエッチングするのが流行った時期もありました．当時から，プリント基板の作成を請け負ってくれる会社はありましたが，個人で数枚の作成をお願いするとマスク代などの初期費用が膨大になり，なかなか高い障壁になっていました．

　また，片面基板なら自作も可能ですが，スルー・ホールを形成しなければならない両面基板や，内部配線層をもつ4層以上の基板は自作はきわめて困難です．また，たとえ片面基板であっても0.5 mmピッチのQFPなどを使用した場合には，自作のプリント基板でははんだレジストを塗ることができないため，ピンのはんだ付けが非常に難しくなります．

　ところが，最近では初期費用が不要あるいはきわめて安いプリント基板の試作サービスを行ってくれる会社もいくつか現れてきました．

　このような会社では，手書きやお絵書きソフトなどで描いた図面からプリント基板を作ってくれる場合もありますが，やはりCADデータで受け渡しするのがスマートでしょう．

　プリント基板CADを使用する場合，部品マクロの有無が特に問題になりがちです．部品マクロはプリント基板CADを使用するうえでなくてはならないものですが，一般に，プリント基板CADに付属している部品マクロは海外の半導体が大半を占めていて，国内メーカの半導体を使用しづらい面があります．本書では，個人が手軽に使用できるEAGLE CADの活用方法を解説します．

EAGLE（イーグル）は独Cad Soft社のプリント基板CADです．日本ではCircuit Boards Service, incが代理店になっています．個人が趣味で使うぶんには，Light Edition（無償版）かNon-profit versionで十分だと思います．
　これらには，次のような制約があります．

▶ Light Edition
- 非商法利用（教育用または評価用）に限り無償
- 作成できる回路図面は1プロジェクトにつき1枚まで
- 作成できるプリント基板は2層，サイズは100 mm×80 mmまで

▶ Non-profit version
- 非商法利用に限定，ホビー・ユーザ対象
- 作成できる回路図面は1プロジェクトにつき99枚まで
- 作成できるプリント基板は6層，サイズは160×100 mmまで

森田　一

本書は，トランジスタ技術2011年10月号の特集「インターネット時代の基板づくり」と，同号の別冊付録「プリント基板CAD EAGLE 私の使いこなし術」を加筆，修正したものです．
特設Webサイト　http://toragi.cqpub.co.jp/tabid/508/Default.aspx

CONTENTS
目次

はじめに ……………………………………………………………………………………… 2
プロローグ …………………………………………………………………………………… 8
　ちょこっとコラム　個人で電子工作を楽しむ時代背景　森田 一　12

第1章
はじめてのプリント基板づくり　渡辺 明禎, 森田 一, 玉村 聡 …………………… 13

STEP 1──作りたいものをイメージする …………………………………………… 13
　　メーカ製を超えることだって夢じゃない　13
　　目標と実現までの流れ　16
　　4種類のモジュール基板を応用　18

STEP 2──ツールのインストールとセットアップ ………………………………… 21

Appendix1-A　プリント基板CADの基礎知識 ……………………………………… 30
　1　プリント基板CADとお絵かきソフトとの違い　30
　2　プリント基板CADと回路図CADの関係　31
　3　部品マクロとは　33

Appendix1-B　コマンドの使い方 …………………………………………………… 36
　1　スケマティック(回路図)エディタ　36
　2　ボード(パターン図)エディタ　48
　3　ライブラリ・エディタ　52
　4　EAGLE5と6のアイコンの違い　53

Appendix1-C　キーボードを上手に使う …………………………………………… 55
　1　画面の切り替え　55
　2　QUIT(Alt＋X)　56
　3　コマンド・ラインの活用　57
　4　MOVEコマンドとGROUPコマンド　59

Appendix1-D　使いやすくするための設定と操作 ………………………………… 62
　Q1　バージョンアップのたびにデータの引っ越しをしています．なにか良い方法は
　　　ないでしょうか？　62
　Q2　回路図と配線図を一致させた状態で作画したいのですが…　64
　Q3　CAMプロセッサ(基板製造用のデータを出力するプログラム)の設定方法を教
　　　えてください　66
　Q4　EAGLEで出力したガーバー・データが正しいかどうか確認する方法を教えて
　　　ください　72
　Q5　回路図エディタから部品表を出力する方法を教えてください　76
　　Column(1-A)　プリント基板CAD EAGLE早見図　28
　　Column(1-B)　基板にまつわる蘊蓄　35
　　Column(1-C)　メトリックとインチの壁がある　54

第2章
部品マクロを作る 渡辺 明禎, 森田 一, 小林 芳直 ……… 77

STEP 1 ── 仕様の検討 ……… 77
圧縮音声ファイルのデコード IC BU94603KV 78
その他の主な IC やトランジスタ 82
電源と基板のサイズ 86

STEP 2 ── 部品マクロを作る その1…Packageデータ ……… 87
EAGLE に登録がなく新規に作るべき部品 88
Package データのしくみと完成後のデータ 89
Package データを作る①…銅箔面データ 91
Package データを作る②…シルク印刷面データ 96

STEP 3 ── 部品マクロを作る その2…Symbolデータ ……… 98

STEP 4 ── 部品マクロを作る その3…Deviceデータ ……… 103

Appendix2-A 部品が確実に基板に付くフット・プリントの作り方 ……… 108
1 量産用フット・プリントはノウハウの集大成 108
2 量産用マクロのノウハウ 108
3 試作用フット・プリントは量産用と別世界 111

Appendix2-B 標準ライブラリにない部品マクロを作る ……… 117
1 ライブラリにない部品を使う方法 117
2 類似部品で代用する 118
3 類似部品を編集してマクロを作成する 118
4 新規に作成してみる 123
5 類似部品を編集してマクロを作成する 123
6 基板用マクロの設定 130
7 原点やグリッドの考え方 138
8 汎用8ピンSOPのマクロを作る 138
9 定番のタイマ IC 555 を作る 140
10 NJM4556AM を作る 142

Appendix2-C EAGLEの問題点 ……… 149
1 使いこなせていますか？ 149
2 EAGLE はここが使いにくい 149
3 EAGLE はここがすごい 151
4 オートルータは便利そうだけどあまり使えない 152
5 ほかの CAD との相違点 153

Appendix2-D 部品マクロを作るためのルール ……… 155
1 部品マクロはミリ・スケールで作る 155
2 ランド径は両面では AUTO の丸穴，片面では穴径＋0.8～1mmのランドでオクタゴン 157
3 部品の原点は部品の中心に，基板端面に取り付ける部品の原点は端面に 159
4 べたグラウンドは部品面側 161

Appendix2-E	部品マクロを作る	165
	1　EAGLE の部品マクロ・ライブラリの構造　165	
	2　部品マクロができるまで　169	
Appendix2-F	ライブラリの入手方法	184
Appendix2-G	LTspice との連携	190

Column（2-A）　部品マクロのライブラリを管理する方法　94
Column（2-B）　端子の負論理を示すバーを表示させるコマンド"！"　102
Column（2-C）　特殊な形状のパッドをもつ IC の部品マクロ作成　105
Column（2-D）　電源基板を作るときに役に立つ　マクロ作成の裏ワザ　146
Column（2-E）　Excel を使ったパッケージ・データの楽ちん作成　175
Column（2-F）　知っているとちょっぴりお得 EAGLE ミニ知識　179
ちょこっとコラム　電源はラインでできるだけ細く　194

第3章
回路図を描いて部品表を出力する　渡辺 明禎，武田 洋一，森田 一　195

STEP 1	回路図を描く	195
STEP 2	回路図の仕上げと部品表の出力	206
Appendix3-A	プリント基板 CAD ツール 一覧	214

Column（3-A）　配線ミスを見つけるテクニックその1　205
ちょこっとコラム　回路設計・基板設計　213
ちょこっとコラム　回路図に込めるメッセージ　218

第4章
プリント・パターンを作画する　渡辺 明禎，玉村 聡　219

STEP 1	基板の外形と取り付けの穴を描く	219
STEP 2	部品を並べていく	222
STEP 3	ロゴやイラスト画像を置く	225
STEP 4	Package データと実物の形状を照合する	229
STEP 5	配線する	231
STEP 6	ベタ・パターンの作成とシルク位置の整頓	237
STEP 7	配線エラーをつぶして最終仕上げ	243
	配線エラーをあぶり出す　243	
	発注する　245	
Appendix4-A	ガーバー・データを覗いてみる	251
Appendix4-B	スクリプト言語で楽々配線	253
	1　コマンド・ラインからの操作　253	
	2　スクリプト・ファイル　254	

Appendix4-C　**全部フリー！3D画像作成のための四つのツール** ……………… 257
　　　1　3D表示用プログラム　257
　　　2　SketchUpのダウンロード　257
　　　3　ImageMagic　258
　　　4　eagleUp　258
　　　5　操作方法　261
　　　6　SketchUpに3Dデータを取り込む　263
　　　Column(4-A)　配線ミスを見つけるテクニックその2　225
　　　Column(4-B)　回路図やレイアウト図を画像データで出力する方法　241
　　　Column(4-C)　自分で作ったデータは自分で決めたルールでチェックする　250

第5章
発注/組み立て…そして音出し　渡辺 明禎，玉村 聡，宮崎 充彦 …………… 267

STEP 1── FM送信/アンプ/マイコン基板を作る ……………………………… 267
　　　FMトランスミッタ基板　267
　　　D級アンプ基板　276
　　　マイコン基板　282

STEP 2── インターネットで自宅から注文！ ……………………………………… 288

Appendix5-A　海外への基板発注について ……………………………………… 292
　　　Online quote（オンライン見積もり）　292
　　　海外発注にチャレンジ！　293

STEP 3── メーカから届いた基板に電源を入れる ……………………………… 303
　　　USBオーディオ・デコード基板の動作確認　303
　　　FMステレオ送信基板の動作確認　306
　　　D級アンプ基板の動作確認　310
　　　マイコン基板の動作確認　311

Appendix5-B　プリント基板製造メーカ一覧（2013年2月現在） ……………… 316

Appendix5-C　海外への基板発注について …………………………………… 317

STEP 4── ディジタル・オーディオ・ステーションの製作 …………………… 324
　　　オプション基板とアンテナを取り付ける　324
　　　結線図を用意する　326
　　　マイコンの機能その①…USBオーディオ・デコードICの制御　328
　　　マイコンの機能その②…赤外線リモコンの解読　333
　　　Column(5-A)　パターンの抵抗，容量，インダクタンス　287
　　　Column(5-B)　面付けされた基板を切り離す方法　291
　　　Column(5-C)　良いはんだ付けは「こて選び」から　315
　　　Column(5-D)　2線の定番シリアル・インターフェース I^{2}C バスの基礎　332

　　　初出一覧 / Webサイト一覧　337
　　　著者略歴　338
　　　索引　340

プロローグ

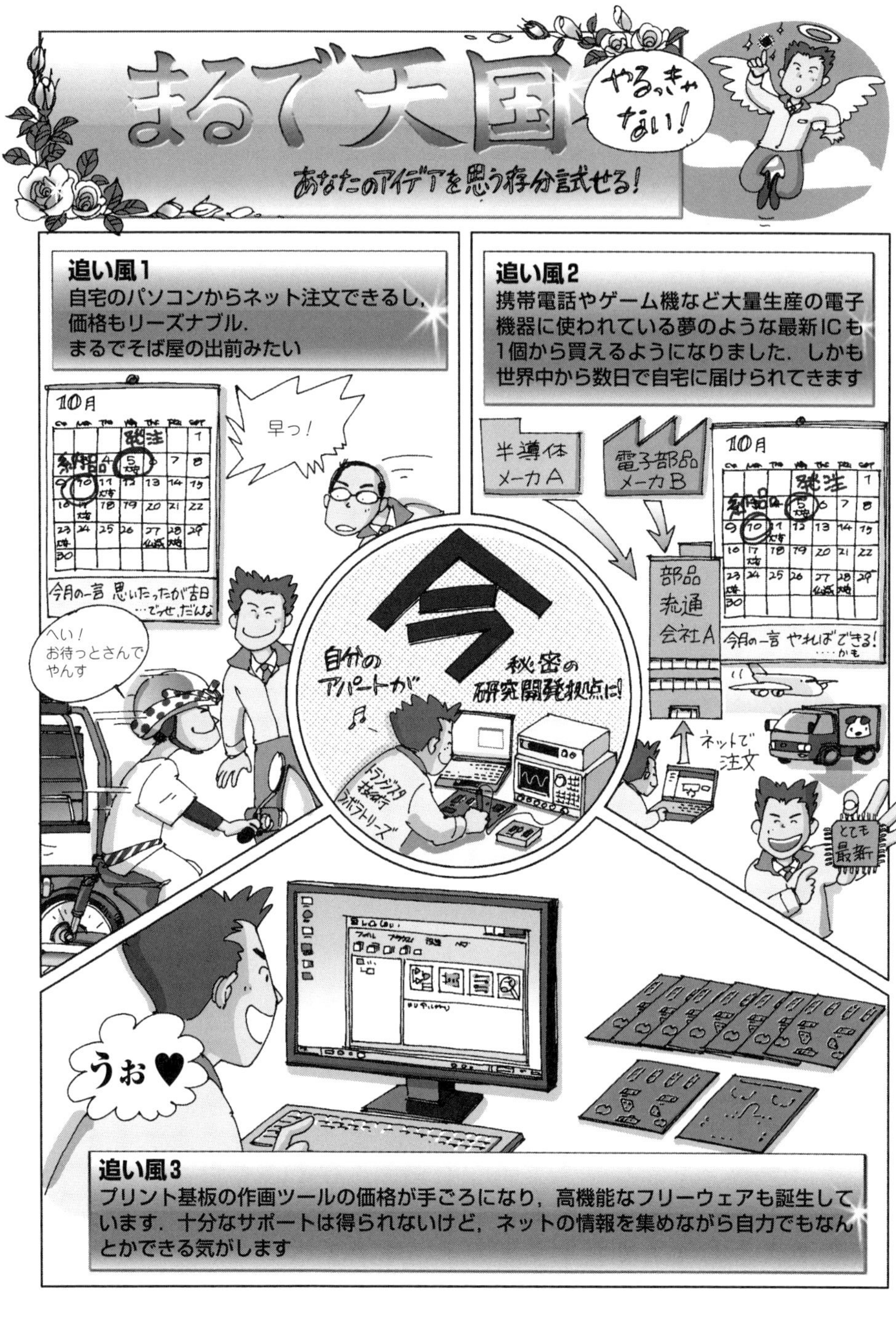

全公開！EAGLEでオリジナル基板を作るまで！
最新デバイスで自作にTRY！

〈編集部〉

① 何を作りたいのか絵や文書にします

② 基板データを作るその1…部品ライブラリを作ります

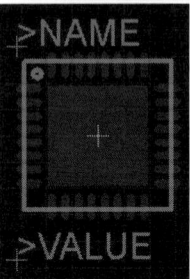

プリント基板の作画ツール（CAD）をインストールしたら，基板に実装する部品やICのマクロ・データ（部品マクロ）を作ります．

③ 基板データを作るその2…回路図を作ります

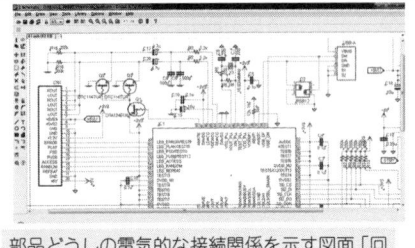

部品どうしの電気的な接続関係を示す図面「回路図」を作ります．

④ 基板データを作るその3…部品マクロを配置して配線します

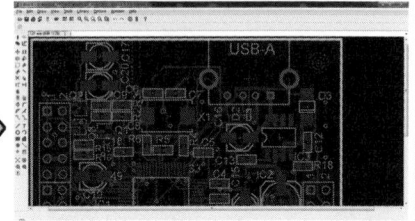

部品マクロを配置して，回路図の接続と一対一対応するように配線します．

⑤ CADから基板データを出力してネットでメーカに注文を出します

基板データが完成したら，ガーバと呼ばれるデータを出力して，インターネットで基板メーカに送付します．

⑥ プリント基板が自宅に届けられたら，部品をはんだ付けしていきます

基板メーカからプリント基板が届けられたら狙いどおりに仕上がっているかどうか目視チェックして，部品を一つずつ実装します．

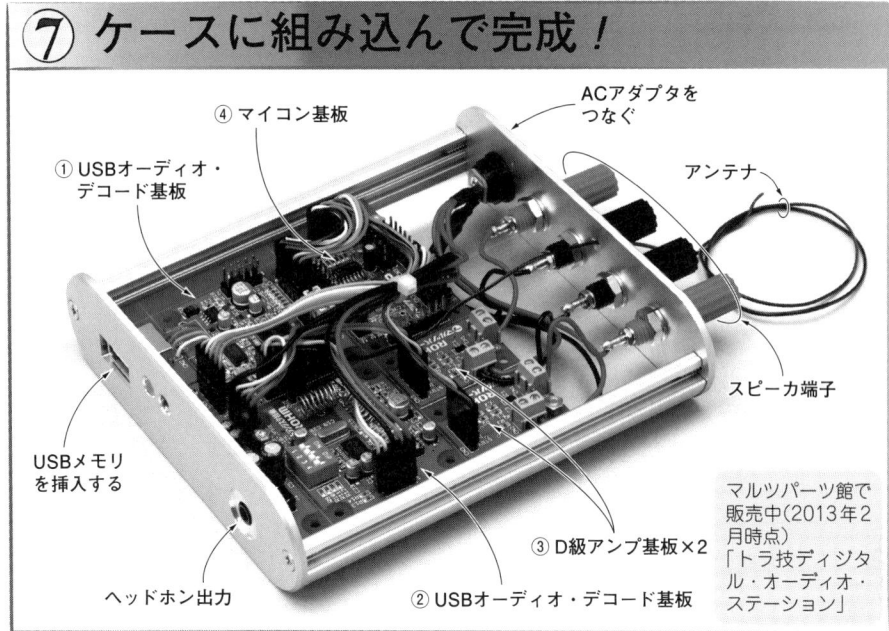

⑦ ケースに組み込んで完成！

- ① USBオーディオ・デコード基板
- ④ マイコン基板
- ACアダプタをつなぐ
- アンテナ
- スピーカ端子
- マルツパーツ館で販売中(2013年2月時点)「トラ技ディジタル・オーディオ・ステーション」
- ③ D級アンプ基板×2
- ② USBオーディオ・デコード基板
- ヘッドホン出力
- USBメモリを挿入する

付属CD-ROMの内容

　付属CD-ROMには以下のものが入っています．
■ プリント基板CAD EAGLE 評価版 6.3 & 6.4
本書では，EAGLE Ver.6.3.0を用いて操作の説明をしていますが，すでにVer.6.4.0がリリースされました．このため両方のバージョンを収録してあります．
■ プリント基板CAD EAGLE 日本語チュートリアル(PDFファイル)
■ プリント基板CAD EAGLEの操作手順を解説した動画(GIFアニメーション)
■ 本書で作成した基板データなど
■ 本書で使用したデータシートの一部
■ 頒布基板に搭載されたデバイス関連資料(PDFファイル)
　・USBオーディオ基板
　・D級パワー・アンプ
　・FMステレオ送信機
※最新版のデータシートはロームのHPをご覧ください．
http://www.rohm.co.jp/web/japan/home
■ パッケージ・データ自動生成用のExcelシート
　「Column2-E　Excelを使ったパッケージ・データの楽ちん作成」で使っているExcelシートを収録しています．

● 必要なパソコンの環境
対応OS：Windows 2000，XP，Vista，7，Linux kernel 2.x，libc6 and x11，
MAC OS バージョン10.4以上
解像度1024×768以上のディスプレイと3ボタン・マウス
● 最新版のEAGLEの入手先
http://www.cadsoftusa.com/
● 最新版のロームのデータシートの入手先
http://www.rohm.co.jp/web/japan/home

〈森田 一〉

ちょこっとコラム

個人で電子工作を楽しむ時代背景

● 部品の入手が楽

　個人で電子工作を楽しむには，とても恵まれた時代になりました．日本中どこに住んでいても，ネット通販で必要な部品を必要な個数購入できます．しかも，部品の単価は昔とは比べようがないくらい安くなっています．

● 情報の入手が楽

　部品のデータシートもPDFでダウンロードできます．調べものをするにもWeb上に豊富な情報があります．ただし，Webの情報には間違ったものも多いので，Webに頼らず図書館などの書籍をしっかり読むことも大切です．また，学生さんであれば身近に先生もいらっしゃるわけですから，先生に教えを請うことも大切です．

● ツールが豊富

　昔なら，プリント基板を作るにも生基板に直接マジックでアートワークを書いてエッチングしたりしていましたが，メーカで使用するような最先端ではないにしても，必要十分な機能を持ったCADが無償あるいは安価で使用できます．回路設計においても，シミュレータなどがやはり容易に使用できる時代になりました．

＊　＊　＊

　このように，今は電子工作をするのに非常に恵まれた時代になっています．電子回路を理論だけ勉強した人は，データシートなどの誤植で定数が一桁（ひとけた）違っていても，気づかないなどということがありますが，実際に電子工作の経験をつんだ方はすぐにおかしいと気づく実力があります．筆者らはこの電子回路への皮膚感覚を非常に重要なものだと考えています．

　せっかく，電子工作には恵まれた時代になっているのですから，どんどん自分で手を動かして，実際に物を創って実力をつけましょう．

　とはいえ，

- うまく動かなかったとき，手当たり次第に定数を変えてみたら動くようになった
- シミュレータでいろいろ定数を変えてみたらうまくいった

というのでは，実力はつきません．必ず「それはなぜか？」を理論に立ち戻って考え，答えを出すようにしましょう．　　　　　　　　　　　　〈森田　一〉

第1章
はじめてのプリント基板づくり
目標の設定とツールのインストール

本書のゴールは，単独で使える4種類の汎用モジュール基板を作ることです．早速，装置の仕様を決めて，パソコン上にプリント基板の開発環境をセットアップします．

STEP 1 作りたいものをイメージする
STEP 2 ツールのインストールとセットアップ

STEP 1── 作りたいものをイメージする
単体で使える4種類の汎用モジュール基板を作る

メーカ製を超えることだって夢じゃない

● これからは個人のほうがやれる!?

インターネットの普及によって，個人は世界と直接つながりを持てる状態にあります(図1-1)．このことは，いろいろな分野において，大きな自己表現の可能性を手に入れていることを意味しています．

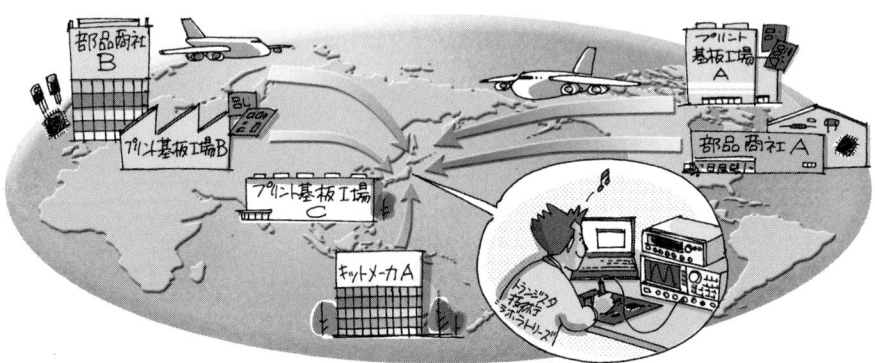

[図1-1] あなたの自宅はもはや世界の部品商社やプリント基板メーカと直接つながっている

エレクトロニクス分野では，これまで大企業にしか作れなかった高度な電子機器がたった一人の手によって実現できる時代になっています．骨の折れる作業ですが，ユニークなアイデアを思いついたなら，誰に邪魔されることもなく，手早く形にして世界に問いかけることができます．その気になれば，メーカ製を超えることだって夢ではないかもしれません．

● 開発環境も個人に追い風が吹いている
　最近は，数万円もかければ，メーカ製に負けない高機能でエレガントな電子機器を自作できるようになりました．その背景には次のような自作環境の変化があるように思います(図1-2)．
▶追い風その1
　最近，安価なプリント基板の作画ツール(CAD；Computer Aided Design)が各種誕生しており，プリント基板の自作がとても簡単になりました．最近話題のKiCadは，GPL(GNU一般公的使用許諾)というオープン・ソース・ライセンスで開発されているフリーのプリント基板CADです．

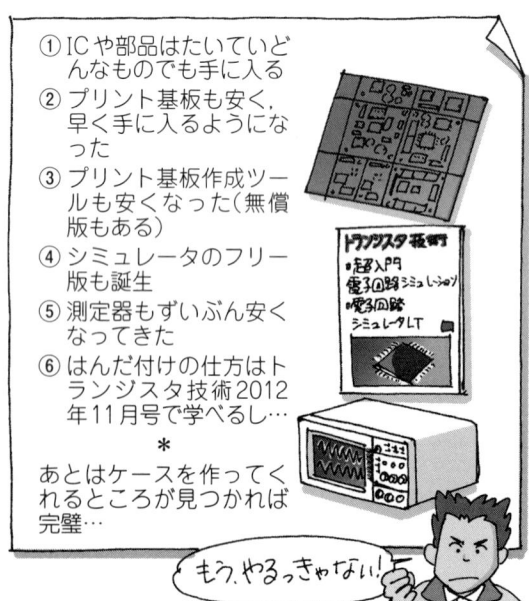

① ICや部品はたいていどんなものでも手に入る
② プリント基板も安く，早く手に入るようになった
③ プリント基板作成ツールも安くなった(無償版もある)
④ シミュレータのフリー版も誕生
⑤ 測定器もずいぶん安くなってきた
⑥ はんだ付けの仕方はトランジスタ技術2012年11月号で学べるし…
　　　　＊
あとはケースを作ってくれるところが見つかれば完璧…

[図1-2] 個人でも本格的な電子機器を開発できる環境がそろってきている

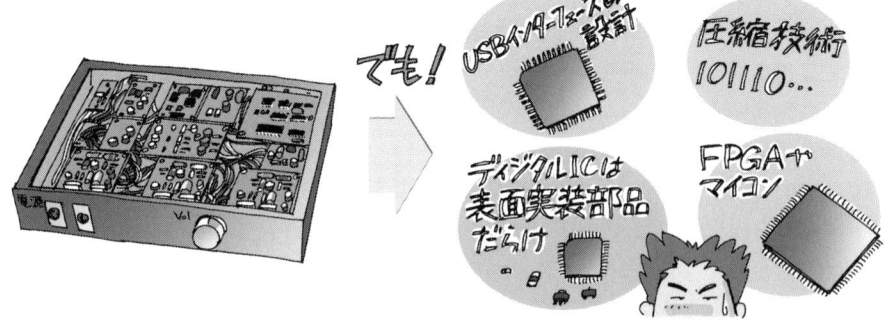

(a) これまでのオーディオはリード付きのアナログ部品とユニバーサル基板を使って手作りできた

(b) 最近のディジタル・オーディオは量産技術の塊になっていて簡単には自作できない

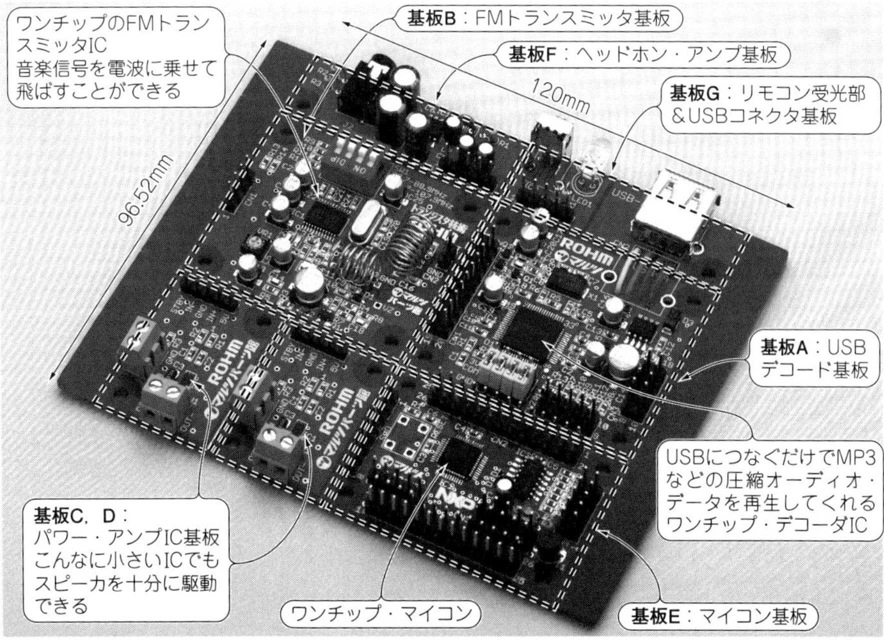

- ワンチップのFMトランスミッタIC 音楽信号を電波に乗せて飛ばすことができる
- 基板B：FMトランスミッタ基板
- 基板F：ヘッドホン・アンプ基板
- 基板G：リモコン受光部＆USBコネクタ基板
- 基板A：USBデコード基板
- USBにつなぐだけでMP3などの圧縮オーディオ・データを再生してくれるワンチップ・デコーダIC
- 基板C，D：パワー・アンプIC基板 こんなに小さいICでもスピーカを十分に駆動できる
- ワンチップ・マイコン
- 基板E：マイコン基板

120mm / 96.52mm

(c) ワンチップICが豊富にありプリント基板が簡単に作れる今の時代はコンパクトにスゴいシステムを自作できちゃう

[図1-3] 本書で設計するプリント基板の完成形（A～G）
第1章～第4章でA～Eの4種類，5枚の汎用モジュール基板の作り方を紹介する．第5章では，これらのモジュール基板の応用として，トラ技ディジタル・オーディオ・ステーション（マルツパーツ館で販売中．2013年2月時点）を組み上げる

STEP 1 ── 作りたいものをイメージする 015

▶追い風その2

　インターネット通販で注文を通じて気軽に部品を調達できるようになりました．最新で高機能なICも入手しやすくなり，図1-3(c)に示す，高機能な電子回路を組むことも容易です．

▶追い風その3

　人件費の安いアジアでプリント基板を製造するメーカが増え，非常に安価でプリント基板を自作できるようになりました．

　私は，ドット・インクジェクト・プリンタが開発されたことが，プリント基板が短時間，低コストで作れるようになった要因の一つだと考えています．直接パターン図を描画できるので，従来のマスクを使った感光によるパターン作成が不要になったのです．

目標と実現までの流れ

● 目標

　本書の目的は，単独で使える次の4種類の汎用モジュール基板を作ることです．
(1) USBオーディオ・デコード基板
(2) FMトランスミッタ基板
(3) D級アンプ基板
(4) マイコン基板

　しかし，これだけでは満足がいかなかったので，4種類の汎用基板を応用して何か面白いものを作れないものかと考えました．

　最近，ヘッドホン・アンプの自作が盛り上がりを見せています．そこで上記のモジュールを応用して，本書オリジナルのディジタル・オーディオ・ステーション(TDAS-01)の製作にも挑戦しました．

　図1-3(c)に示すのは，完成したプリント基板の外観です．ご覧のとおり，6種類，7枚の子基板(A～G)を組み合わた120×96.52mmの基板を作ります．本書のテーマであるプリント基板の設計については，基板A(USBオーディオ・デコード基板)を例に，第2章～第5章(pp.77～336)で詳しく解説します．

● 完成までの道のり

　基板が完成するまでの流れを図1-4に示します．これは，メーカが電子機器を設計する手順とほぼ同じです．違うのは，これらすべての作業を自分一人の力でやり

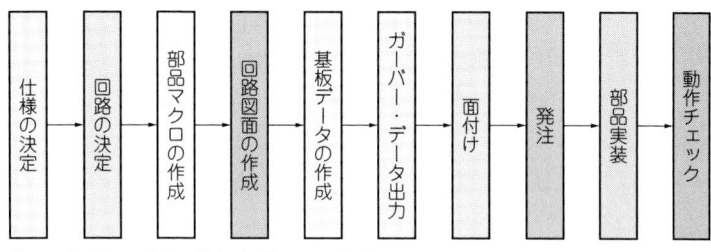

[図1-4] 図1-3(c)の基板完成までの作業

きることです．骨が折れますが，自分のアイデアの100%が，自らの力で形になったときの喜びは，分業化が進んだ企業で作るよりも何百倍も大きいことでしょう．

次のように本書では，4種類の汎用モジュール基板ができるまでを一つずつ追って説明していきます．

▶第2章　STEP1(pp.77 ～ 87)

出発点は仕様を作ることです．仕様と部品が決まったら回路を作ります．

▶第2章　STEP2 ～ STEP4(pp.87 ～ 107)

回路が完成したら，プリント基板データを作ります．本書ではEAGLEというCADを利用します．EAGLEには，標準でたくさんの部品マクロが登録されていますが，自分の使う部品専用のマクロがないことが多く，その場合は自分で一から作らなければなりません．

EAGLEは，プリント基板の配線データを作る前に，回路図を作る必要がありますが，回路図を作るためには，部品マクロを用意しなければなりません．つまり，プリント基板データを作る第一歩は，部品マクロの作成です．

▶第3章　STEP1，STEP2(pp.195 ～ 212)

すべての部品のマクロが完成したら，回路図面を作成します．

▶第4章　STEP1 ～ STEP7(pp.219 ～ 250)

回路図ができたら，プリント・パターンを作ります．

▶第5章　STEP1 ～ STEP2(pp.267 ～ 291)

プリント・パターンのデータができたらガーバー・データと呼ばれる基板製造に欠かせないデータを出力して，基板メーカにインターネットなどを通じて発注します．

基板の試作を外注すると，枚数や大きさに関係なく，1種類の基板当たり約2万円かかります．図1-3(c)の7枚，6種類の基板を別々に発注すると，各基板ごとに2万円ずつかかり，非常に高くつきます．ところが7枚を1枚の基板にまとめて発

注すると，基板のサイズが大きくなるぶん料金は高くなりますが，トータルでははるかに低料金ですみます．複数の基板を1枚の基板にまとめる作業を「面付け」と呼びます．この作業を外注すると料金がかかります．EAGLEを使えば自分で面付けすることができます．

7枚の子基板は分割しやすいように，各基板間の境界にV字状の溝を入れておきます．

▶第5章　STEP3(pp.303～315)

プリント基板が完成して郵送されてきたら，部品を実装します．部品のはんだ付けが終わったら，動くかどうか確認します．

▶第5章　STEP4(pp.324～336)

応用例としてトラ技ディジタル・オーディオ・ステーション(TDAS-01)を作ってみます．

4種類のモジュール基板を応用

図1-5に第5章で製作したTDAS-01のブロック図を示します．

● **MP3などの圧縮データが記録されたUSBメモリを音源にする**

圧縮技術は進歩が著しく，十分な音質が得られます．また，圧縮音源はファイル・

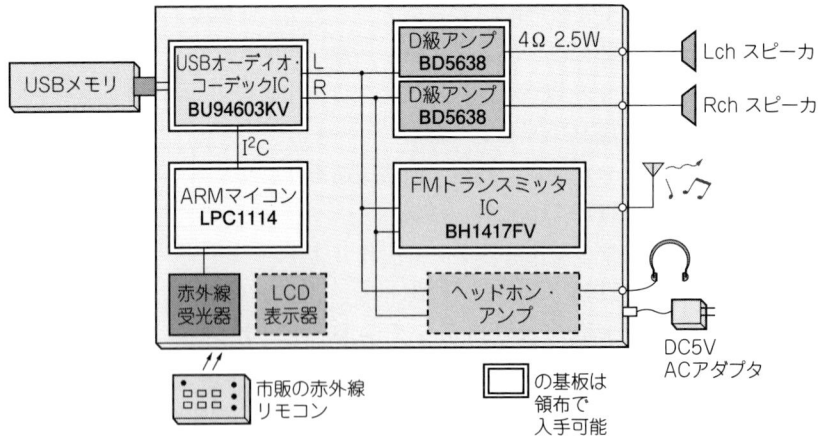

[図1-5] 図1-3(c)の基板を応用して製作したディジタル・オーディオ・ステーションTDAS-01のブロック図

サイズが小さいので，容量が数Gバイトの USB メモリ一つで，たくさんの楽曲を収めることができます．そこで圧縮音源対応とし，音源用デバイスは USB メモリに決めました．

図1-6に示すのは，USBの通信制御，圧縮されたオーディオ・データの伸長処理，D-A変換をワンチップに収めたUSBオーディオ・デコードIC BU94603KV[**写真1-1(a)**]のブロック図です．SDメモリーカードとの通信制御やLEDの点灯，ス

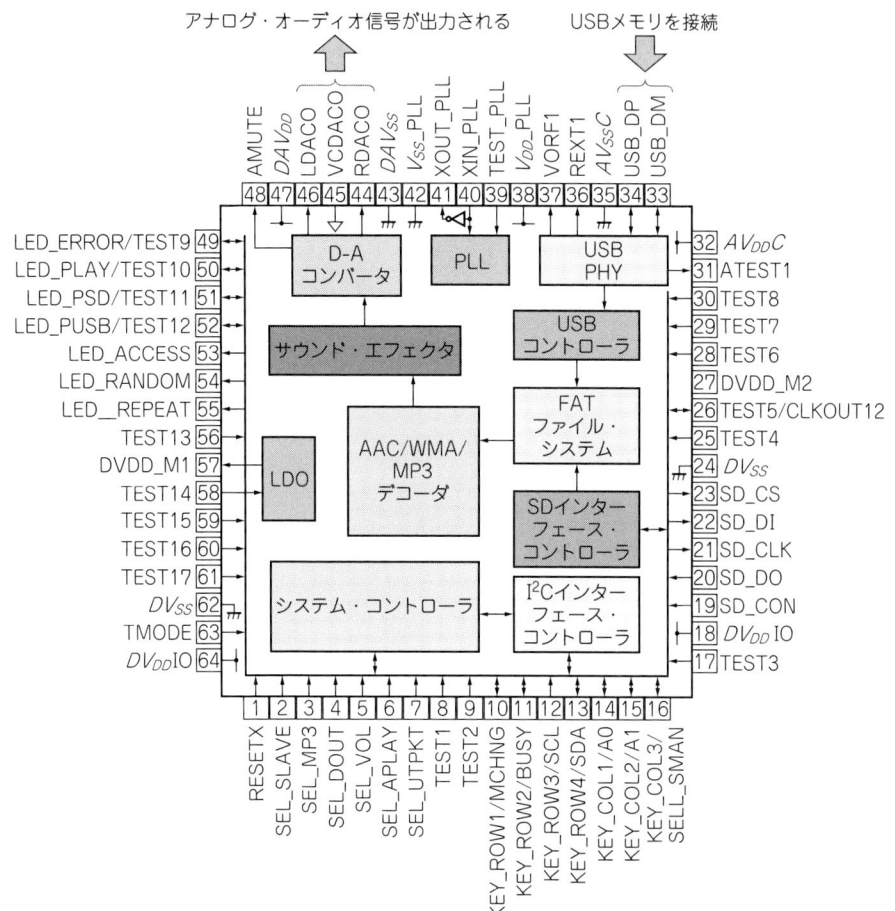

[図1-6] キー・デバイスとなるUSBオーディオ・デコードIC BU94603KVのブロック図
USBメモリからMP3/WMA/AACのファイルを読み出して音楽信号を出力する

イッチ入力も可能なので，スタンドアロンでUSBオーディオを実現できます．一昔前まではこれらの処理を実現するために，USBホスト・コントローラやD-Aコンバータ，マイコンなど，いくつものICを組み合わせる必要がありました．

● スピーカとヘッドホンを鳴らせる

BU94603KVが出力するアナログ信号は弱々しいのでそのままスピーカに加えても，蚊の鳴くような小さな音でしか鳴りません．大きな音で鳴らすにはパワー・アンプで増幅してやる必要があります．

リビングなどで聞くぶんには，1Wも出力できれば十分なので，最大出力2.5W（R_L = 4Ω，V_{DD} = 5V，ひずみ10％）のモノラル・アンプIC BD5638[**写真1-1(b)**]を2個使うことにしました．このアンプICは，発熱のとても小さいスイッチング動作で電力を増幅します．このタイプの高効率アンプは増えており，D級アンプと呼ばれています．

(a) USBオーディオ・デコードIC BU94603KV

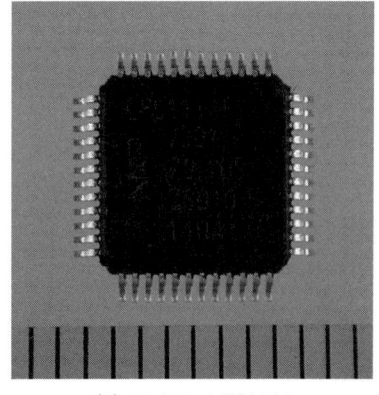

(d) マイコン LPC1114

(b) D級アンプIC BD5638

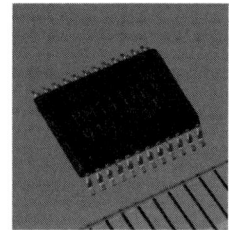

(c) FMトランスミッタIC BH1417FV

[**写真1-1**] 図1-3(c)の基板に使われている主要デバイスの外観

● 音楽信号をラジオの電波に乗せて部屋中に飛ばす

　私のようなナガラ族は，どこの部屋でも音楽を聴ける環境にいたいものです．

　そこで，FMステレオ送信機を作って，BU94603KVが出力するアナログ信号をFMで飛ばすことにしました．そうすれば，どの部屋にいてもラジオさえあれば音楽を楽しむことができます．

　最近のFMラジオは，送信局の送信周波数がずれたときに自動的に受信周波数を調整するAFC(Auto Frequency Control)機能をもっていません．ですから，FM送信器の送信周波数は安定していることが必須条件です．

　そこで，送信周波数がとても安定している水晶発振器をベースにしたPLL回路を内蔵したFM送信IC BH1417FV [**写真**1-1(c)] を使いました．

● マイコンで制御してランダム再生やリモコン操作を可能に

　デコードIC BU94603KVは，マイコンで制御すると，ランダム再生や曲の表示，長時間の音楽再生などが可能です．今回は，最近ユーザが増えているARMマイコンLPC1114 [**写真**1-1(d)] を使うことにしました．通信インターフェースはI^{2}Cです．

STEP 2 — ツールのインストールとセットアップ
基板データを作る準備を整える

■ 私が選んだCADツール
● EAGLEを使う

　市販のプリント基板のパターンを作成する作画ツール(CAD；Computer Aided Design)は個人には高価です．実用になるものは数十万円以上します．いろいろな機能やサポートをつけると，100万円を超えるのが普通です．

　一方で無料で入手できる評価版の多くは，ピン数やガーバー・データ出力に制限があり，小さな回路にしか対応できないので，とても実用的とはいえません．

　そんななか，やや実用的な評価版を提供してくれるCAD **EAGLE**(Easily Applicable Graphical Layout Editor)が誕生しました．

　EAGLEは，次の作業が可能なCADソフトです．

- 回路図の作成(**図**1-7)
- 部品マクロの作成(**図**1-8)
- プリント・パターンの作成(**図**1-9)

EAGLE評価版はオート・ルータと呼ばれる自動配線機能を備えており，手動配線と組み合わせると短時間で理想的なパターンを作ることができます．

　本書では，「USBオーディオ・デコード基板」を例に，EAGLEのもつ基本機能の使い方を説明します．詳しい使い方は，次の文献を参考にしてください．

- 付属CD-ROMに収録されている全76ページの日本語チュートリアル（EAGLE6tutorial.pdf，図1-10）
- EAGLEマニュアル（manual_en.pdf）

● 評価版EAGLEでできること

　EAGLEには無償・無期限で使える評価版があり，最新バージョンは2013年2月現在6.4.0です．次のような制約があります．本書では評価版を利用して説明を進めていきます．

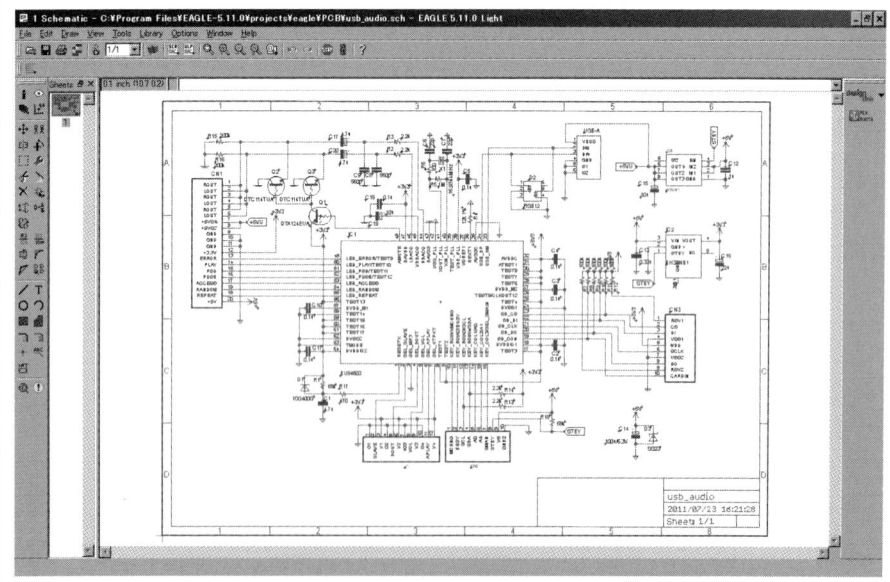

[図1-7] EAGLEの機能①…回路図エディタ（Schematic）

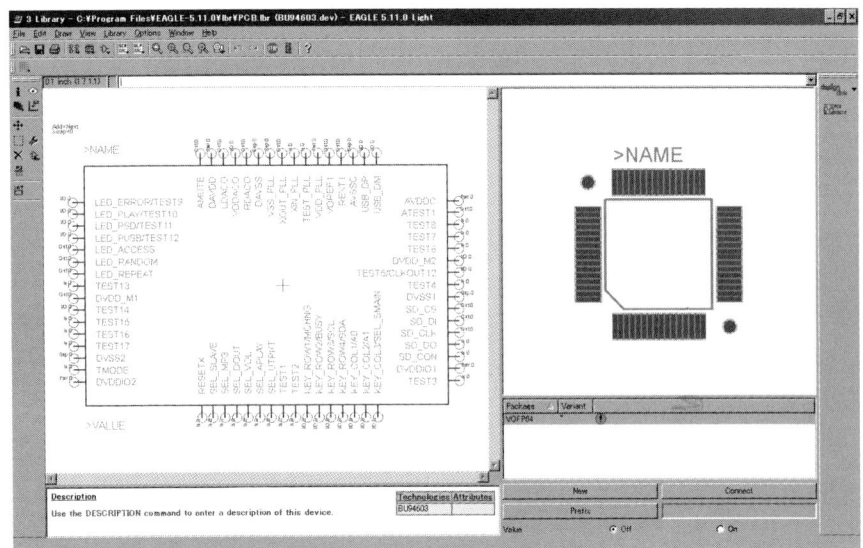

[図1-8] EAGLEの機能②…部品マクロ・エディタ(Library)
自分の用途に応じた部品ライブラリを作成できる

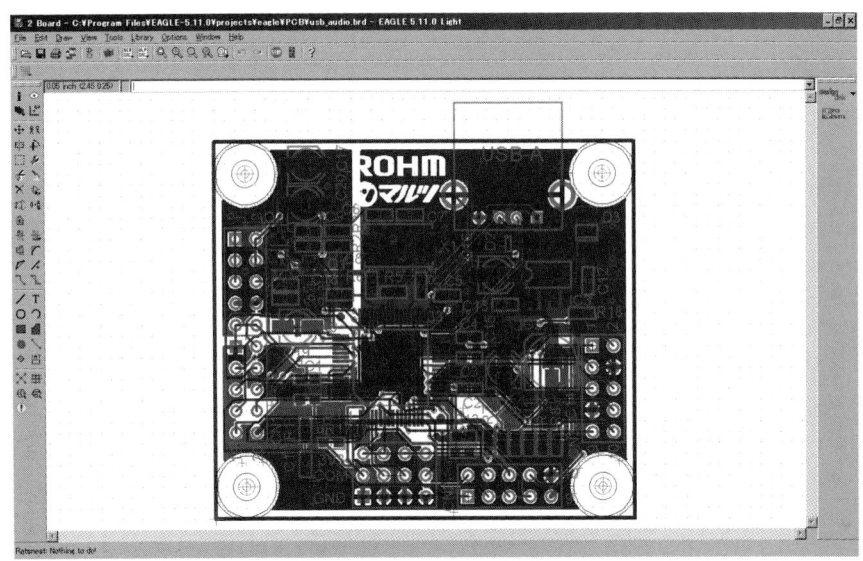

[図1-9] EAGLEの機能③…レイアウト・エディタ(Board)
パターン変更を回路図に反映したり，自動配線を行わせたりもできる

STEP 2── ツールのインストールとセットアップ　023

[図1-10] EAGLEの日本語チュートリアル
付属CD-ROMに収録されている

- 1ページからなる回路図を作れる．複数ページにわたる回路図は作れない．回路図ファイルの作成数は無制限
- パターンを作れる基板の層数は最大2．表が部品面，裏がはんだ面
- 基板のサイズは最大10 × 8cm

必要なパソコンの環境は，次のとおりです．

- 対　応OS：Windows 2000, XP, Vista, 7, 8, Linux kernel 2.x, libc6 and x11, MAC OS バージョン10.6から10.8以上
- 解像度1024 × 768以上のディスプレイと3ボタン・マウス

■ インストールとセットアップ
● EAGLE評価版（Windows用）本体をインストールする

　付属CD-ROMの自己解凍型の圧縮ファイルのeagle-win-6.3.0.exe（図1-12）を起動すると，図1-13のようなダイアログが出ますので［SetUp］をクリックします．
　解凍が終わると，EAGLEのインストール画面が出ますので［Next］をクリックします（図1-14）．次に図1-15のようなライセンスについての確認画面が出ますので，内容をよく読んで合意できれば［Yes］をクリックします．［No］を選択した場合，EAGLEはインストールされません．EAGLEをどのディレクトリにインス

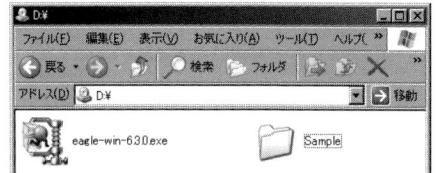
[図1-12] 付属CD-ROMを開く

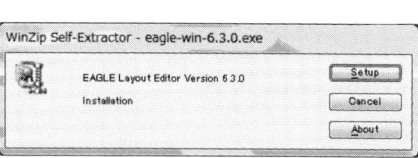
[図1-13] 圧縮ファイルの解凍

[図1-14] EAGLEのインストール画面

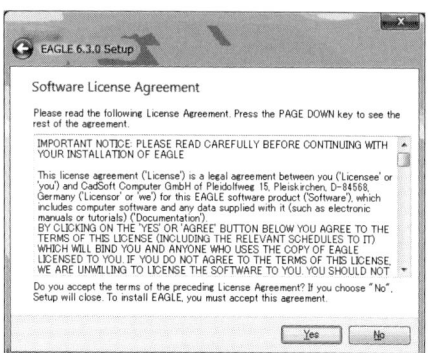
[図1-15] ライセンス確認画面

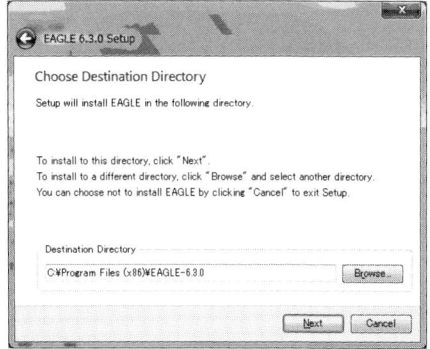
[図1-16] インストール先のディレクトリの指定

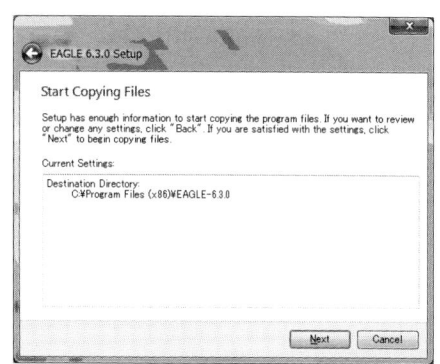
[図1-17] インストール先のディレクトリの確認

トールするかの問い合わせ画面が出ます(**図1-16**).特別な事情がない限りデフォルトのディレクトリのまま［Next］をクリックします.すると,**図1-17**のようにインストール先のディレクトリの確認画面が出ますので［Next］をクリックします.

ここからは,インストールが進行していきます(**図1-18**).次に**図1-19**のように

STEP 2——ツールのインストールとセットアップ | 025

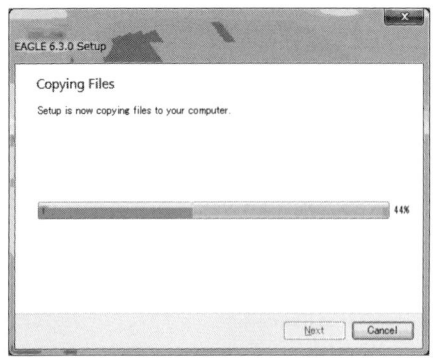
［図1-18］インストールが進行する

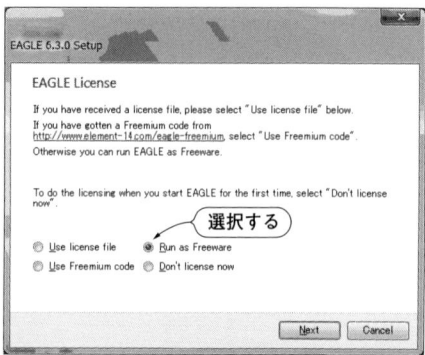
［図1-19］ライセンス形態の選択

［図1-20］インストールが完了

ライセンス形態を選択します．今回は［Run as Freeware］を選択します．以上でインストールが完了しますので［finish］をクリックしてインストーラを閉じます（図1-20）．

● EAGLEの使用環境をセットアップする

EAGLEの初回起動時「My DocumentsフォルダにEAGLEというディレクトリがありません」という警告が表示されたら，プロジェクト用のディレクトリをどこにするか決めます．

My Documentsでよければ，［Yes］をクリックします．eagleディレクトリが作られます．［No］をクリックした場合，後でコントロール・パネルの［Options］-［Directories］で，プロジェクト・ディレクトリを指定します．ここでは［Yes］をク

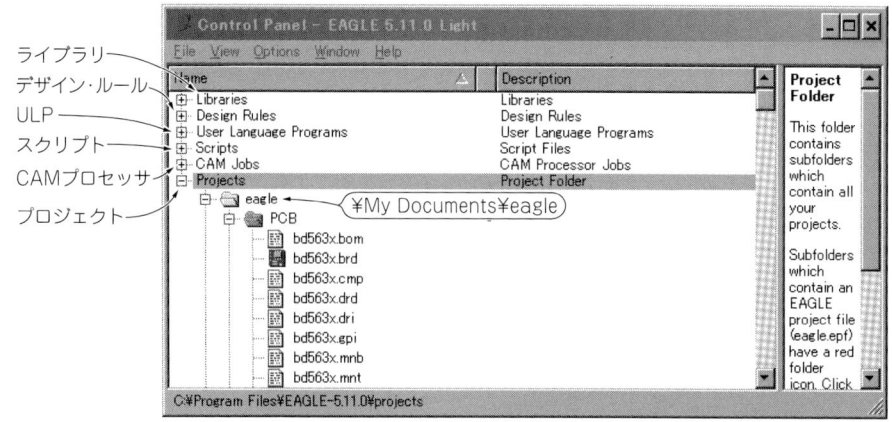

[図1-21] 付属CD-ROMから基板データ(PCBディレクトリ)をコピーしたときのフォルダ構成

リックします.

図1-21に示すEAGLEのコントロール・パネルが表示されたら，Projectsのツリーを展開します．eagleのほかに，examplesがProjectsに登録されています．examplesのファイル群は，標準インストールの場合，My Documentsにあります．

付属CD-ROMの**PCBディレクトリ**をそのまま，¥My Documents¥eagleにコピーしてください．最終的に，図1-21のようなツリー構成になればOKです．さらに，**PCB.lbr**(基板データのフォルダ内)をMy Documentsにコピーしてください．

〈渡辺 明禎，森田 一〉

Column（1-A）

プリント基板CAD EAGLE早見図

図Aに示すのはEAGLE全体のマップです．

Control Panelは，一つのプロジェクト（製作物）に必要なデータ群を管理するホーム・ポジション的なページです．このページから次の三つのソフトウェアを起動してデータを作成していきます．

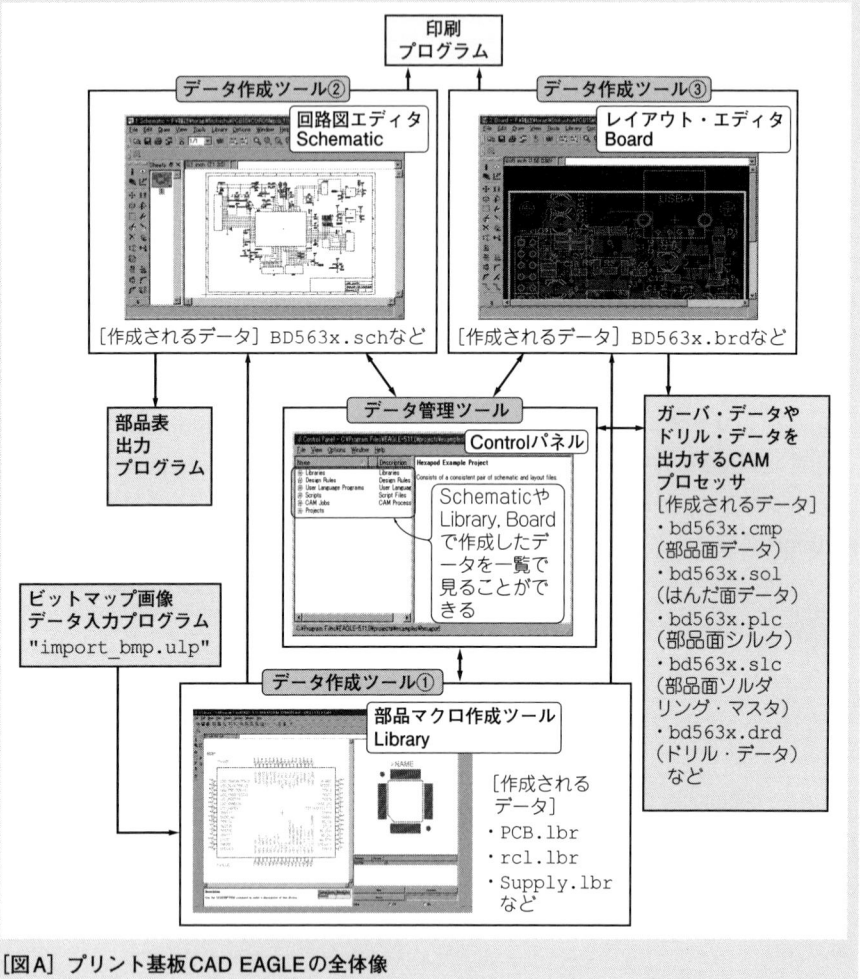

[図A] プリント基板CAD EAGLEの全体像

① 部品マクロ作成ツール(Library)

写真Aに示すように,プリント基板上には部品ごとに,形状を表す白色のラインが描かれていたり,部品の端子形状に合った銅箔が作り込まれています.EAGLEで作られるデータも部品単位で構成されており,この単位データを部品マクロと呼びます.ライブラリ・エディタはこの部品マクロのデータを作るアプリケーションです.

部品マクロはさらに次のデータで構成されています.

(1) **Package**:銅箔データ,レジスト・データ,シルク・データで構成されている
(2) **Symbol**:部品番号データや型名データで構成されている
(3) **Device**:PackageとSymbolを合体したデータ.回路図エディタもレイアウト・エディタも,この部品マクロと呼ばれる単位データを呼び出しながら作成する.

② 回路図エディタ(Schematic)

基板に搭載するすべての部品の接続関係を表す図面を入力するツールです.EAGLEは,回路図がないとプリント・パターンを作り始めることができません.また回路図を描くには,前述の部品マクロ・データがないと描き始めることができません.

③ レイアウト・エディタ(Board)

外形やプリント・パターン,取り付け穴のデータなどプリント基板の物理的な形状を表すデータを作成する描画ツールです.描画機能以外に,作成したプリント・パターンのチェック機能(DRC)や,EAGLEのデータを基板メーカ専用の基板データ「ガーバ」に変換する機能(CAMプロセッサ)をもっています.　　　　　　　　　　　〈渡辺 明禎〉

[写真A] プリント基板の上には部品を搭載する島(ランド)がたくさんある
各島はCAD上で部品マクロと呼ばれるデータで管理される

Appendix1-A

ツールのしくみを理解して正しく使おう
プリント基板 CAD の基礎知識

1 プリント基板 CAD とお絵かきソフトとの違い

　アートワークの「絵」を描くだけならば，ドロー系の描画ソフトウェアでも作成できます．ありきたりの例ですが，定番のタイマ IC 555 を使用した LED の点滅回路（**図1**）とそのアートワーク（**図2**）程度であれば，表計算ソフトウェアの Excel でも作成できます．筆者なども，出先で修正を加える可能性のある報告書の中の，ちょっとしたパターン図などはこの方法をよく利用します．

　また，企業などで回路設計とプリント基板のアートワーク設計が分業されているような場合，筆者が設計した回路を別のプリント基板設計者がアートワークします．特に電源回路や高周波回路などではアートワーク自体が回路の性能に大きく影響するので，あらかじめアートワークのラフなイメージを伝える場合の資料にも使います．

　また，アートワークが自分の思い通りになっていない場合は，スクリーン・キャプチャで切り出した画面のビットマップを「ペイント」などで修正することもあります．

　しかし，このようなソフトウェアで作成したものは単純な「絵」でしかないため，

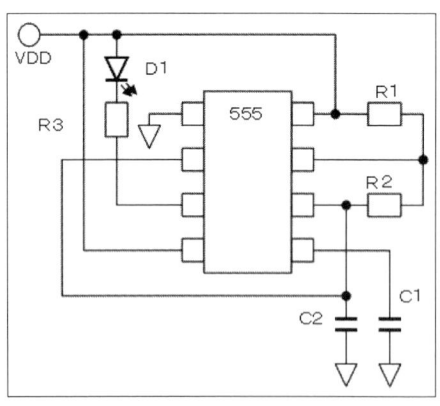

[図1] Excel でも回路図は描ける
この程度の回路図なら Excel でも描ける

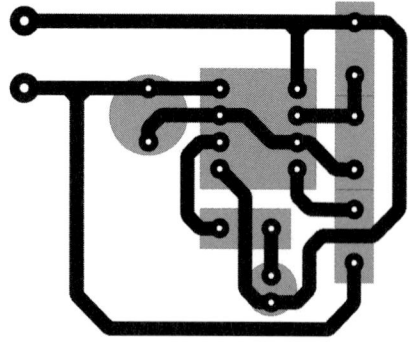

[図2] Excel で描いたパターン図
アートワークだって OK．でも…回路とパターンは合っている？ 縮尺は？ 部品同士がぶつからない？ 試作の会社は面倒がるよなぁ……

プリント基板の試作サービスの会社に提出するデータとしては使用できません．

このような単なる「絵」を受け取った場合，基板試作サービスの会社は自社のCADシステムに回路図を入力して，そのあとで「絵」を参照しながら自社のCAD上で最初から基板データを作成することになります．すると，本来不要な工数が必要になって余計なコストがかかります．

一方，プリント基板CADで作成したデータは，若干のデータ変換が必要な場合もありますが，基本的にそのまま基板作成の工程で使用するデータとして使用できます．

また，先ほども述べましたが，電気メーカなどでは仕事の分業化が進み，回路設計者がプリント基板のアートワークを行わず，専任のアートワーク設計者に依頼することも多くなってきました．

このように分業化してしまうと，回路設計者がアートワークに関する知識を身につける機会が失われてしまい，双方の意思の疎通が困難になる場合が見受けられます．

回路設計担当であっても，例えば今回使用するEAGLEのようなソフトウェアでアートワーク設計を経験しておくと，アートワーク設計者に伝えなければいけない情報などが整理でき，双方の仕事がスムーズに進むようになることが期待できます．

2 プリント基板CADと回路図CADの関係

プリント基板CADは，製品設計に用いられるEDA(Electronic Design Automation)と呼ばれる，機構CADや各種シミュレータなどを含む大きなツール・チェーンの一部の役割を担います．ここでは，プリント基板の作成に直接関わる流れを追いかけてみましょう(**図3**)．

お絵かきソフトで回路図を描くと，きれいで見やすい図面ができるだけですが，回路図CADで回路図を描くと，回路図面のほかに少なくともネット・リスト(Net list)とBOM(Bills of Materials)が生成されます．BOMは，その回路上のすべての部品を網羅した部品表です．このBOMを参照することにより，その回路で必要な部品すべてを手配することができます．

個々の部品の端子の接続を表現したものをネット(Net)と呼びます．例えば，IC_1の3番ピンとR_1の1番ピンが接続されているといった情報です．この回路上のネット情報をすべてまとめたものをネット・リスト(Netlist)と呼びます．

このネット・リストを基板CADが取り込んで，アートワークをすることにより，回路図の配線と同じ配線であることが保証されます．例えば，アートワークを間違

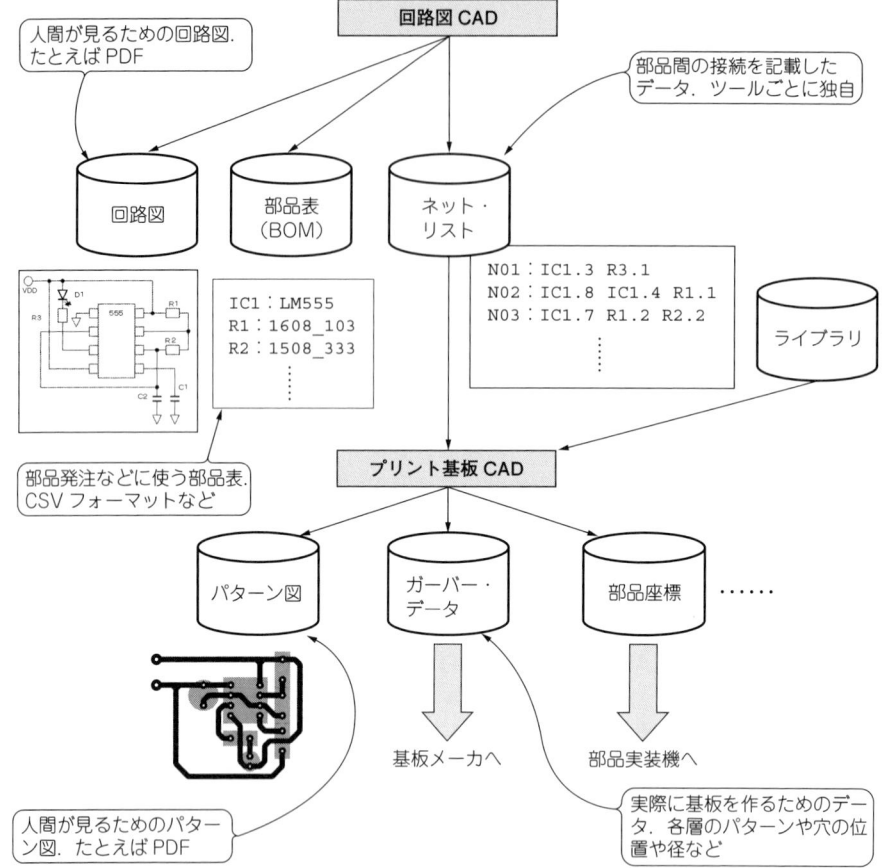

[図3] 回路図CADと基板CADはリンクする

えて誤配線した場合は，回路図から生成したネット・リストとアートワークが異なるためエラーが出ます．また，すべてのネットが配線されたかどうかもチェックできるため，配線し忘れることもありません．さらに部品間や配線のクリアランスなどもチェックできるため，正確なアートワークを作成することができます．

　基板CADからは，アートワークの図面のほかに，実際にプリント基板を作成するためのガーバー・データやソルダ・レジスト，シルク印刷のデータも生成されます．

　また，プリント基板にクリームはんだを印刷するためのメタル・マスクや，部品実装機で部品を実装するための座標データも生成されます．

部品の回路シンボルやプリント基板上のランド形状などの情報をまとめたものをマクロといいます．このマクロをまとめたものが図3に現れるライブラリです．

3 部品マクロとは

　回路図／プリント基板CADでは，使い勝手の良し悪しがよく議論されますが，いくつものCADを使っていると，使い勝手は自分がこれまで使っていたCADとの操作法の違いでしかないことがわかります．単に使い慣れたものは使いやすく，慣れていないものは使いづらく感じるだけで，本質的な問題ではありません．

　むしろ，一番重要なのは個々の部品マクロを取りまとめたライブラリです．このライブラリに含まれている部品マクロとして必要な部品が準備されていないと，回路図の作成やプリント基板のアートワーク自体ができなくなります．

　このため，ライブラリ中に自分が使いたい部品が収録されていない場合には，個々にその部品のマクロを作成する必要があります．

　この部品マクロには表1のように多種の情報が含まれています．

(1) 回路図シンボル

　回路シンボルは，回路図を書く場合に使用する抵抗やトランジスタなどの絵模様です．

(2) 部品端子フット・プリント形状

　部品の各端子にははんだ付けをする部分の形状です．

　個々の端子のはんだ付け箇所の形状の場合はランド（land）またはパッド（pad），1部品ぶんをまとめた場合はフット・プリント（foot print）と呼ぶ場合もありますが，明確に定義されていません．

(3) 部品端子と回路シンボルの対応

　回路図のネット・リストとアートワークを結び付けるためには，部品の各端子が回路図上のどの端子と結び付くかを明確にしておかなければいけません．このための情報です．

(4) シルク表示

　基板上に文字や部品外形のシルク印刷をするためのデータです．当然ながら，部品のフット・プリント上にかぶらないようにレイアウトする必要があります．

(5) 部品外形

　これはあまり重要ではないものです．部品の外形を表示するための絵模様です．シルク印刷でも使用します．

[表1] 部品マクロに含まれる情報とその例

項　目	リード部品の例	SMD部品の例
部品名	2SC1815GR	2SC3325Y
回路図シンボル		
部品フット・プリント（ランド形状）		
回路シンボルとフット・プリントの対応		
シルク表示		
部品外形		
部品禁止エリア		
レジスト形状		
部品穴径	φ0.8 φ0.8 φ0.8	―

(6) **部品禁止エリア**

　部品を基板上に実装する場合，実装上の制約によって部品外形ぎりぎりに並べることはできません．このため，部品間に適度のスペースを確保するための領域です．

(7) **はんだレジスト**

　フット・プリントの部分にはんだが載らないようにするための情報です．

(8) **部品穴径**

　リード部品の穴の直径を指示します．

＊

このように，部品のマクロには多種の情報が含まれています．さらに，リフローで実装する場合に必要なはんだマスクや，機構CADとリンクするための3D外形や重量なども収録している場合があります．

これらの情報のなかで，とりわけ重要なものがフット・プリントの形状です．

〈森田 一〉

Column (1-B)

基板にまつわる蘊蓄

昔は基板屋さんはどこの町にもありました．

大抵の電気機器には機銘板あるいは銘板と呼ばれるシールが張ってあります．機器の名称や製造社名や安全規格などのロゴが印刷されたものです．この機銘板は現在でこそアルミニウム蒸着フィルムやプラスチック・コーティングの紙でできたものですが，昔は真鍮などにエッチングしたものでした．また，表札なども木に墨書のものや石に彫刻を施したものと並んで金属板にエッチングしたものがあります．このような製品を作る会社はほとんどが小さな町工場でどこの町にもあったものです．

プリント基板というものが一般化されたころ，パターン幅は細くても1mm程度とかなりラフなこともあり，また1ロットの製造枚数も少なかったためこういったエッチングの技術を持った町工場で十分対応ができました．このため，どこの町にもプリント基板を作る工場はあったものです．その後，大量生産の時代になり製造枚数が格段に増え，町工場での対応が難しくなったため，いわゆる基板屋さんは減っていきました．

一口に基板屋さんと呼んでしまいますが，銅箔やプリプレグなどの基板の製造のための材料を作る会社を基材屋さんと呼びます．一方，基材に銅箔を貼り付けてエッチングする会社のことはエッチャさんと呼ぶことがあります．

〈森田 一〉

Appendix1-B
右クリック左クリックでもっと早く操作しよう
コマンドの使い方

　ここでは主なコマンドを紹介します．オブジェクトに対するコマンドは主に3通りの方法があります．
　一つ目は，それぞれのコマンドを**図1**に示すコマンド・ツール・バーで，アイコンの左クリックで指定します．
　二つ目は，コマンド・ラインで直接コマンドを記述します．両者は併用して使うことができます．
　例えば，👁アイコンを左クリック後コマンド・ラインにr1と記述してEnterキーを押すことと，いきなりコマンド・ラインにshow r1と記述してEnterキーを押すことは同じです．
　三つ目は，オブジェクトの原点付近にカーソルを移動し，右クリックでポップアップするコマンド(**図2**)から選択します．
　なおコマンドがよくわからない場合，そのコマンドを選択している状態でF1キーを押すか，コマンド・ラインに例えばHELP SHOWと記入しEnterキーを押します．

1　スケマティック(回路図)エディタ

● **Info**(情報表示)
　🛈アイコンを左クリック後，情報を知りたい部品などをクリックすると，**図3**に示すように各部品や配線のPropertiesが表示されます．テキスト・ボックスで表示される項目は直接変更可能です．例えば，部品の位置が最初から確定しているとき，Moveコマンドでそこまで動かすより，Infoで直接位置を変更したほうが早くて正確な場合もあります．
　🛈アイコンを左クリックした状態で，コマンド・ラインに直接部品番号を指定しEnterキーを押すと，その部品がハイライト表示されると同時にPropertiesダイアログが表示されます．

● **Show**(強調表示)
　👁アイコンを左クリックすると，部品，配線の位置や情報を知ることができます．例えば，知りたい配線にカーソルを持っていき左クリックすると，その配線と

Info(情報表示)　Show(強調表示)
Display(表示レイヤ設定)　Mark(相対座標設定)
Move(移動)　Copy(コピー)
Mirror(左右反転)　Rotate(回転)
Group(グループ選択)　Change(変更)
Paste(ペースト)
Delete(削除)　Add(部品の追加)
Pinswap(ピンの入れ替え)　Replace(部品の変更)
Gateswap(ゲートの入れ替え)
Name(名称)　Value(部品の値)
Smash(部品名称，値の分離)　Miter(角の変更)
Split(ベンド追加)　Invoke(複合部品の配置)
Wire(直線描画)　Text(テキスト描画)
Circle(円描画)　Arc(円弧描画)
Rect(四角描画)　Polygon(多角形描画)
Bus(バス描画)　Net(配線描画)
Junction(接続点描画)　Label(ネット名称追加)
Attribute(属性設定)　Dimension(寸法表示)
Erc(エラー配線チェック)　Errors(エラー表示)

(a) スケマティック・エディタ

Info(情報表示)　Show(強調表示)
Display(表示レイヤ設定)　Mark(相対座標設定)
Move(移動)　Copy(コピー)
Mirror(表裏反転)　Rotate(回転)
Group(グループ選択)　Change(変更)
Paste(ペースト)
Delete(削除)　Add(部品の追加)
Pinswap(ピンの入れ替え)　Replace(部品の変更)
Lock(固定)
Name(名称)　Value(部品の値)
Smash(部品名称，値の分離)　Miter(角の変更)
Split(ベンド追加)　Optimize(最適化)
Meander(ペア配線の均等化)
Route(配線描画)　Ripup(エア・ワイヤ化)
Wire(直線描画)　Text(テキスト描画)
Circle(円描画)　Arc(円弧描画)
Rect(四角描画)　Polygon(多角形描画)
Via(ビアの配置)　Signal(信号線接続)
Hole(ドリル穴配置)　Attribute(属性設定)
Dimension(寸法表示)
Ratsnest　Auto(オートルータの実行)
Erc(エラー配線チェック)　Drc(設計ルールのチェック)
Errors(エラー表示)

(b) ボード・エディタ

[図1] コマンド・ツール・バーの内容

オブジェクトの原点付近で右クリックするとコマンド一覧が表示される

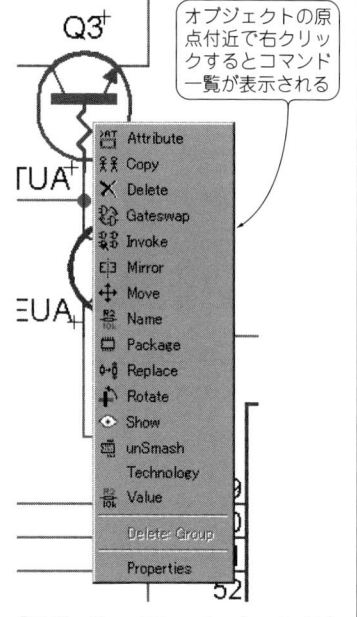

[図2] ポップアップ・ウィンドウによるコマンド

コマンドの使い方　037

接続先(ピン名)などが，すべてハイライト表示されます．さらに，配線情報は画面左下隅のステータス・バー中に表示されます．

🔍アイコンを左クリックした状態で，コマンド・ラインに直接部品番号を指定しEnterキーを押すと，その部品がハイライト表示されます．部品の位置を見失ったときに頻繁に使います．複数の部品やネットを同時にハイライト表示したい場合は，＊を使います．例えば，R＊とするとR1，R2，…がハイライト表示されます．

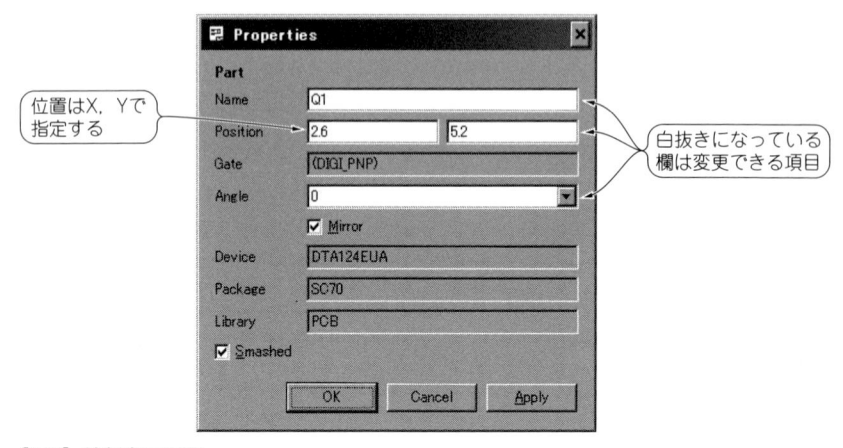

[図3] 情報表示画面

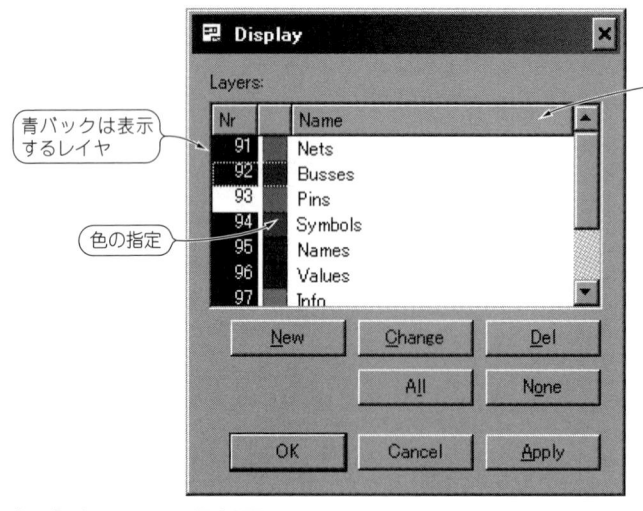

- 位置はX，Yで指定する
- 白抜きになっている欄は変更できる項目

[図4] 表示レイヤの設定画面

- 青バックは表示するレイヤ
- 色の指定
- 名前は1～99までは指定されている．Newで100～割り振られ，名前を任意に付けられる．200～は画像など

● **Display**（表示レイヤ設定）

　アイコンを左クリックすると，表示するレイヤやその色を指定できます．図4のようにNrカラムの番号の左クリックで表示，非表示を選択できます．また表示する色を設定できます．Newにより新たなレイヤを追加できます．100 ～の番号が割り振られるので，Nameでレイヤの名前を入れてください．

● **Mark**（相対座標設定）

　デフォルトでは，図面の原点は左下隅です．部品などの位置座標は，これを原点に表示されます．アイコンを左クリックすると，第二の原点を指定できます．第二の原点にしたい位置にカーソルを持っていき左クリックすると，そこが第二の原点となり，座標表示にその第二の原点に対する相対表示値が追加表示されます（図5）．

● **Move**（移動）

　アイコンはMoveコマンドで，カーソルにより左クリックして選択したオブジェクトを移動させます．オブジェクトを選択するには，各オブジェクトの原点付近（+表示）をクリックします．複数のオブジェクトが近くにある場合は，右クリックで選択します．オブジェクトが選択されている状態で右クリックすると，オブジェクトは左回転します．

　スケマティック・エディタでネット配線をピンに移動させた場合，電気的接続は生成されません．逆にピンをネット配線に移動させた場合，電気的接続が生じます．図面上は両者ともピンとネット配線が接続されているので，区別ができません．必ずShowコマンドで接続，未接続を確認してください．EXPORTコマンド出力によるネット・リストでも確認できます．

● **Copy**（コピー）

　アイコンは，Copyコマンドです．カーソルにより左クリックで選択したオブジェクトのコピーを作成します．コピーされたオブジェクトは，カーソルに貼りつ

（原点からの座標(X, Y)）　　　　　　　　　　　（第二の原点からの相対座標）
　　　0.1 inch (3.1 5.6)　(R 0.4 0.4) (P 0.57 45.00°)
　　　　　　　　　　　　　　(X, Y)　　（距離，角度）

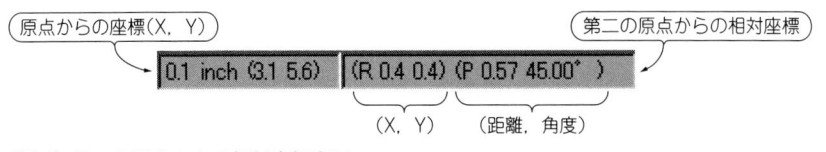

［図5］第二の原点からの相対座標表示

コマンドの使い方　039

いて表示されるので，任意の場所に配置できます．
　コピーされた部品やパッドなどの場合は，新たな連番が付きます．ネットの場合，ネット単独のコピーを作ると同じ番号のネットの複製が，また部品とグループ化して複製した場合，連番のネット番号が作成されるので注意してください．オブジェクトの選択方法は，Moveコマンドを確認してください．
　選択したオブジェクトの複製を中止したい場合は，ESCキーを押します．

● **Mirror**（左右反転），**Rotate**（回転）
　オブジェクトの左右を反転させたい場合は アイコンを，回転させたい場合は アイコンを使います．1回の左クリックでどれだけ回転させるか，同時に左右反転させるかは，図6のアイコンで指定できます．図7(b)，図7(c)はオブジェクトを左右反転させた場合と180度回転させた場合です．ピンの順番が異なることに注意してください．
　上下反転は図7(d)に示されたパラメータ・ツール・バーで回転角を180度，同時に左右反転を設定すると，左クリック1回で上下反転します．

● **Group**（グループ選択）
　オブジェクトを複数まとめて扱いたい場合は， アイコンを使います．グループ化したいオブジェクトの範囲の片隅を左クリックで指定し，そのままドラッグして四角枠で領域指定します．選択されたオブジェクトは，ハイライト表示されます．

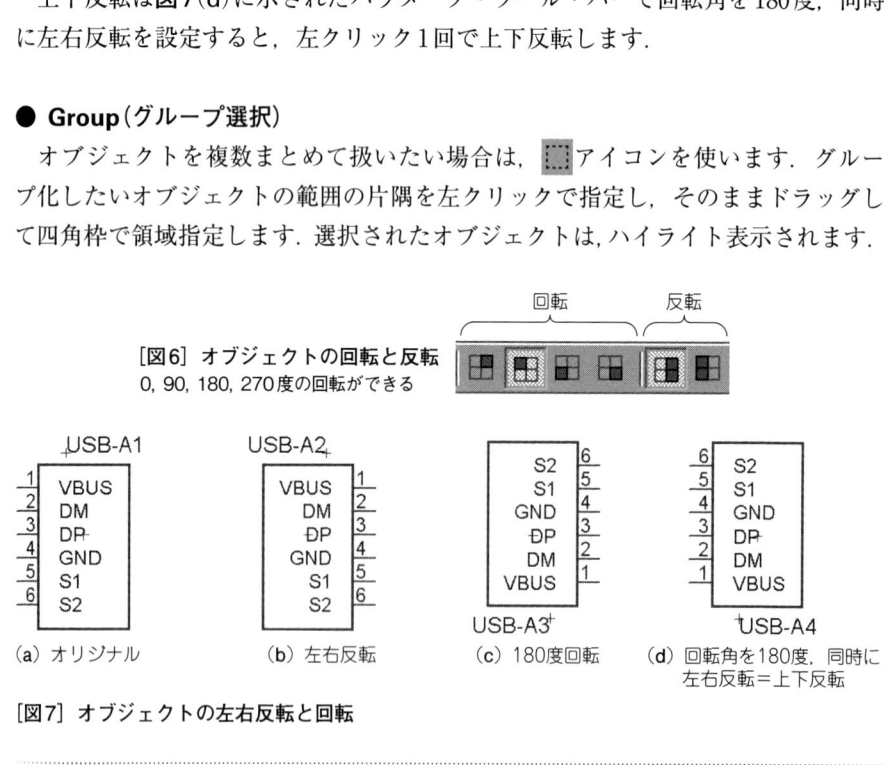

[図6] オブジェクトの回転と反転
0, 90, 180, 270度の回転ができる

(a) オリジナル　(b) 左右反転　(c) 180度回転　(d) 回転角を180度，同時に左右反転＝上下反転

[図7] オブジェクトの左右反転と回転

もしくは，左クリックの繰り返しでグループ化したいオブジェクトを多角形で領域指定します．多角形の終了は左ダブルクリックです．

次に，操作したいアイコンをクリックします（移動の場合は✥）．CTRLキーを押しながらグループ領域のどこかを右クリックすると，グループをまとめて操作できます．もしくは，右クリックで表示されるポップアップメニューからGroup操作を選択します．

最初に操作アイコンを選択，次にグループ・アイコンでグループ化しても同じ操作ができます．

グループ化したオブジェクトは，ほかのオブジェクトがグループ化されるまで覚えています．したがって，別の操作をした後でも，CTRLキーを押しながらグループの領域のどこかを右クリックすると，直前のグループを操作できます．

グループ操作を中止したいときは，ESCキーを押します．

● **Change**（変更）

🔧アイコンは，オブジェクトに指定の変更を加えます．変更できる項目は，アイコン・クリック時に図8のようにポップアップ表示されます．内容は以下のとおりです．

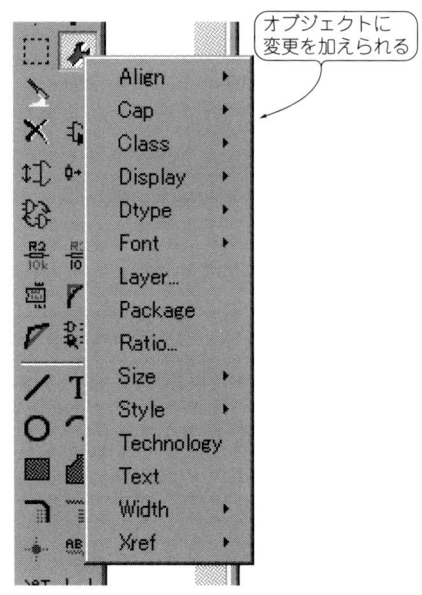

[図8] チェンジ・コマンド

- ▶Align：NAME，VALUEなどの原点の変更．デフォルトは左下隅でオブジェクトの回転により変わる
- ▶Cap：太さのある円弧の端の形状変更，Flat；直線，Round；丸みをつける
- ▶Class：配線の太さなどのクラスを設定している場合にクラスを変更．クラスの種類はポップアップ表示されるので選択
- ▶Display：部品の属性（Attribute）の表示内容を変更
  Off；表示しない
  Value；値だけ表示（R5など）デフォルト
  Name；名称だけ表示（NAME，VALUEなど）
  Both；両方を表示（NAME＝R5など）
- ▶Font：文字フォントの変更
  Vector；ベクタ・フォント（線の太さをRatioで設定）
  Proportional；プロポーショナル・フォント
  Fixed；フィックスド・フォント
- ▶Layer：追加表示するレイヤを指定
- ▶Package：部品のパッケージの変更．部品をクリックすると，その部品に登録されているパッケージが一覧表示されるので選択する
- ▶Ratio：テキスト文字の線の太さの比率
  Vectorフォントだけ有効で，線の太さ＝文字の高さ×Ratio
- ▶Size：テキスト文字のサイズ（高さ）の変更
- ▶Style：NET，WIREの線種の変更
  Continuous；連続線
  LongDash；破線
  ShortDash；点線
  DashDot；一点鎖線
- ▶Technology：部品の技術の違いによる型番の変更．部品をクリックすると，その部品に登録されているTechnologyが一覧表示されるので選択する（例えば74HC，74AHC，74LSなど）
- ▶Text：テキスト文の変更．テキストをクリックすると，テキスト入力ダイアログが表示されるので，そこで変更する
- ▶Width：NET，WIREの太さの変更
- ▶Xref：複数ページ間の記号のクロスリファレンスの有効，無効化．Light版では

使えない

● **Paste**（ペースト）
アイコンは，クリップボードにあるオブジェクトを貼り付けます．クリップボードにはCopyコマンドでオブジェクトをコピーします．

● **Delete**（削除）
アイコンでオブジェクトを削除します．NET，WIRE，BUSはクリックした箇所（セグメント）だけ削除されます．全体を削除したい場合は，SHIFTキーを押しながら配線の一部をクリックします．

● **Add**（部品追加）
アイコンをクリックするとライブラリ一覧が表示されるので，追加したい部品を指定します．その部品をダブルクリックすると，カーソルに部品が貼りついて表示されるので，希望の位置に配置します．同じ部品を連続配置でき，配置ごとに連続した部品番号が自動的に付けられます．

● **Pinswap**（ピンの入れ替え）
ディジタル標準ゲートICのように，同じ機能の複数の入力端子を持っている場合はアイコンでピン番号を入れ替えることができます．これにより，配線がスムーズになる場合があります．
まず，アイコンをクリックし，入れ替えたいピンの片方を左クリックします．次に残りの片方のピンを左クリックすると，おのおのに配線されていたNETが反対側のピンに配線され直し，ピン番号が入れ替わります．

● **Replace**（部品の変更）
DIPからSOPなどのパッケージに変更したい場合，または部品そのものを変更したい場合はアイコンをクリックします．するとREPLACEダイアログが表示されるので，希望のパッケージ，もしくは部品を選択します．選択後カーソルを変更したい部品に持っていき左クリックすると，その部品のパッケージ（Symbolが異なる場合Symbolも）が変更となります．

● **Gateswap**（ゲートの入れ替え）

　ディジタル標準ゲートICのように，同じ機能の複数のゲートを持っている場合は🔁アイコンでゲートを入れ替えることができます．これにより，配線がスムーズになる場合があります．

　まず🔁アイコンをクリックし，入れ替えたいゲートの片方を左クリックします．次に残りの片方のゲートを左クリックすると，ゲートが入れ替わります．

● **Name**（名称）

　🏷アイコンによりオブジェクトの名称を変更できます．本来，オブジェクト名称は自動的に付けられるので変更する必要はありません．変更する場合，同じ名称が使われているとエラーとなるので，必ず異なった名称を付けます．

● **Value**（部品の値）

　🏷アイコンにより部品の値を入れます．入力用ダイアログが表示されたら値を入力しEnterキーを押すか［OK］ボタンをクリックします．

● **Smash**（部品名称，値の分離）

　部品名称や値はライブラリ作成時の位置に表示されます．しかし，部品配置によっては，それらが重なったりして見難くなる場合があります．そのときは，🗔アイコンで，これらを部品記号から分離させます．すると，名称や値の付近に＋の原点が表示されるので，MOVEコマンドなどで独立して移動，回転させることができ，名称や値の重なり表示を防ぐことができます．

● **Miter**（角の変更）

　▟アイコンでNET，WIRE，BUSの角の斜め形状を変更します．形状は直線または円弧で，その半径はRadiusで指定します．

● **Split**（ベンド追加）

　✏アイコンでNET，WIRE，BUSセグメントにベンドを追加します．線をクリックした場合，短いほうが二つの線に分かれるので，右クリックによりベンド・スタイルを選択します．確定は左クリックで行います．すると，残りの長いセグメント側が二つに分かれます．このように，ベンドを追加しながら新たな線を作れます．

終了するには，左ダブルクリックをするか，ESCキーを押すか，STOPアイコンをクリックします．

● **Invoke**（複合部品の配置）
　一つの部品に複数の回路が登録されている場合，アイコンで部品を配置できます．Addコマンドで複数のゲート回路を持つディジタル論理ICなどを配置した場合，ゲート回路が順番に配置されていきます．一方，アイコンでは，配置されている部品をクリックするとまだ配置されていない回路が表示されるので，選択配置します．また，VCC，GNDはPWR＋－というシンボルで登録されているので選択配置します．

● **Wire**（直線描画）
　アイコンで直線を描画できます．このコマンドに関するパラメータ（書き込みレイヤ，ベンド形状，角の形状，線幅，線種など）はパラメータ・ツール・バーで設定できます．左クリックで始点を指定し，カーソルを移動させると直線を引けます．斜めに移動すると，設定の曲げにしたがってベンドされた線が描画されます．終点は左ダブルクリックします．
　コマンド・ラインを使っても直線を引くことができます．
　Wire⟨0 1⟩ (1 2)；設定されている座標，ベンド形状で座標(0, 1)から(1, 2)に直線が引かれます．
　ピン間の接続にWireを使うと，ピン間が接続されない場合があるので，スケマティック中でネット，バス・ラインの描画にこのコマンドを使用しないでください．

● **Text**（テキスト描画）
　アイコンをクリックすると，テキスト入力ダイアログが表示されます．テキストを入力後Enterキーを押すか，［OK］ボタンをクリックするとテキストを追加できます．カーソルに貼り付いたテキストは，希望の位置まで移動，配置します．
　テキストは，さらにカーソルに貼り付いているので連続して追加できます．テキストを変更したいときは，ESCキーを押すとテキスト入力ダイアログが表示されます．
　終了したい場合は，テキスト入力ダイアログの［Cancel］ボタンをクリックするか，アクション・ツール・バーのCancelコマンドをクリックします．

● **Circle**（円描画）

🔘アイコンで円を描画できます．最初のクリックで円の中心を設定し，2回目のクリックで円の半径を設定します．線幅を0に設定すると，円の内側が塗りつぶされます．

コマンドラインの場合，circle〈0 1〉(1 2)；中心が(0, 1)で(1, 2)を通過する円が描画されます．

● **Arc**（円弧描画）

アイコンで円弧を描画できます．最初のクリックで円弧の始点を設定し，2回目のクリックで円弧の直径を，最後のクリックで円弧の終点を設定します．2回目のクリックをした後，右クリックすると円弧の向きを変更できます．

● **Rect**（四角描画）

アイコンでレイヤの色で塗りつぶされた四角形を描画できます．最初のクリックで長方形の角の一つを設定し，2回目のクリックで対角の位置を設定します．

● **Polygon**（多角形描画）

アイコンでレイヤの色で塗りつぶされた多角形を描画できます．左クリックで始点を設定し，左クリックの繰り返しで各頂点を設定していきます．始点に戻って左クリックするか，最後の頂点で左ダブルクリックすると始点との間で多角形が完成し，中が塗りつぶされます．レイアウトではベタ・パターンの作成でよく使いますが，スケマティックではあまり使われません．

● **Bus**（バス描画）

アイコンでバスを記述でき自動的に(B$1…)と名前が付けられます．バス自体は論理的な意味を持っておらず，それに接続されるNETコマンドで定義されます．単に複数のネットを一つにまとめただけと考えるとわかりやすいでしょう．バスを構成するNETは，NAMEコマンドで名前を付けていきます．そのときNETをD[0..7]（D0，D1，…D7を意味する）というように配列で定義することもできます．

● **Net**（配線描画）

アイコンは，NETコマンドでピン通しの配線に使われます．電気的な接続に

は，N$1…というように自動的に名前が付きます．まず，左クリックで始点のピンを設定します．次に左クリックでNETを確定していき，最後に終点のピンで左クリックすると自動的にNETは終端し，始点と終点のピンが電気的に接続されます．

● **Junction**（接続点描画）

NETで配線を行うと，T字，クロス箇所で自動的にJunctionが付けられ電気的に接続されていることが明示的にわかります．しかし，配線の仕方によってはそのようなJunctionが自動的に付かない場合もあります．そのときは アイコンをクリックしJunctionを付けたい箇所にカーソルを持っていき，左クリックでJunctionを付けNETを電気的に接続することができます．

● **Label**（ネット名称追加）

 アイコンにより，バス名やネット名を明示的に表示し，自由に配置できます．カーソルをネットの近くに移動し，左クリックでネット名がネット上に表示されるので希望の位置に配置します．

バス名やネット名は，NAMEコマンドを使って変更できます．

● **Attribute**（属性設定）

 アイコンにより部品の属性一覧を表示できます．さらに新たな属性を追加することもできます．

● **Dimension**（寸法表示）

回路図中に寸法を表示したい場合， アイコンを左クリックします．平行寸法線の場合，最初の左クリックで始点を次の左クリックで終点を指定します．終点を指定した後カーソルをドラッグすると引き出し線が表示されるので希望する長さにしたら左クリックします．

図9に寸法表示の種類を示します．パラメータ・ツール・バーから選択するか，

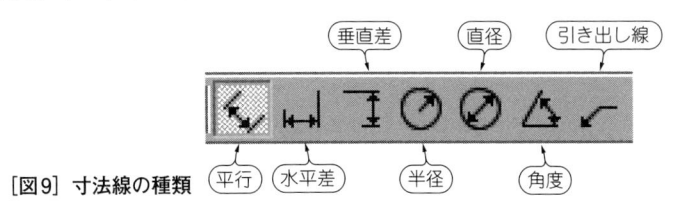

[図9] 寸法線の種類

右クリックにより選択できます．

● **Erc**(エラー配線チェック)
　は配線にエラーがないかを調べます．例えば，出力どうしが接続されているとエラーになります．

● **Errors**(エラー表示)
　アイコンは，ERCの結果のエラー項目を一覧表記します．

2　ボード(パターン図)エディタ

　以下のコマンドの説明はスケマティック・エディタとほぼ同じなので省略します．
　Info(情報表示)，Show(強調表示)，Display(表示レイヤ設定)，Mark(相対座標設定)，Move(移動)，Copy(コピー)，Group(グループ選択)，Wire(直線描画)，Text(テキスト描画)，Circle(円描画)，Arc(円弧描画)，Rect(四角描画)，Attribute(属性設定)，Dimension(寸法表示)，Erc(エラー配線チェック)，Errors(エラー表示)

● **Mirror**(表裏反転)，**Rotate**(回転)
　回路図から自動生成されるボード図において，部品は部品面に配置された状態で表示されます．しかし，部品をはんだ面側(裏側)に配置したい場合があります．そのときは，　アイコンを左クリックし，はんだ面に配置したい部品を左クリックします．すると，部品ははんだ面側に移動します．
　逆に，はんだ面に配置されている部品を部品面に移動したい場合も同様に行うことができます．
　回転させたい場合は，　アイコン使います．1回の左クリックでどれだけ回転させるか，同時に左右反転させるかは，図10のパラメータ・ツール・バーのアイコンなどで指定できます．スケマティックと異なり回転角度は1度単位で指定できます．表裏反転と回転は，設定で同時に行えます．

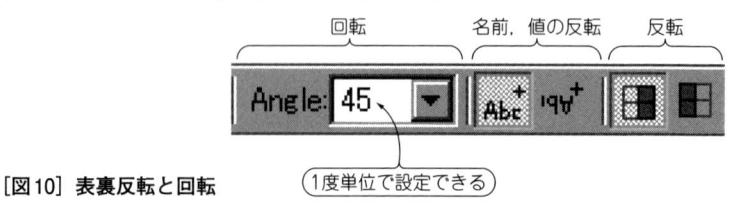

[図10] **表裏反転と回転**

● **Change**(変更)

レイアウトとの違いのみを説明します．
- ▶ Diameter：ビア・ホールのランドの直径を変更．デフォルトはAUTO
- ▶ Drll：ビア・ホールのドリル径を変更する
- ▶ Dtype：寸法線の種類を変更する
- ▶ Isolate：部品ランド，配線などとベタ面の距離を設定する．0はデザイン・ルールで設定された値となる
- ▶ Orphans：ベタ面において配線がどこにもつながっていない浮島の表示のON/OFF．ONにすると浮島が表示されるが，どこにも接続されていないので注意．デフォルトはOFF
- ▶ Pour：ベタ面の描画種類を選択する．デフォルトはSolidで面として表示される．Hatchの場合縦線と横線の格子状で，Cutoutの場合は切り抜きとして表示される
- ▶ Rank：複数のベタ面がある場合，選択の順序を決定する．Rankは1(デフォルト)〜6で，1が一番最初に選択される
- ▶ Shape：パッドの形状の変更．四角，丸，八画形から選択できる
- ▶ Spacing：ベタ面をハッチ表示する場合のハッチ線間の距離で，デフォルトは50mil
- ▶ Thermals：サーマル形状のON/OFF．ONにすると，ベタ面とパッドは十字の銅パターンで接続され，はんだしやすくなる．OFFにすると，ベタ面とパッドは銅箔面で覆われるので，熱拡散によりパッドの温度が上がらずはんだ付けしづらくなる
- ▶ Via：多層の場合ビア・ホールをどの層からどの層まで開けるかを指定する．Light版では使えない

● **Lock**(固定)

アイコンは左クリックで部品を固定し，これ以降はMOVEコマンドなどでの部品移動はできなくなります．原点が＋から×に変更になります．解除したい場合は，SHIFTキーを押しながら部品を左クリックします．

● **Optimize**(最適化)

配線における一つの直線に複数の接点がある場合，アイコンで余分な接点を

削除できます．

● **Meander**（ペア配線の均等化）
　最近のロジックの高速化で，クロックなどの信号を差動信号として取り扱うケースが増えています．差動の場合，＋信号線と－信号線の長さが異なると，信号間で位相差が生まれ正常に動作しなくなります．しかし，レイアウトにおいては長さが異なってしまう場合が多くあります．そのとき，￪アイコンをクリックすると，短い側の信号配線にギザギザなパターンを追加し，両者を同じ長さにできます．
　まず，差動信号線に同じネット名を付け，＋側に_Pを，－側に_Nを追加しペア化します．例えば，CLK_P, CLK_Nです．差動化した場合手動配線を使います．
　配線後，CTRLキーを押しながらそれぞれの配線を左クリックすると，長さが表示されます．両者の長さが異なる場合，ペア配線のどちらかを2回ゆっくりと左クリックすると，例えば100％，95％のように配線の比率が表示されるのでカーソルをクリック点から斜め方向に遠ざけていきます．すると，短い側にギザギザな配線が自動的に追加され，両者の配線長はほぼ同じになります．完全に同じにしたい場合は，移動コマンドなどを使い，手動で微調整を行います．

● **Route**（配線描画）
　￪アイコンをクリックし，エア・ワイヤを実際の配線にできます．手動で配線したい場合に使います．
　エア・ワイヤの始点を左クリック，もしくはコマンド・ラインに信号名を入力します．カーソルを移動させると配線が描画されます．終点との間に最短のエア・ワイヤが常に表示されます．左クリックするとセグメントが確定するので，それらを何回か繰り返して終点まで配線します．
　配線における幅，対象レイヤなどは，パラメータ・ツール・バーで変更できます．ほかのレイヤをパラメータ・ツール・バーのコンボボックスで指定すると，配線がレイヤ間を移動し自動的にビア・ホールが付加されます．

● **Ripup**（エア・ワイヤ化）
　すでに配線されているパターンを消去（エア・ワイヤ化）したい場合に，￪アイコンを使います．アイコンを左クリックした状態でコマンド・ラインに信号名を入力し，Enterキーでその信号の配線がエア・ワイヤ化します．すべての配線をエ

ア・ワイヤ化したい場合は＊を使います．配線を直接エア・ワイヤ化したい場合，配線にカーソルを移動し左クリックで，カーソル位置のセグメントだけがエア・ワイヤ化します．ダブルクリックすると，全セグメントがエア・ワイヤ化します．

● **Polygon**（多角形描画）
アイコンを左クリックし，多角形を描画してベタ面を形成したい領域を作成します．描画方法はスケマティック側の説明を読んでください．ベタ面の信号名をコマンド・ラインで入力してから多角形を作成します．
　多角形を描画後実際にベタ面を表示するためには，後述のRatsnestコマンドを使います．

● **Via**（ビアの配置）
アイコンでビアを配置します．ランド形状，ドリル径などはパラメータ・ツール・バーで変更できます．信号名は自動的に連番で付いていきます．同じ信号名のビアを形成したい場合は，Nameコマンドで信号名を付けます．

● **Signal**（信号線接続）
アイコンはバックアノテーション機能により使えないので，変更したい場合はスケマティック側で行います．

● **Hole**（ドリル穴配置）
アイコンでドリル穴を配置します．ドリル径はパラメータ・ツール・バーで変更できます．配置したい箇所にカーソルを移動し，左クリックでドリル穴が配置されます．

● **Ratsnest**
アイコンには，主に以下の二つの機能があります．
▶エア・ワイヤの最短表示
　部品を移動させると，エア・ワイヤがそれに付いた形で移動します．移動の結果，エア・ワイヤの接続が最短とならず，非常にわかりづらくなる場合があります．そのとき，このコマンドでエア・ワイヤを最短で表示でき，すっきりとわかりやすくなります．

▶ベタ面の表示

　多角形描画でベタ面の領域を指定し，このアイコンを左クリックすると，ベタ面が表示されます．

● **Auto**（オートルータの実行）

　アイコンの左クリックでオートルータ実行のダイアログが表示され，オートルータを実行できます．

● **Drc**（設計ルールのチェック）

　配線後に　アイコンをクリックし，配線に問題がないかを調べます．チェックは，Design rulesの設定に基づいて行われます．

3　ライブラリ・エディタ

　ライブラリ・エディタでは，Device，Package，Symbolの作成と三つに分かれますが，各コマンド・ツール・バーのコマンドの多くは，スケマティック，ボード・エディタで説明したコマンドとほぼ同じなので説明を省略します．

　追加されているコマンドは，PackageにおけるSmdコマンドとSymbolのPinコマンドです．

● **Smd**（表面実装用パッドの配置）

　パッドにはドリル穴があるものと，表面実装部品のようにドリル穴がないものがあります．ドリル穴がない表面実装用パッド配置には　アイコンを使います．パラメータ・ツール・バーで配置するレイヤ，パッド形状，角の丸み，配置角度を設定できます．

　配置ごとに，P$1，P$2のように順番に番号が付きます．P$1を1に変更すると1，2…となるので，ICパッケージの番号と同じにできます．

● **Pin**（ピン端子の配置）

　ICなどの端子の記述には　アイコンを使います．パラメータ・ツール・バーでレイヤ，Pinの方向（入力，出力など），機能（インバータ記号，クロック記号など），長さ（なし，0.1インチなど），ピン，パッド名の表示設定，スワップ・レベル（同じ番号のピンはスワップ可となる）を設定できます．

4　EAGLE5と6のアイコンの違い

図11の左側がEAGLE6のレイアウトのアイコン群で，右側がEAGLE5のアイコン群です．EAGLE6ではCUTアイコンがなくなり，新しくMeanderアイコンとDimensionアイコンが追加されました．Windowsの操作性に統一し，初めて操作される方にとっても違和感がなくなりました．

EAGLE5のCUTの機能（バッファへの取り込み）は，COPYが担うことになりました．GROUP後にCOPYコマンドをクリックすることで，バッファに取り込まれます．

新アイコン Meanderアイコン：配線の長さを測定，比較する．線路帳の調整が必要な線路を調整する

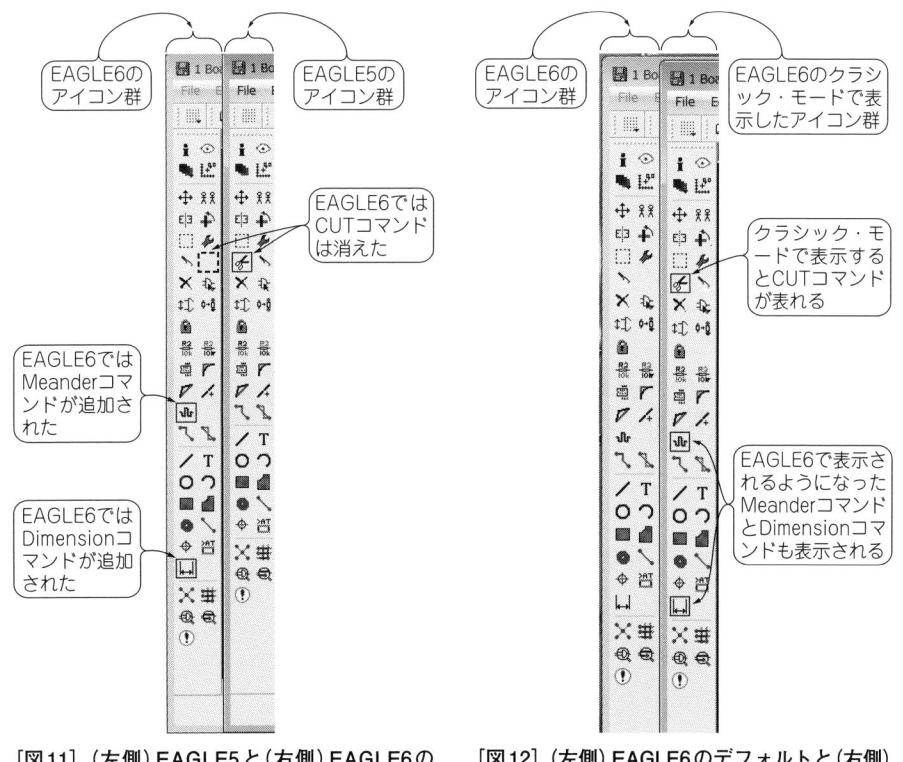

[図11]（左側）EAGLE5と（右側）EAGLE6のアイコン群の違い

[図12]（左側）EAGLE6のデフォルトと（右側）EAGLE6のクラシック・モードのアイコン群の違い

新アイコン ⟷ Dimensionアイコン：寸法線を書く機能

● クラシック・モード
　CUTコマンドを希望される以前のバージョンからのユーザのために，アイコンのクラシック・モードがあります．
　コマンド・ラインから［SET Cmd.Copy.ClassicEagleMode 1］と入力してEnterキーを押します．一度，レイアウト・エディタを閉じて再度レイアウトを開くと，EAGLE5に似たアイコンの並びになります．
　図12の左側が実行前で，右側が実行後のアイコン並びです．EAGLE5と同様にCUTアイコン（挟みのマーク）が現れます．使い方については，EAGLE5と同じです．
　EAGLE6のアイコンの並びに戻すためには，［SET Cmd.Copy.ClassicEagleMode 0］と入力してから，レイアウトを閉じます．次回にレイアウト・エディタを開くときから設定が反映されます．

〈渡辺　明禎〉

Column (1-C)

メトリックとインチの壁がある

　日本古来の尺寸法の寸法は和裁などの一部の分野では残っているものの電子回路に現れることはありません．ですが，いまだにメトリック（メートル法）に統一されずに，強烈に残っているのがインチ系の寸法です．
　回路図でインチ系のグリッドで書かれたシンボルを多用するのなら，回路図のグリッドもインチ系にしてしまう手が使えますが，基板CADではこの問題が大きくのしかかります．
　例えば，インチ系を前提としたDIPやSOP．メートル法に丸められていても，2.54mmあるいは1.27mmピッチになります．これに対して，メトリックで形状が決められた0.5mmピッチや0.65mmピッチのデバイスも多くあります．
　同じ基板上にこの2種類が乗るような場合には，グリッドを10 μmにしないと共存できません．筆者らは，通常使用するCADでオンラインDRCが使用できるので10 μm程度のグリッドで基板設計をしますが，残念ながらEAGLEではオンラインDRCができません．このため，10 μmのグリッドで設計すると，後でDRCエラーが山盛りという悲劇になりません．
　そのため，例えば100 μmグリッドで設計しておいて，グリッドにPADが乗らないデバイスの周囲だけ最後にグリッドを変更して結線するなどの方法が必要になります．

〈森田　一〉

Appendix1-C
画面の切り替えや部品の原点をグリッドの十字に載せる方法
キーボードを上手に使う

1 画面の切り替え

　Schematic，Layout，Library，Controlパネル，スクリプト・ファイル，ドリル・ファイルなどを重ねて表示させていくと，マウスを使って希望する画面を表示させるのは大変になってくることがあります(**図1**)．そのようなときは，キーボードから入力すると素早く画面を変更できて便利です．

　図1の各画面の左上に数字があります．Altキーを押しながらこの数字を押すと，その画面を表示してくれます．LayoutやSchematicを画面いっぱいに広げているときでも有効なので，隠れていた画面を表示してくれます．この数字は画面を開いた順番で割り振られているので，常に決まっている数字ではありません．Control

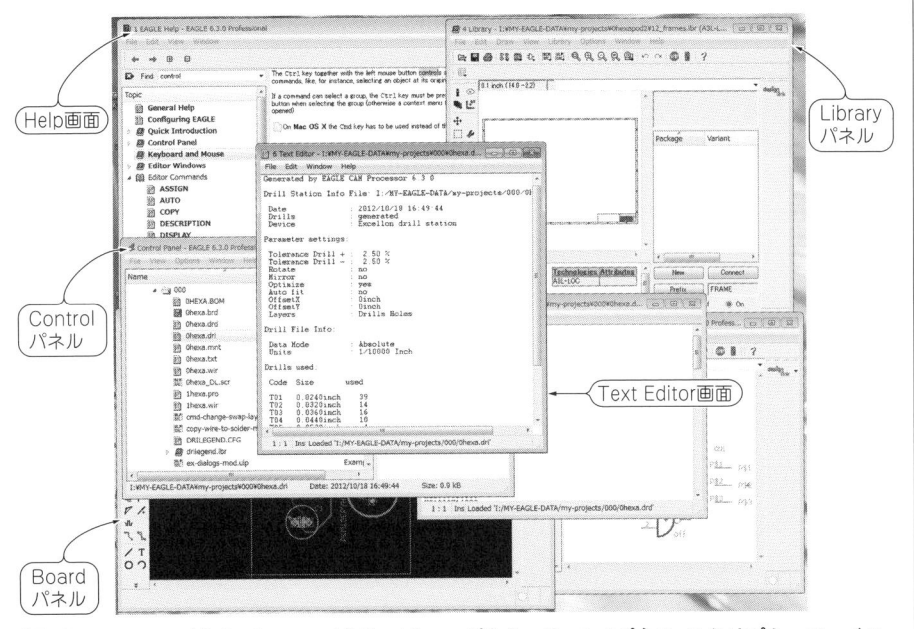

[図1] Schematicパネル，Layoutパネル，Libraryパネル，Controlパネル，スクリプト・ファイル，ドリル・ファイルを重ねて表示させた状態

[図2] Windowsに備わっている機能で現在開かれているプログラムのアイコン・リストを表示できる

Panel画面については数字が表示されていませんが，0が割り振られています．Alt＋0でControl Panel画面が開かれます．

別の方法として，Windowsに備わっている機能で切り替えることもできます．Alt＋Tabを同時に押すと，現在開かれているプログラムのアイコン・リストが開かれます（図2）．この状態から，矢印キーを使って希望の画面を選択することも可能です．

2　QUIT（Alt＋X）

図3の画面から終了する際には，Control Panel中のProject右側の緑色の丸印を

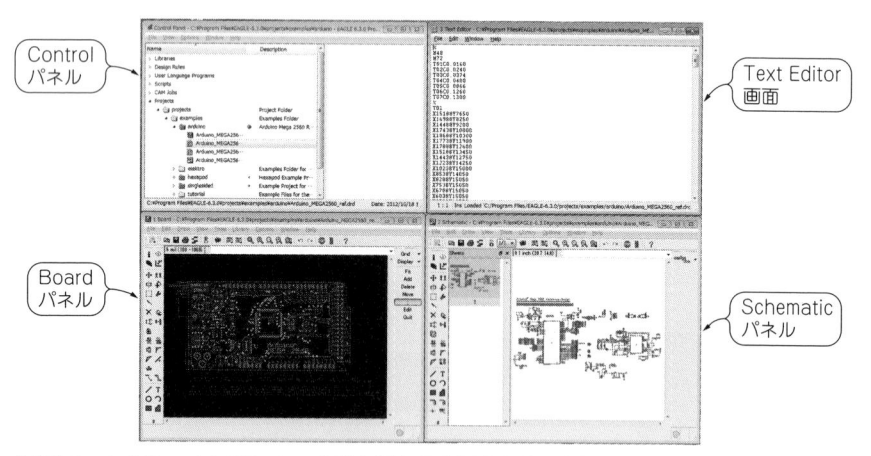

[図3] Control Panel中のProject右側の緑色の丸印をクリックしてから，Controlパネル右上のX印をクリックすると画面を終了できる

クリックしてから，ControlパネルÂ右上のX印をクリックします．

この操作を一度に行ってくれるのが，Alt + Xです．上記画面位置や線幅，ドリル径などの情報もそのまま記憶して終了します．

次回，EAGLEを実行すると，画面などが同じ状態で開かれます．Alt + XはQUITコマンドで，コマンド・ラインから入力しても同じです．

3 コマンド・ラインの活用

最近の液晶画面は横に長くなり，基板設計の際に広範囲を見ることができるようになりました．そのおかげで，基板設計は楽になったのですが，マウスの移動距離が長くなり，アイコンだけに頼ると作業しにくくなります．

EAGLEはMS-DOSの時代からあるので，コマンド・ラインからの操作がたいへん充実しています．コマンドを記憶しておく必要がありますが，マウスの移動距離が短くなるので便利です．

● Gridコマンド

設計作業中にGridサイズは頻繁に変更されるので，コマンド・ラインから入力して切り替えると便利です(図4)．

「GRID」と入力すると，カーソルの位置にGridの設定画面がポップアップされます(図5)．アイコンを探す時間とマウスの移動にかかる時間を節約できます．

グラフィカル・ユーザ・インターフェースに頼らずに，コマンド・ラインからの入力だけでGridの設定が可能です．例を以下に示します．

```
GRID;          グリッド表示，グリッド非表示をトグルする
GRID OFF;      グリッドを消す
GRID ON;       グリッドを表示する
GRID DOTS;     グリッドをドットにする
GRID LINES;    グリッドをラインにする
GRID MM;       グリッドをMM表示にする
GRID MIL;      グリッドをMIL表示にする
GRID 1;        現在の間隔を1に設定する
```

さらに，上記のコマンドを組み合わせて使用できます．

```
GRID MM 1 10 LINES;    グリッド間隔を1mmとし，10mmごとにラインを
                       表示する
```

（GRIDと入力する）

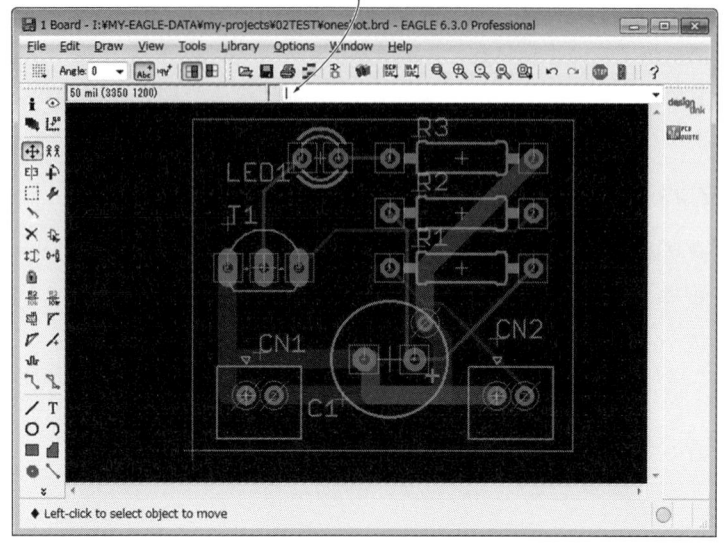

[図4] 設計作業中にGridサイズを変更することが多いはず

（Gridの設定画面）

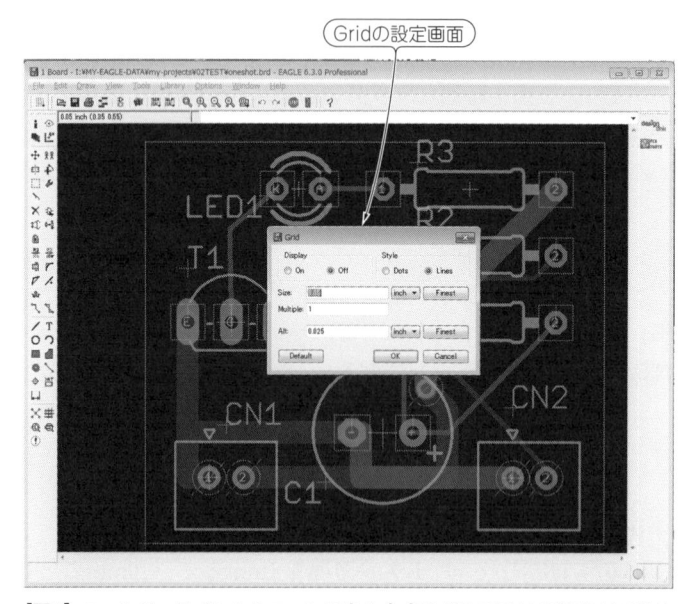

[図5] コマンド・ラインからコマンドを入力するだけでGridの設定ができる

GRID INCH 0.05 DOTS;　グリッド間隔を0.05インチとしてドット表示にする

そしてGridコマンドはGRとも短縮でき，最後の；(セミコロン)も省略可能です．
上の記述はそれぞれ下記のように省略できます．

GR MM 1 10 LI
GR IN 0.05 DO

そのほかのGridコマンドは，下記のようになります．

GRID ALT 0.1;　　Altグリッド(Altキーを押したときに有効になるグリッド)を0.1に設定する
GRID DEFAULT;　　グリッドをデフォルトに戻す
GRID LAST;　　　 前の設定へ戻る

4　MOVEコマンドとGROUPコマンド

　昔と比べて表面実装部品とリード部品が混在する基板が多くなったので，以前よりもインチとミリの切り替えを頻繁にしながら設計するようになりました．2.54ピッチ部品はinch単位で配置し，表面実装部品はmm単位で配置したいことが頻繁に発生します．

　MOVEコマンドは，画面上の要素(パターン，部品，テキスト，外形線，ビア)を移動させるためのコマンドです．それぞれの要素を移動させるためには，該当するレイヤを表示させておく必要があります．TOP(部品面)にある部品を移動させるためには，部品の原点(tOriginレイヤ)を表示させておく必要があります．

● グリッドの十字上に部品の原点を載せる

　選択した部品をグリッドの十字の上に配置したいのですが，ずれてしまっている場合があります．図6においては，R1の原点が格子の十字の上に載っていません．これを格子の十字の上に配置するためには，MOVEアイコンを押しておいてCtrlキーを押しながらR1の原点をクリック(マウス左)します．すると，現在指定されているグリッド上に移動します(図7).

● 特定の領域に移動させる

　特定の領域を移動させたい場合には，あらかじめGROUPを設定しておく必要があります．GROUPの設定方法は2種類あります．

　GROUPアイコンをクリックした後，画面上でマウスの左ボタンを押しながら

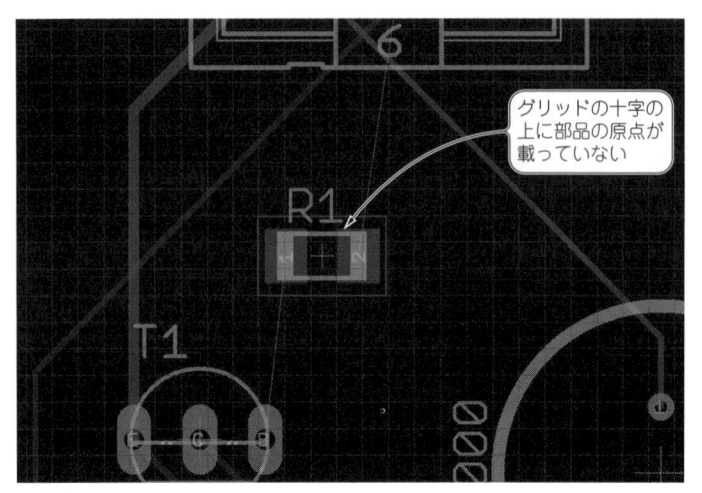

[図6] グリッドの十字の上にR1が格子(原点)が載っていない状態

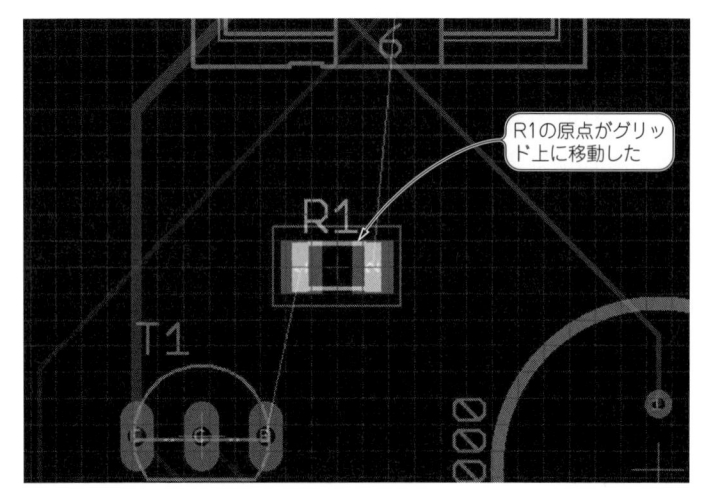

[図7] MOVEアイコンを押してCtrlキーを押しながらR1の原点をクリック(マウス左)すると指定されているグリッド上に移動する

Drugして左ボタンを離すと，その四角の領域をGROUP化します(図8).

もう一つは，GROUPアイコンをクリックした後で，左ボタンをクリックしていきます．マウス・カーソルで直線を描きます．終点を始点の近いところに配置して，最後に右クリックします．GROUP化された要素がハイライトされます(図9).

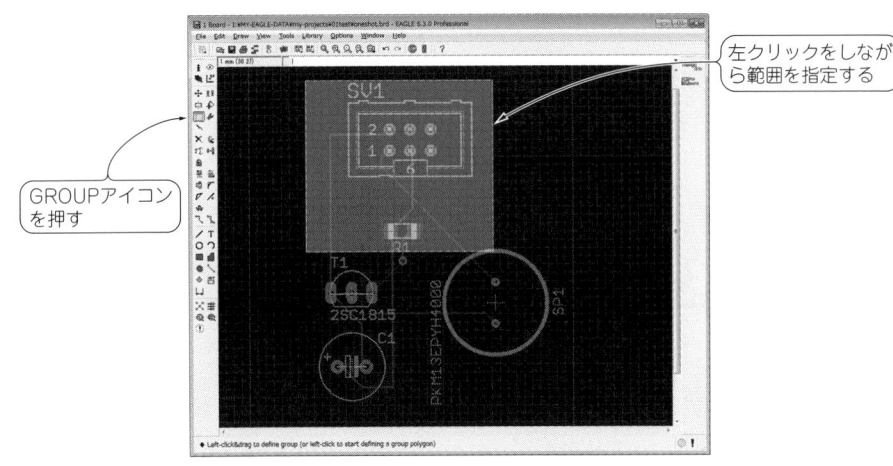

[図8] GROUPアイコンをクリックした後，画面上でマウスの左ボタンを押しながらDrugして左ボタンを離すと四角の領域をGROUP化できる

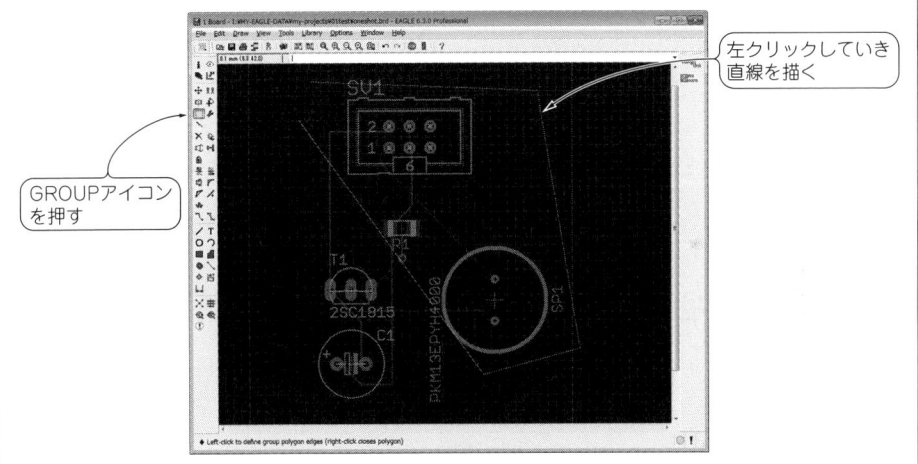

[図9] GROUPアイコンをクリックした後で，左ボタンをクリックしてマウス・カーソルで直線を描く．終点を始点の近いところに配置して最後に右クリックするとGROUP化された要素がハイライトされる

● GROUPの移動

　設定したGROUPを移動させるためには，MOVEアイコンをクリックし，指定したグループ領域の上でCtrlキーを押しながら右クリックします．すると，指定した領域がカーソルにくっついた状態になり移動できるようになります． **〈玉村　聡〉**

Appendix 1-D

プリント基板 CAD EAGLE 活用のための Q&A
使いやすくするための設定と操作

　EAGLE は，インストール後にちょっとした設定をしておくと，とても便利に使うことができます．その技をいくつか紹介しましょう．

Q1　バージョンアップのたびにデータの引っ越しをしています．なにか良い方法はないでしょうか？

　以下の2点についてあらかじめ設定しておくと，作業効率が上がります．
　(1) 作ったデータの保存場所
　(2) フォントの設定

● 作成データの保存場所の設定

　EAGLE の初期設定では，ドライブ C にすべてのデータが保存されるようになっています．このままではバージョンアップをするたびに，データを引越ししなければなりません．データ専用のドライブを用意して，

- 部品マクロのライブラリ
- CAM ファイル
- 設計データ

を保存しておくと，バージョンアップ時に再設定が不要になります．

【例】
　データ保存用のドライブに自分専用のデータを保存するために，MY-EAGLE-DATA フォルダを作り，その下に my-lib，my-dru，my-ulp，my-scr，my-cam，my-projects の6個のフォルダを作ります(**図1**)．これらの名前は自由に設定できます．
　次に，EAGLE に作成したフォルダを認識させます．EAGLE 起動時の画面(Control Panel) から，[Options] - [Directories] - [Browse] ボタンをクリックして，作成したフォルダを設定します．
　EAGLE のバージョンアップがあったときは，古いバージョンをアンインストールして新しいバージョンをインストールします．フォルダの設定情報は自動的に引き継がれます．
　有償版は，ライセンス・キー・ファイルとインストレーション・コードを入力する必要がありますが，Directories の情報(**図2**)は自動的に引き継がれます．

● フォントの設定

EAGLEは，Proportional，Fixed，Vectorの3種類のフォントが使えます．プリント基板上に印字できるフォントはVectorだけです．

ProportionalとFixedで描かれているフォントは，Vectorに変換されてプリント基板上に印字されます．この場合，Proportional，FixedとVectorとでは文字幅が異なるので，希望の位置にシルク文字が配置されません．

そこで，どの文字を使用してもすべてVectorで表示されるように設定してしまいましょう．[Control Panel]-[Options]-[User Interfaces]-[MISC]中の「Always vector font」にチェック・マークを入れます(図3)．上記の操作で，EAGLEで使用されるフォントはすべてVectorで表示されるようになります．

[図1] MY-EAGLE-DATAフォルダを作る
その下にmy-lib，my-dru，my-ulp，my-scr，my-cam，my-projectsの6個のフォルダを作る

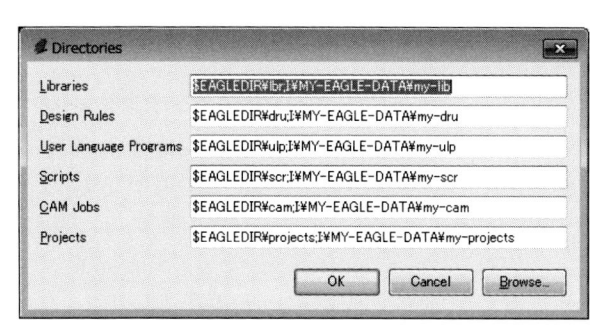

[図2] Directoriesの情報

使いやすくするための設定と操作 | 063

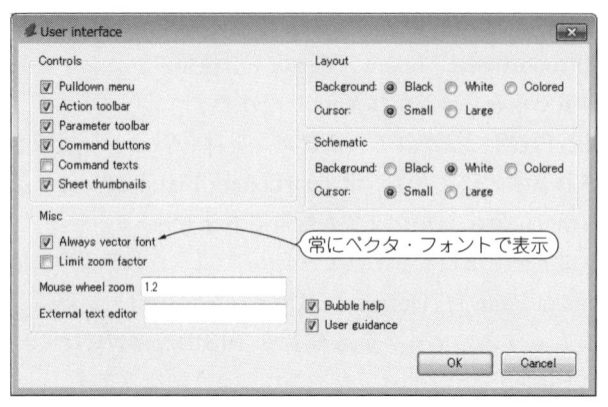

[図3]「Always vector font」にチェック・マークを入れる

Q2　回路図と配線図を一致させた状態で作画したいのですが…

　EAGLEは，次の三つのデータを常に一致させたまま作業を進める機能をもっています．
　(1) 回路図エディタ(Schematic)
　(2) レイアウト・エディタ(Layout)のネット情報
　(3) 部品情報

　例えば，プリント・パターンを作画している最中に回路を変更すると，同時にレイアウト・エディタの部品情報と接続情報が自動的に更新されます．これを「フォーワード＆バック・アノテーション」と呼んでいます．

　この機能は，回路図エディタとレイアウト・エディタの両方が開かれた状態でなければ使えません．どちらか一方を閉じると，フォーワード＆バック・アノテーションは働かなくなりますから，プリント・パターンを作画しているときは，必ずSchematicとLayoutの両方を開いておきます．

　実際にやってみましょう．**図4**(a)に示す回路図からトランジスタT1を削除すると，**図4**(b)のようにレイアウト・エディタ上のトランジスタT1も同時に削除されます．

　フォーワード＆バック・アノテーションが働いているかどうかを確認するには，SchematicでErcアイコンをクリックします．有効な場合には，**図5**に示すように，ERC Errorダイアログの中に"Board and schematic are consistent"と表示されます．

　図6に示すように，わざと回路とパターンが一致しない状況を作ってみました．回路にはトランジスタがありませんが，Layout上にはトランジスタがあります．

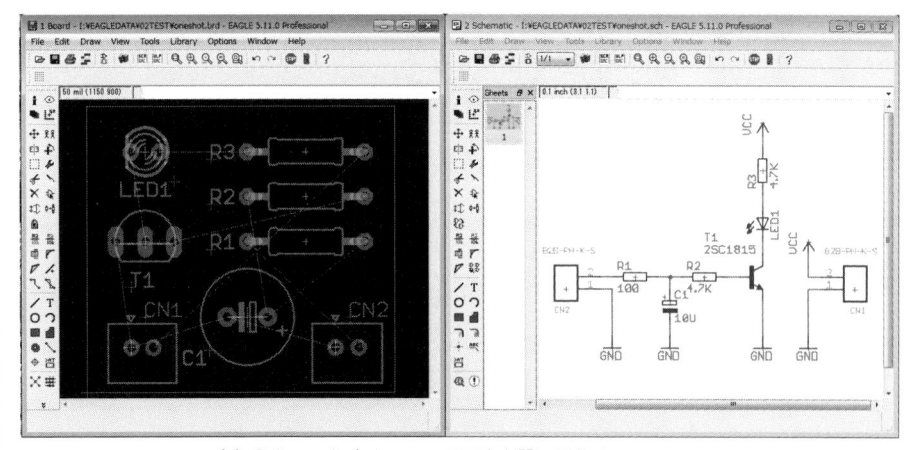

(a) SchematicとLayoutの両方を開いておく

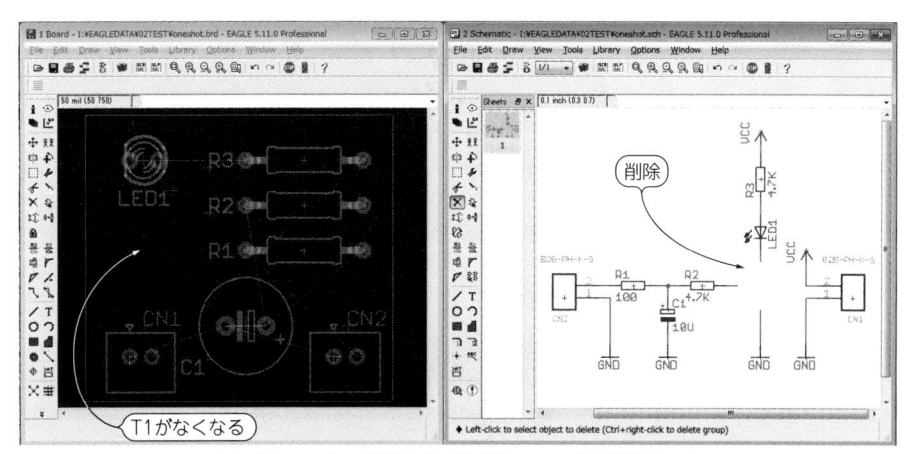

(b) Schematicで削除したT1がLayoutでも削除される

[図4] 回路図エディタとレイアウト・エディタの連動

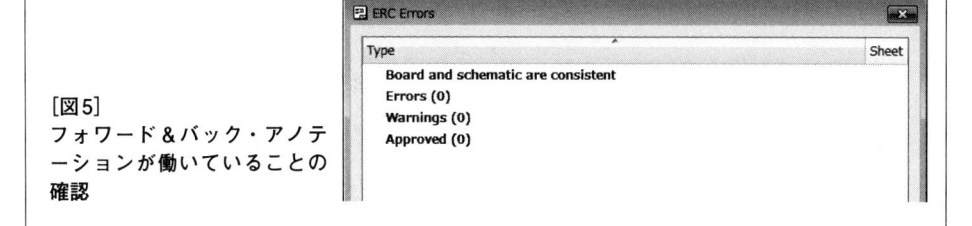

[図5]
フォワード&バック・アノテーションが働いていることの確認

使いやすくするための設定と操作 | 065

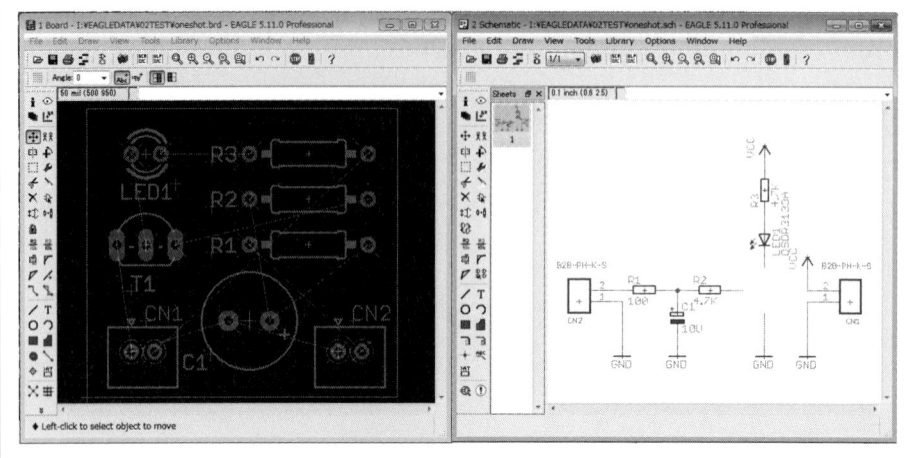

[図6] 回路とパターンが一致しない状況

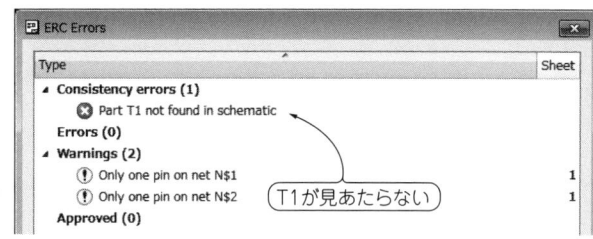

[図7]
トランジスタT1が見当たらないことの警告

いったんLayoutだけを閉じ，Schematicからトランジスタ T1を削除したあとに，再度Layoutを開いてみます．この状態でERCを実行すると，図7のように，Schematic中にトランジスタT1が見当たらないことを警告してくれます．

不一致が発生した場合は，SchematicにT1を追加するか，LayoutからT1を削除してから，Schematic中のERCを実行します．LayoutとSchematicの情報が一致した状態になれば，フォワード＆バック・アノテーションが再び働きだします．

Q3　CAMプロセッサ（基板製造用のデータを出力するプログラム）の設定方法を教えてください

● プリント基板ごとに設定を変える

EAGLEのレイアウト・データから基板を作ってくれる会社は，残念ながらごく少数です．通常，プリント基板会社の多くはガーバー・フォーマットとドリル・データからプリント基板を製造します．

CAMプロセッサは，EAGLEのレイアウト・データ（拡張子は.brd）から，基板

製造用のデータ(ガーバー・データ)を生成して出力する処理プログラムです．ガーバー・データは，世界中のプリント基板製造工場に発注できるため，プリント基板会社の選択が広がります．

　一口にプリント基板と言っても，その構造は千差万別です．レジストの有無，シルク印刷の有無や層数，ブラインド・ビアやスルー・ホールの有無など，無限の組み合わせがありますから，プリント基板の構造が変わるたびに，CAMの設定を変える必要があります．

　ここでは，両面基板，両面レジスト，部品面シルクの場合を想定して，実際にCAMプロセッサを設定します．

● **CAMの使いかた**

　EAGLE起動時の画面(Control Panel)からgerb274x.camを起動すると，**図8**に示す画面が開きます．タブをクリックすると，対象となるデータ生成時の設定が表示されます．

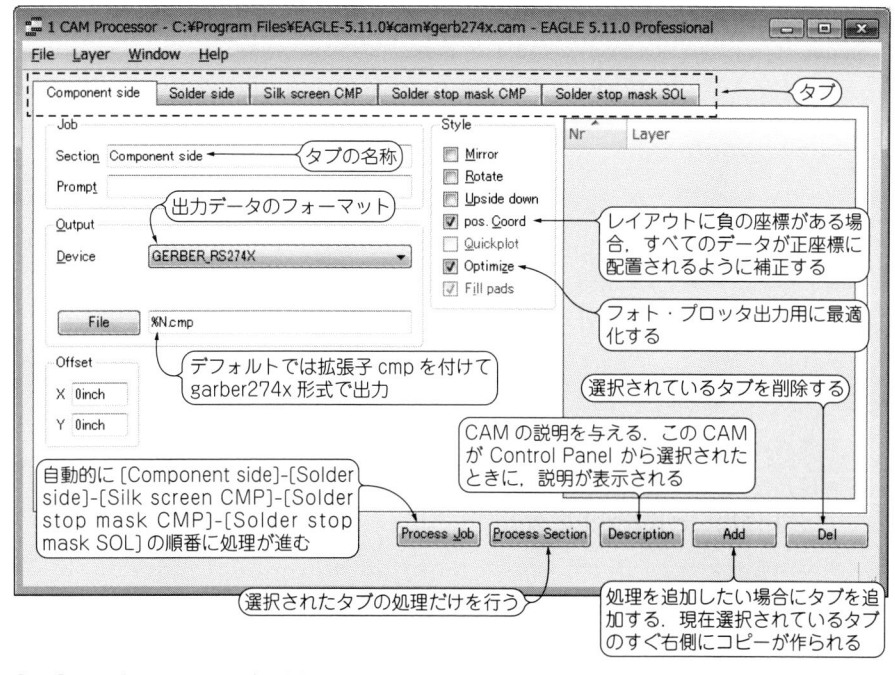

[図8] CAM (gerb274x.cam) の画面

- Component sideタブ：部品面の銅箔パターンのガーバー・データの出力設定
- Solder sideタブ：はんだ面の銅箔パターン用データのガーバー・データの出力設定
- Silk Screen CMPタブ：部品面のシルク文字用データのガーバー・データの出力設定
- Solder stop mask CMPタブ：部品面のレジスト用データのガーバー・データの出力設定
- Solder stop mask SOLタブ：はんだ面のレジスト用データのガーバー・データの出力設定

● **CAMプロセッサの設定例**

プリント基板の外形データを出力するように設定を追加してみましょう．
① タブSolder stop mask SOLを選択［図9(a)］
② ［Add］ボタンをクリック
③ すぐ右にSolder stop mask SOLが配置されるので［図9(b)］，新たに作られたSolder stop mask SOLをクリックして選択
④ タブの名称を変更するため，Section欄の「Solder stop mask SOL」を「Outline」に書き換える．名称なので自由に設定できる．出力ファイル名が「レイアウト・ファイル名.out」となるようにFile欄の拡張子stsをoutに変更する［図9(c)］
⑤ Fileからガーバー・データ生成の対象となるレイアウト・ファイルを読み込む
⑥ Outlineタブにおいて「30 bStop」が選択されているので，レイアウト中の外形を表している「20 Dimension」に変更する［図9(d)］
⑦ この状態で設定ファイルをセーブする

　この状態で［Process Job］をクリックすると，次のガーバー・データが生成されます．
- 部品面：＊.cmp
- はんだ面：＊.sol
- シルク・スクリーン：＊.plc
- 部品面レジスト：＊.stc
- はんだ面レジスト：＊.sts
- 外形：＊.out

● **EAGLEレイアウトのレイヤとガーバー・データの関係**

ガーバー・データは，EAGLEの複数レイヤから合成されて出力されます．

図10は，部品面のガーバー・データが，EAGLEの次の3層から作られることを意味しています．

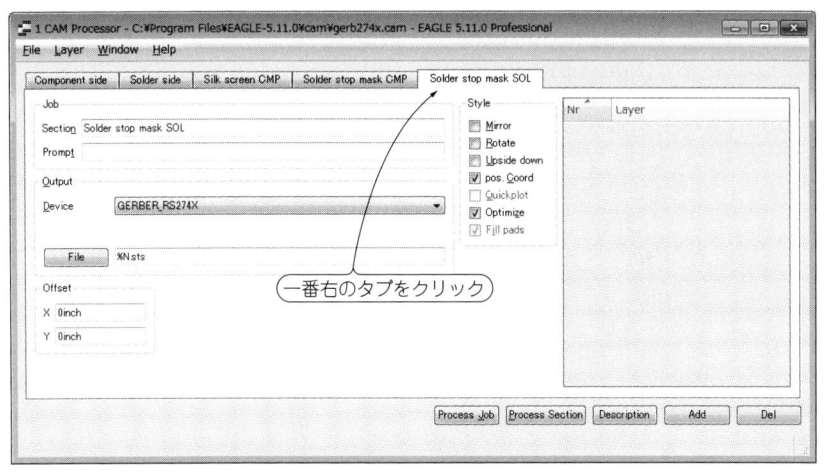

(a) Solder stop mask SOL を選択

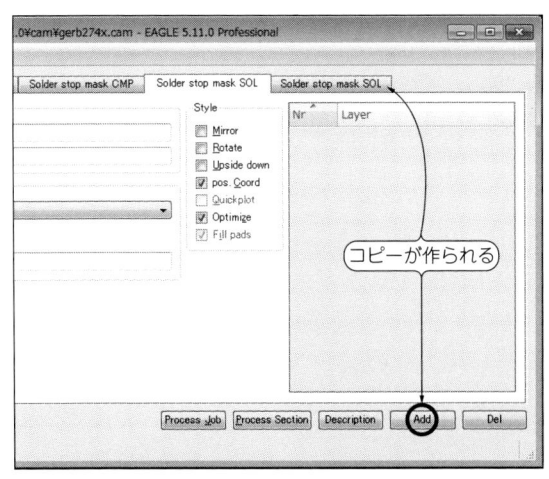

(b) [Add] ボタンでコピーを作る

[図9] プリント基板の外形データを出力するように設定を追加する

使いやすくするための設定と操作

1：TOP
17：Pads
18：Vias

この設定を間違えると，余計なレイヤのデータが含まれて，希望のガーバー・データが生成されません．

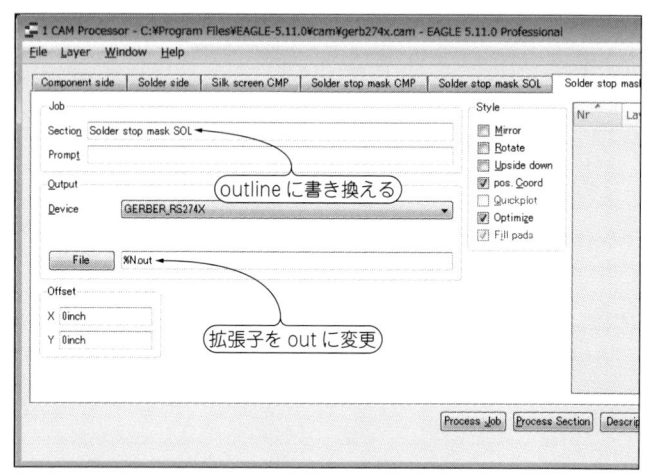

(c) タブの名称を変更する

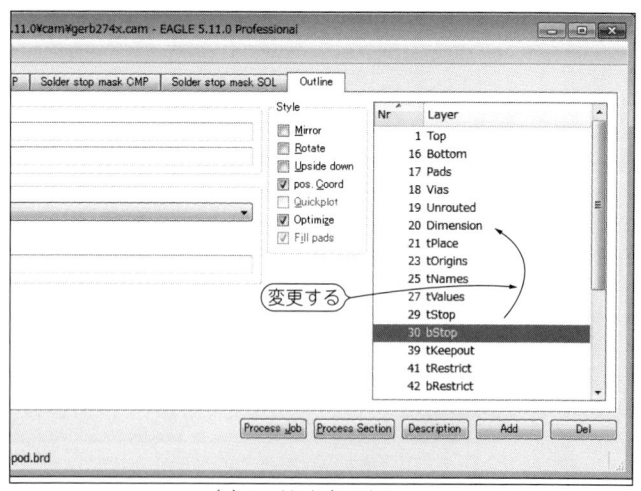

[図9] (つづき)　　　　(d) レイヤを変更する

● ドリル・タブも追加する

Outline追加の要領で，Drill dataのタブも追加しておくと便利です．[Process Job] ボタンで，両面基板に必要なデータ一式が得られるようになります．ドリル・データは，EXCELLONフォーマットで準備します（**図11**）．

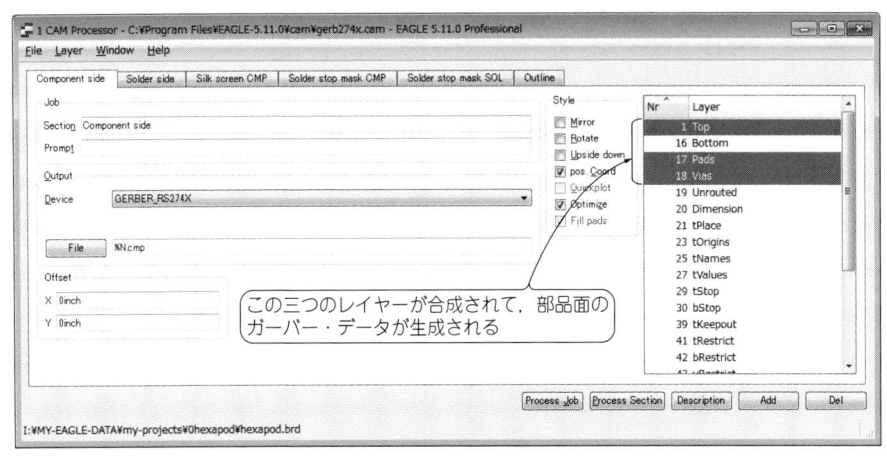

[図10] 部品面のガーバー・データが作られるレイヤ

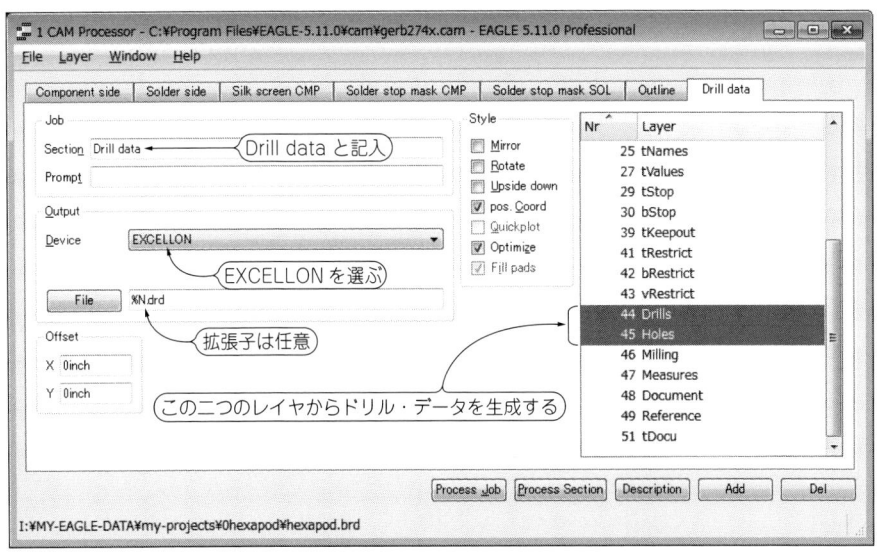

[図11] ドリル・データのタブを追加しておく

Q4 EAGLEで出力したガーバー・データが正しいかどうか確認する方法を教えてください

● ガーバー・ビューワのインストールと使用法

　海外のEAGLEユーザに人気がある無償のガーバー・ビューワは，GC-Prevue（GraphiCode製）です．下記のホームページにアクセスして，GC-Prevueを入手してインストールします．

　http://www.graphicode.com/

　起動後，広告画面が表示されますが，[×] ボタンをクリックします．[File]-[インポート] を選択し，ガーバー・データ，ドリル・データを選択します．複数のガーバー・データとドリル・データを一括で選択できます（図12）．選択ボタンを押すと，ソフトウェアがデータを取り込みます．

　[OK] ボタンをクリックすると，図13に示す画面が開きます．寸法0の線幅を

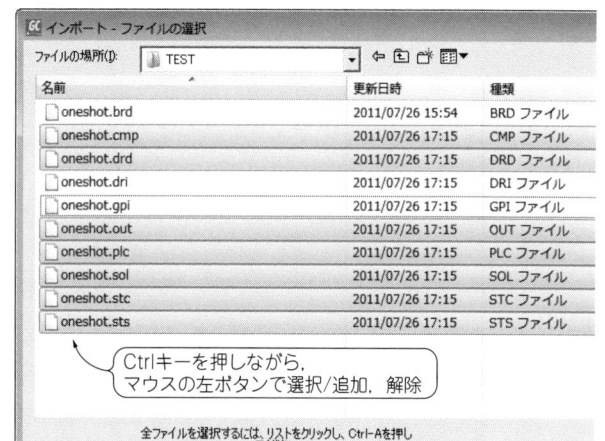

[図12]
複数のガーバー・データとドリル・データを一括で選択できる

[図13]
ツール・テーブルの割り当て

認識すると，**図14**の画面が表示されますが無視します．読み込み動作には影響ありません．

図15のように，ファイル・インポートの結果が表示されます．

［OK］をクリックすると，**図16**のようにガーバー・データ，ドリル・データの画像が表示されます．各レイヤの状態を確認します．［物理レイヤ］を右クリックし，［次の物理レイヤのみ表示］をクリックします（**図17**）．**図18**のように，特定の層だけが表示されるので，問題がないか確認します．

この操作を繰り返して，各層で問題がないか確認します．シルクについては念入りに確認します（**図19**）．確認が終了したらセーブして終了します．拡張子gwkのファイルが作成されます．

プリント基板製造に必要なファイルではありませんが，ガーバー・データの状態を確認できるので，自分のために保管します．

- 発注者の情報
- 基板の仕様
- 添付ファイルの説明

を記載したファイル（**表1**）を作成し，ガーバー・データ，ドリル・データを添付して送付します．

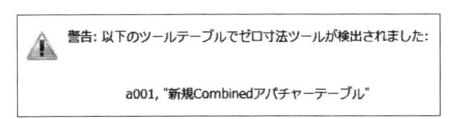

[図14] 寸法0の線幅を認識した警告（無視する）

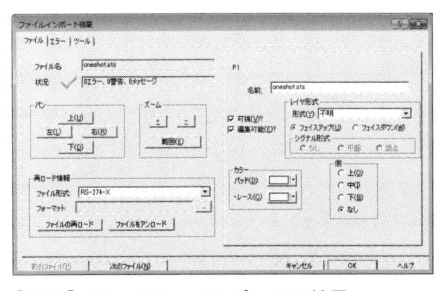

[図15] ファイル・インポートの結果

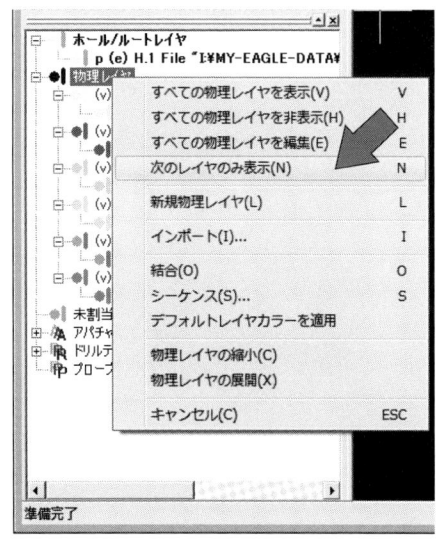

[図17]「次のレイヤのみ表示」を選ぶ

使いやすくするための設定と操作 073

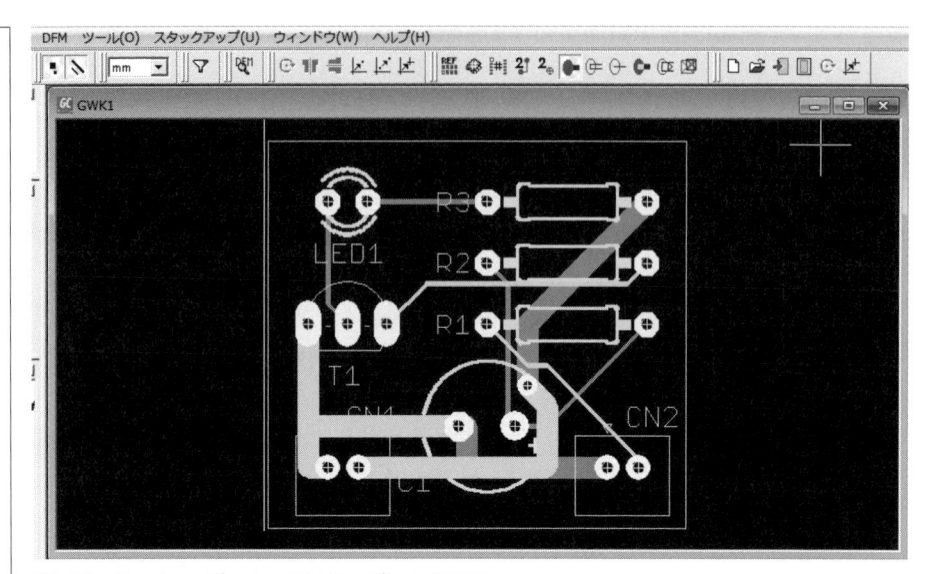

[図16] ガーバー・データ，ドリル・データの表示

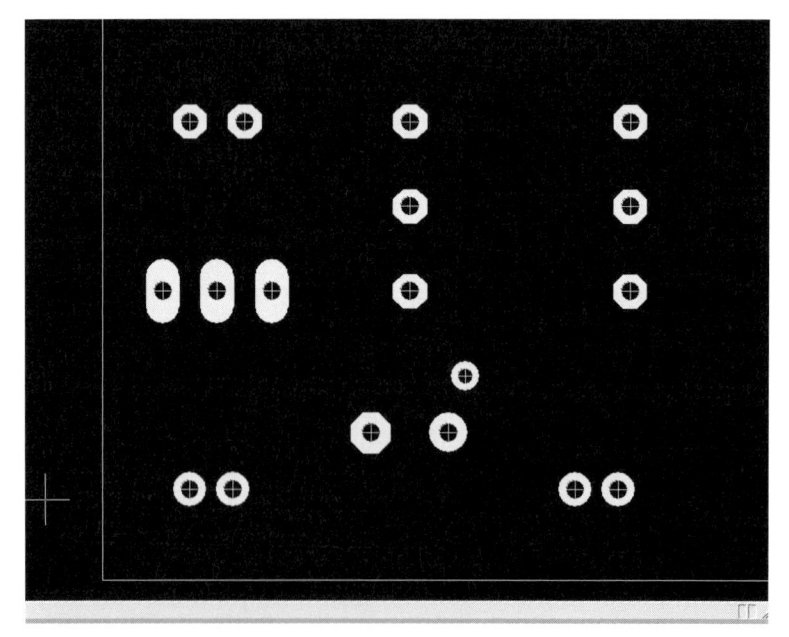

[図18] 特定の層のみの表示

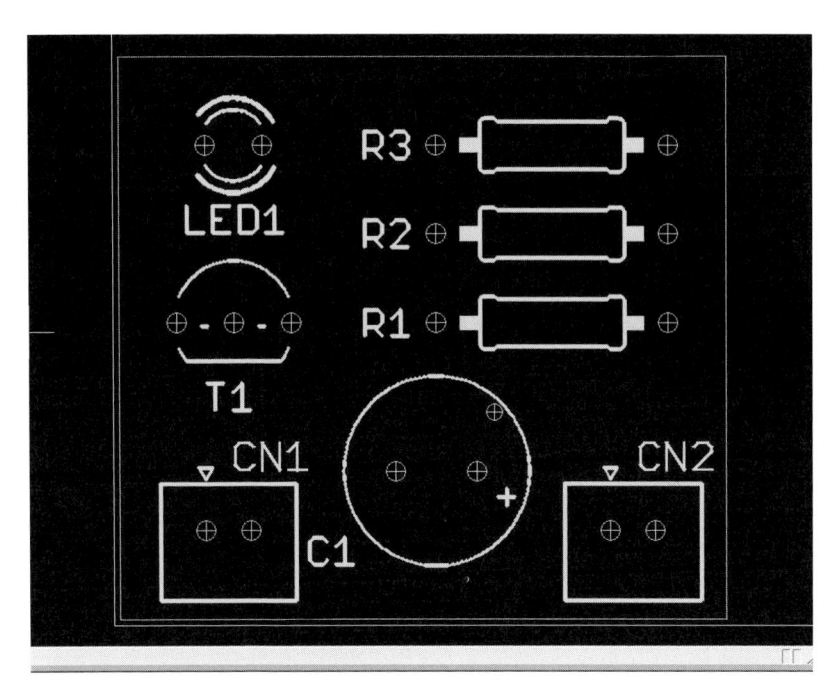

[図19] シルクについては念入りに確認する

[表1] プリント基板業者への発注書

プリント基板製造仕様	表面処理：ホットエアレベラ処理
会社名：	ドリル・データ(EXCELLON)
氏名：	*.drd …… drill data
住所：	*.dri …… drill infomation
電話番号：	ガーバー・データ(GERBER-274-X)
電子メールアドレス：	*.cmp …… tracks, top side
	*.sol …… tracks, bottom side
数量：	*.stc …… Solder stop mask, top side
希望納期：	*.sts …… Solder stop mask, bottom side
	*.plc …… Silkscreen, top side
基板外形：	*.out …… outline
基板仕様：両面TH	
材料：FR-4	Coordinate Format : 2.4
板厚：1.6	Coordinate Units : Inch
銅箔：35 μm	Data Mode : Absolute
レジスト：両面	Zero Suppression : None
シルク：部品面	End Of Block : *

使いやすくするための設定と操作

Q5　回路図エディタから部品表を出力する方法を教えてください

　Bom.ulpを使ってSchematicから部品表を作ることができます．コマンド・ラインから，

　　run bom

と入力すると，部品表が作成できます．

　ボタンの選択によって，部品順，部品の値順に並べることができます．部品表をセーブする際，html形式またはtext形式を選択できます．［Save］ボタンを押して部品表をセーブします．

　［New］ボタンは新たな属性を追加できます．例えば，属性priceを追加して，価格を追加して記録することもできます．価格を追加すると，**図20**のような部品表が得られます．

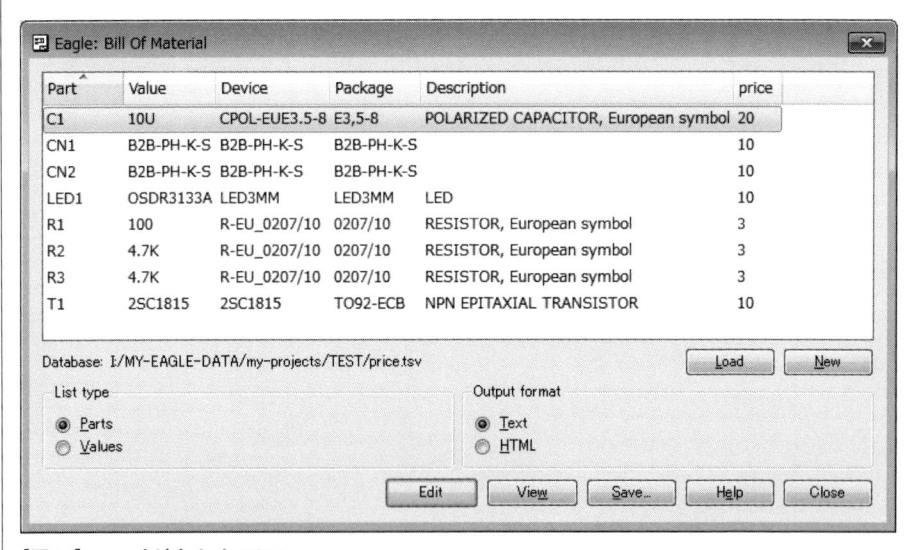

Part	Value	Device	Package	Description	price
C1	10U	CPOL-EUE3.5-8	E3,5-8	POLARIZED CAPACITOR, European symbol	20
CN1	B2B-PH-K-S	B2B-PH-K-S	B2B-PH-K-S		10
CN2	B2B-PH-K-S	B2B-PH-K-S	B2B-PH-K-S		10
LED1	OSDR3133A	LED3MM	LED3MM	LED	10
R1	100	R-EU_0207/10	0207/10	RESISTOR, European symbol	3
R2	4.7K	R-EU_0207/10	0207/10	RESISTOR, European symbol	3
R3	4.7K	R-EU_0207/10	0207/10	RESISTOR, European symbol	3
T1	2SC1815	2SC1815	TO92-ECB	NPN EPITAXIAL TRANSISTOR	10

Database: I:/MY-EAGLE-DATA/my-projects/TEST/price.tsv

List type: ● Parts　○ Values
Output format: ● Text　○ HTML

［図20］priceを追加したBOM

〈玉村　聡〉

第2章
部品マクロを作る
EAGLEの第一歩！ パターンや回路図の素を作る

本書では，単独で使える次の4種類の基板を作ります．(1) USBオーディオ・デコード基板 (2) FMトランスミッタ基板 (3) D級アンプ基板 (4) マイコン基板．第2章～第4章では，(1) の基板を例にして，プリント基板データを作る過程を順を追って解説します．

STEP 1 仕様の検討
STEP 2 部品マクロを作る その1…Packageデータ
STEP 3 部品マクロを作る その2…Symbolデータ
STEP 4 部品マクロを作る その3…Deviceデータ

STEP 1 — 仕様の検討
ICや基板サイズの決定

STEP1では，USBオーディオ・デコード基板を作るための前検討をします．

● **MP3ファイルを再生できるUSBオーディオ・システムなんて自作できるの？**

USBメモリに記録されている圧縮データから，音楽を再生することを考えると，次のように高度な処理をする回路が必要なことが予想できます．
- USBメモリとの通信制御(ホスト機能)
- サンプリング・レート変換
- 復調信号処理
- ディジタル-アナログ変換(D-A変換)
- マイコンとの通信と内部ハードウェアの制御

これらの処理をDSPなどの汎用ICやUSBブリッジIC，D-Aコンバータを組み合わせて作るなんてことは考えたくありません．

● **すごいICが個人でも手に入る時代に**

最近は，これらの機能がすべて集積化されたワンチップICが市販されています．

しかもウェブ上の部品商社の通販を利用すれば，個人でも1個から購入できます．筆者が購入したことがあるのはBU9458KVですが，今回ロームの協力があり，高機能なBU94603KVを使うことにしました(**表2-1**)．どちらもパッケージ，端子配列，電源電圧が同じですから，そのまま置き換えが可能です．

ユニバーサル基板に簡単にはんだ付けできるようなパッケージではない(64ピン，VQFP)ので，プリント基板を作る必要があります．付属CD-ROMに，BU94603KVの技術資料が収録されているので参照してください．

圧縮音声ファイルのデコードIC BU94603KV

BU94603KV(**写真2-1**)は，USBホスト機能付きのオーディオ・デコーダLSI(ロ

[表2-1]
USBオーディオ・デコードIC BU94603KVの機能と電気的仕様
LUN(Logical Unit Number)：デバイスがマルチドライブ，マルチパーティションの場合，対応するFATのLUN(Logical Unit Number)を選択してマウントできる

機　能	BU9458KV	BU94603KV
USBインターフェース	○	○
SDカード	○	○
iPodとの接続	なし	なし
MP3デコーダ	○	○
WMAデコーダ	○	○
AACデコーダ	○	○
FileRead	○	○
ランダム	±8	±128
LUN切り替え	なし	○
オーディオD-A変換	○	○
オーディオ・ディジタル出力	I^2S, S/PDIF	I^2S, S/PDIF
PLL	○	○
LDOレギュレータ	○	○
電源電圧	3.0 ～ 3.6V	3.0 ～ 3.6V
パッケージ	VQFP64	VQFP64

(a) 機能

項　目	値(標準)	条　件
電源電圧	3 ～ 3.6V	
動作消費電流(USB)	70mA	USBメモリ再生
動作消費電流	45mA	SDメモリーカード再生時
ひずみ率	0.03 %	1kHz, 0dB
ダイナミック・レンジ	88dB	1kHz - 60dB
S/N	93dB	
最大出力レベル	$0.67V_{RMS}$	1kHz, 0dB

(b) 性能

[写真2-1] USBオーディオ・デコードIC BU94603KV(ローム)
USBホスト機能をもち，USBメモリに記録されたMP3，WMA，AACの音楽ファイルを読み出してアナログのオーディオ信号を再生してくれる

ーム)です．機能と性能を表2-1に，図2-1に内部ブロック図を示します．

● 再生できる圧縮データとメディア

USB2.0フル・スピードのホスト機能を備えており，USBメモリやMMC/SDHCに記録されたオーディオ・ファイルを読み込み，1ビットD-Aコンバータでアナログのオーディオ信号を再生します．再生できるファイルの拡張子は次のとおりです．

- **MP3ファイル**：.mp3，.mp2，.mp1（mp2，mp1は再生の可否を選択）
- **WMAファイル**：.asf，.wma
- **AACファイル**：.m4a，.3gp，.mp4

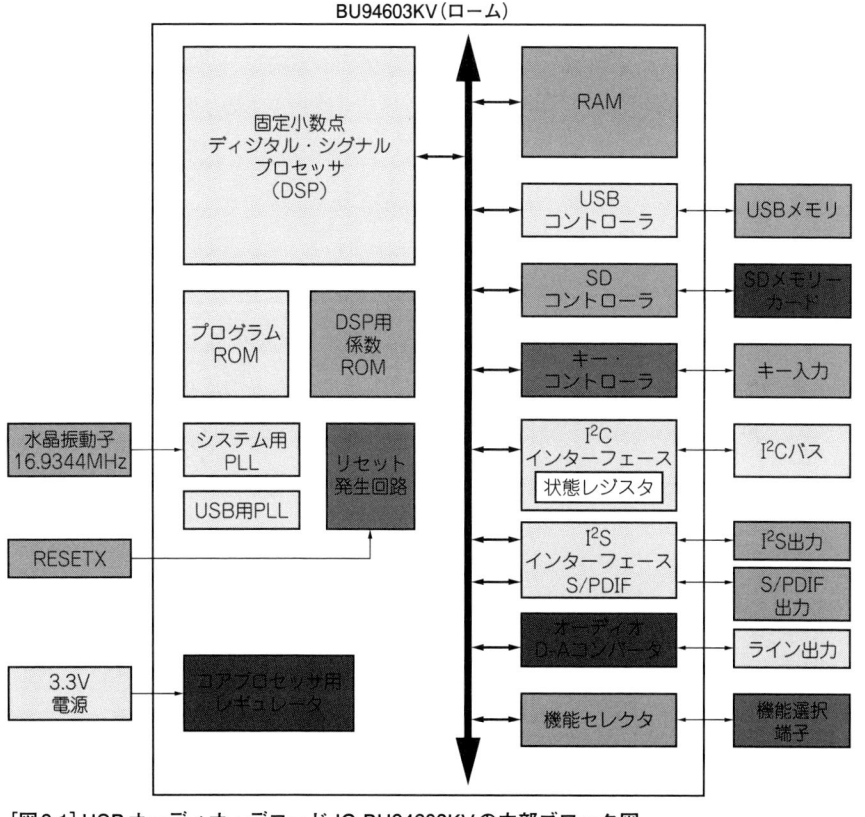

[図2-1] USBオーディオ・デコードIC BU94603KVの内部ブロック図

対応するメモリ容量は次のとおりです．

- USBメモリ：32M～2Tバイト
- SDメモリ・カード：2Gバイトまで
- SDHCメモリ・カード：32Gバイトまで

　再生できるフォルダはルート・ディレクトリを含む8階層までで，フォルダ数，ファイル数それぞれ100フォルダ，100ファイルまでUNICODE順でソート再生します．それ以上の数はFAT順での再生です．CD1枚を連続再生することも可能です．
　オーディオ信号をディジタルでやりとりするときの汎用的なインターフェース（I^2SとS/PDIF），POPS，JAZZ，ROCKなどのエフェクタも備えています．

● 再生/停止や音楽情報の表示

　BU94603KVから，再生情報(フォルダ番号やファイル番号，再生時間，フォルダ名，ファイル名)を表示用として取り出したり，再生/停止/早送りしたりできます．
　BU94603KVは，オーディオ・ファイル以外の任意のファイルを読み出せます．USBメモリからマイコンのファームウェアを読み出して，書き換えることも可能です．

● 音量と音質調整機能

　BU94603KVは，図2-2に示すような特性のボリュームを内蔵しています．電源ON時(初期値)は－24.1dBです．
　加えて，次の2種類の音質を調整する機能を備えています．

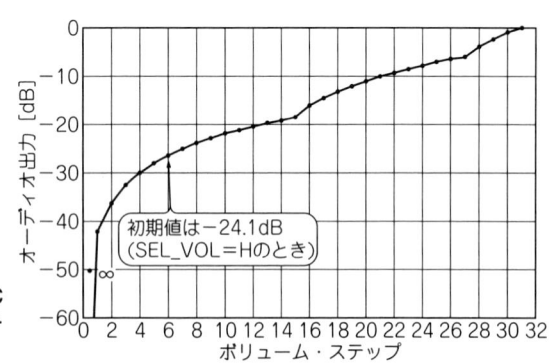

[図2-2]
USBオーディオ・デコードIC BU94603KVの内蔵ボリュームのステップと出力レベル

（1）イコライザ（5パターン）
（2）バス・ブースト（2パターン）

図2-3に示すのは，ROCKというイコライザ・パターンをONにしたときの周波数特性です．

● 鉛筆でメーカの推奨回路にメモ書き

図2-4に示すのは，USBオーディオ・デコードIC BU94603KVのアプリケーション・ノート（BU94603KV_apl_jpn_v012.pdfの8ページ）に掲載されている応用回路です．この図面に鉛筆を片手に少しずつメモを書き加えていきます．

▶動作モードを切り替え可能にする

次の三つの動作モードがあり，ジャンパで切り替えられるようにします（図2-5）．
（1）スタンドアロン（MODE1）：手操作によるキー入力でICを直接操作する
（2）オートスレーブ（MODE2）：手操作によるキー入力の操作をマイコンで行う
（3）マニュアル・スレーブ（MODE3）：マイコンでI^2Cインターフェースを経由して内部メモリにアクセスして，任意の曲順で自動再生したりする

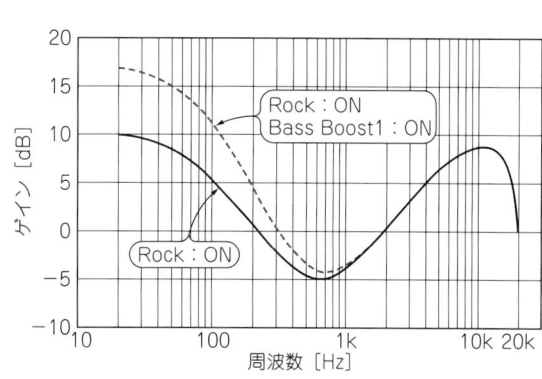

[図2-3]
USBオーディオ・デコードIC BU94603KVの内蔵エフェクタ（Rock）をONしたときの周波数特性

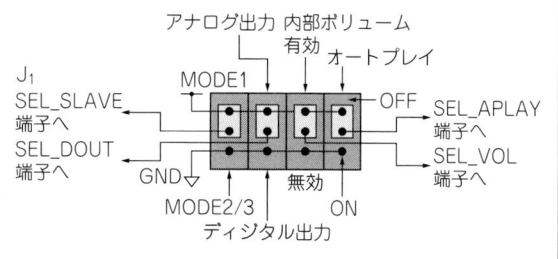

[図2-5]
BU94603KVの三つの動作モードはジャンパで切り替える

STEP 1 —— 仕様の検討　081

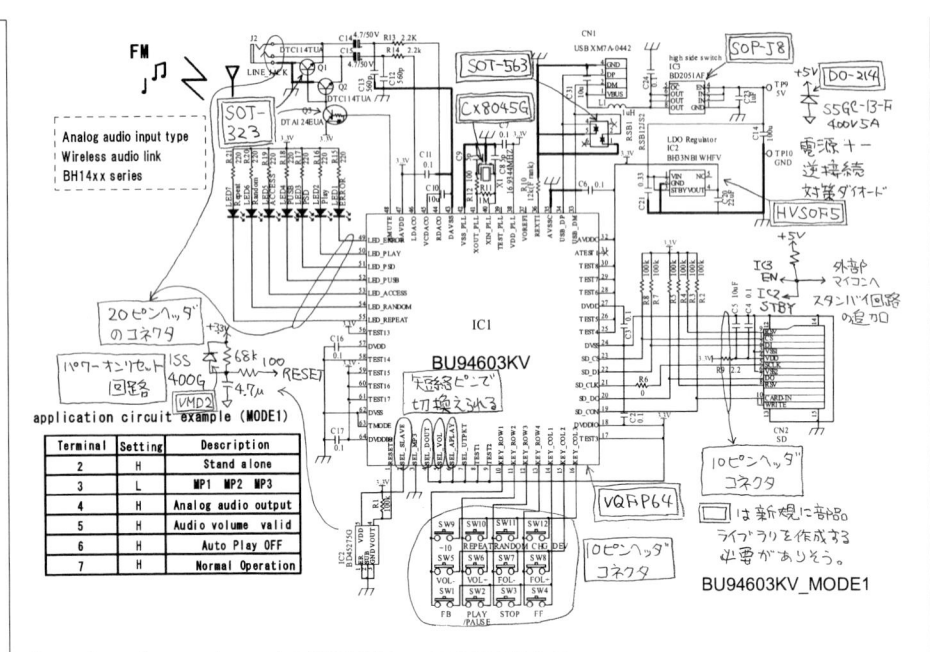

[図2-4] まずメーカ（ローム）の推奨回路にメモを書き入れる

　これら三つの動作モードによって，キー入力端子（10～16番）の機能が変わります．10ピン・ヘッダ・コネクタを用意しておき，MODE1のときはキー・マトリクス回路を，MODE2，MODE3のときはマイコン基板を接続します．
▶リセット回路
　リセット回路はCRの簡易的な回路としました．

その他の主なICやトランジスタ

● BU94603KVに3.3Vを供給するレギュレータ

　3.3V一定の電圧と最大150mAを出力できるCMOSレギュレータBH33NB1（ローム，**写真**2-2）を使うことにしました．OFF時の待機電流も60μAととても小さいのは魅力です．
　出力電圧精度は±1％，リプル除去率は80dB＠1kHzととても高く，安定した直流電圧を供給できるので安心です．過電流と過熱を検出して出力電圧を止める保護回路も内蔵しています．

放熱板を内蔵したとても小さなパッケージ(HVSOF5)で，安定動作に必要な外付けコンデンサに，抵抗成分(*ESR*：Equivalent Series Resistance)が小さく，小型製品の多いセラミック・タイプを使うことができます．レギュレータによっては，この低*ESR*が原因で発振するものがあります．

　表2-2に仕様を，**図**2-6に周辺の推奨接続を示します．出力コンデンサの容量は

[表2-2]
3.3V出力レギュレータ BH33NB1の電気的仕様

項　目	値
出力電圧	3.3V
出力電流	150mA
電源電圧	2.5 ～ 5.5V
入出力電圧差	250mV
出力電圧精度	± 1%
リプル・リジェクション	80dB
ロード・レギュレーション	6mV
回路電流	60 μA
パッケージ・サイズ	1.6 × 1.6 × 0.6mm

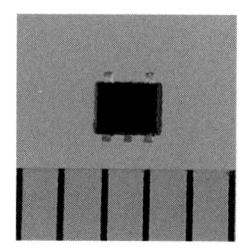

[写真2-2] 3.3V出力の低ドロップアウト・レギュレータ BH33NB1(ローム)

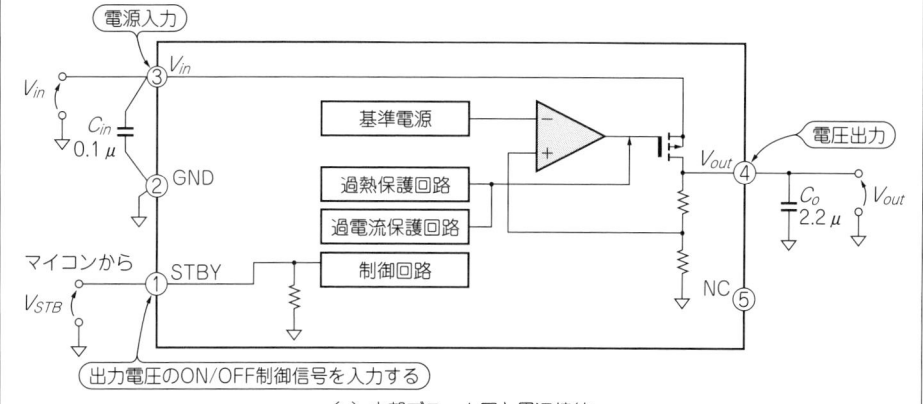

(a) 内部ブロック図と周辺接続

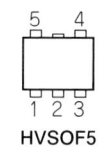

HVSOF5
(b) パッケージ

[図2-6] CMOSレギュレータ BH33NB1のメーカ推奨の接続
3.3V一定の電圧をBU94603KVに供給する

STEP 1 ── 仕様の検討

2.2 μF以上にする必要があります．

● **5V電源ラインをON/OFFする保護用IC**
　USBオーディオ・デコード基板には，壊れたUSBメモリやUSB扇風機などの大電流負荷がつながれる可能性があります．最悪の場合，ACアダプタに異常な負荷がかかって火災が起きるかもしれません．最近のUSB装置の電源ラインには，保護回路を搭載した電源スイッチIC(ロード・スイッチIC)が搭載されています．
　今回はBD2051A(ローム，**写真2-3**)を使いました．**図2-7**に内部ブロックを，**表2-3**に仕様を示します．連続で流せる電流は0.5Aで，電源電圧入力範囲は2.7～5.5Vです．

▶パワー・スイッチの動作
　パワー・スイッチは，低オン抵抗($80m\Omega$)のNチャネルMOSFETです．ONし

[表2-3] 過電流検出スイッチ BD2051Aの電気的仕様

項　目	値など
電源電圧	2.7～5.5V
消費電流	90 μA
オン抵抗	80mΩ
チャネル数	1
制御入力理論	Hアクティブ
過電流検出値	0.7/1.6A
立ち上がり時間	1.2ms
温度保護回路動作後の状態	復帰
パッケージ・サイズ	4.9×6.0×1.55mm

[写真2-3]
過電流検出スイッチ BD2051A(ローム)
USBコネクタには何が挿入されるかわからない．異常なUSB電源が挿入されたら電源をシャットダウンして回路を破壊から守ってくれる

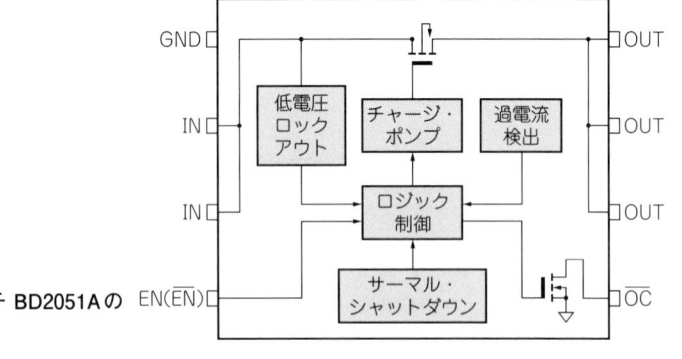

[図2-7]
過電流検出スイッチ BD2051Aの内部ブロック図

ている状態では双方向に電流が流れます．もしIN端子よりOUT端子の電位が高いと，OUT端子からIN端子へ電流が流れます．OFF時は，MOSFETの寄生ダイオードがキャンセルされるので，OUT端子からIN端子に向かって電流が流れることはありません．

▶保護機能

過電流，過温度，低電圧を検出する保護回路，そしてソフトスタート機能を内蔵しています．

チップ温度が過電流などで140℃を超えると，過熱保護回路が起動して，パワー・スイッチをOFFにし，$\overline{OC}$端子に警報信号を出力します．120℃を下回ると，パワー・スイッチは再びONします．また過大電流がパワー・スイッチに流れると，過電流検出回路が働いて，出力電流が1.0Aに制限され，$\overline{OC}$端子に出力されます．

● USBコネクタ入力部の静電気対策

USBメモリが抜き挿しされるコネクタ部には，帯電した人の手がしばしば触れるため，乾燥した冬場に，USB信号ラインから数kVものパルス性の高圧(正または負)が侵入する可能性があります．一度でも静電気が加わると，基板上のICはいっせいに壊れてしまいます．

静電気対策の定番に，2個のツェナー・ダイオードを使って正側と負側の高圧を低く抑え込む方法があります．今回は，二つのツェナー・ダイオードが入ったRSB12JS2(ローム，**写真2-4**)を使いました．容量の大きいダイオードは，最近の高速化したUSBの通信信号をなまらせてしまいます．RSB12JS2の容量は1pFととても小さく，高速通信ラインにも使うことができます．仕様を**表2-4**に示します．

● ミュート用のトランジスタ

音声消去回路(ミュート)は，抵抗入りのトランジスタ DTA124EUAとDTC114TUA(ローム，**写真2-5**)を使って実現しました．最大電流は100mA，耐圧は50V，

[写真2-4]
2個入りツェナー・ダイオード RSB12JS2(ローム)
容量が1pFと小さい．BU94603KVを静電気から守る

[表2-4] 静電対策用2個入りツェナ・ダイオード RSB12JS2の電気的仕様

項　目	規格値
ツェナー電圧I_Z = 5mA時	9.6 ～ 14.4V
逆方向電流(最大)	0.1 μA
端子間容量(標準)	1pF

GB積は250MHzで高速です．パッケージはUMT3（2×2.1mm）です．内部回路を図2-8に示します．

電源と基板のサイズ

● 基板サイズ

今回基板サイズの上限を決めるのは，EAGLEの無償評価版で作成できる最大サイズ（約4×3.15inch，10×8cm）でした．このサイズに4種類のモジュール基板をすべて搭載したいので，USBオーディオ・デコード基板の大きさは2×1.75inchとなりました．

次の理由から基板の単位にはinchを使います．
（1）ピン・ピッチが0.1inchのコネクタが多い
（2）実装時に0.2inchピッチでパッドが並ぶユニバーサル・ボードとの整合性がよい

(a) DTA124　　(b) DTC114

[写真2-5] 抵抗入りトランジスタ（ローム）
ミュート回路を構成した

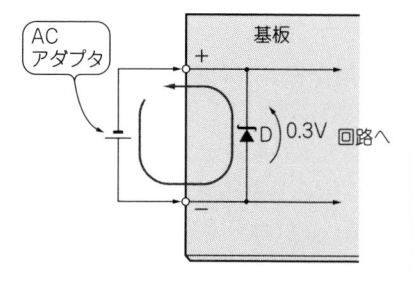

[図2-9] ACアダプタからの入力部に，逆接続から回路を保護するダイオードを取り付ける

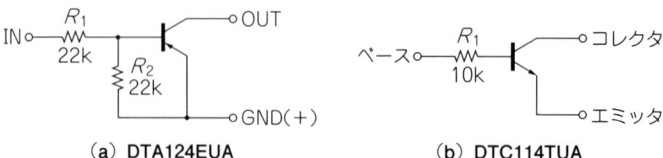

出力電圧の極性が違うACアダプタをつながれても，ショットキー・バリア・ダイオードDに電流が流れるので，回路が保護される

(a) DTA124EUA　　(b) DTC114TUA

[図2-8] ミュート回路に使った抵抗入りトランジスタの内部等価回路

● 電源

　本器には，ACアダプタ STD-05026U2(5V，2.5A，Linkman)で＋5Vを供給します．コネクタの正と負の向きが逆のACアダプタをつなぐと，回路を壊してしまいます．逆極性のアダプタとつないでもICが壊れないように，電流をパスする経路を作るダイオード(5A)を電源コネクタと並列に付けます(**図2-9**)．

　赤外線リモコンでスタンバイ状態(電源OFF状態)にすると，マイコンは，STBY端子で3.3Vの電源レギュレータ BH33NB1WHFV(IC_2)の出力(＋3.3V)を0Vにします．同時に，P0_7端子で，FMトランスミッタ基板上のレギュレータのSTBY端子もOFFにします．

STEP 2── 部品マクロを作る その1…Packageデータ
銅箔，レジスト，シルクで構成する

　USBオーディオ・デコード基板の仕様と回路が決まりました(STEP1)．

　EAGLEは，いきなり回路図を描き始めることができません．最初にする作業は，部品マクロを用意することです．部品マクロがないと回路図を描き始めることができません．

　ここでは，第一段階として，USBオーディオ・デコードIC BU94603KVを例に，銅箔とシルク・データを作る過程を紹介します．

> 付属CD-ROMには，ツールの操作のようすがわかる動画と，EAGLEマニュアル(EAGLE6 Tutorial.pdf)が収録されています．

● 部品マクロは三つのデータで構成されている

　図2-10に示すように，ICの部品マクロは三つの要素データで構成されています．

(1) Packageデータ

　　ピン配置データ，銅箔面用データ，レジスト用データ，シルク印刷用データで構成されています．プリント基板のレイアウト・エディタ(Board)で利用します．

(2) Symbolデータ

　　部品の端子名などです．回路図エディタ(Schematic)で利用します．

(3) Deviceデータ

　　SymbolとPackageを組み合わせたデータです．複数のパッケージ(SOP8やDIP8など)が用意されているICの場合は，一つのSymbolに複数のPackageを組

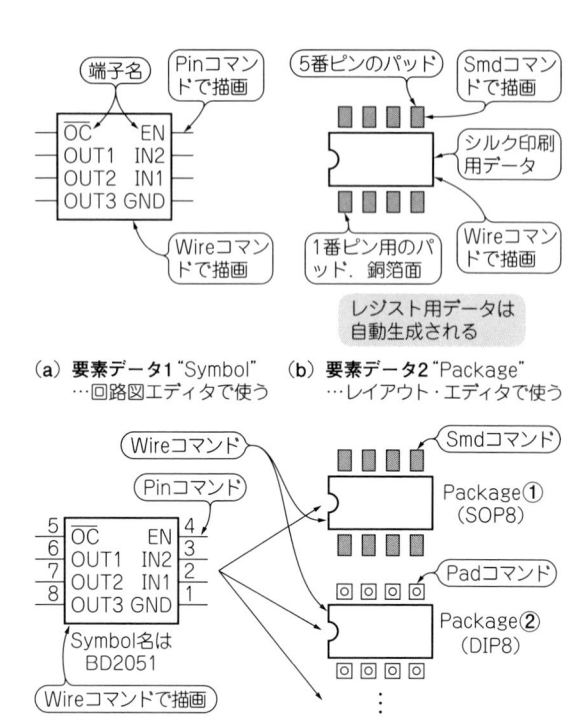

[図2-10]
部品マクロを構成する要素データ

(a) 要素データ1 "Symbol"
…回路図エディタで使う

(b) 要素データ2 "Package"
…レイアウト・エディタで使う

(c) 要素データ3 "Device"
…SymbolとPackageを合体

み合わせます．

EAGLEに登録がなく新規に作るべき部品

● ICのすべて

EAGLEには，USBオーディオ・デコード回路(第3章 STEP1 図3-1)を構成するICや部品のマクロ・データのすべてが登録されているわけではありません．

特にICの端子名や型名は，ものによって異なるので，新規にSymbolを作る必要があります．今回使うICもすべて，部品マクロが登録されていないので，新規に作らなければなりません．

● ディスクリート部品や電子部品

トランジスタDTA124EUA，DTC114TUA，2SD2142Kは，Packageデータを新

規に作ります．"SOT-323"と呼ばれるタイプです．ダイオード(1SS400G，RSB12JS2)のPackageも新規に作ります．

● ヘッダ・ピン，コネクタ類と水晶振動子

抵抗とコンデンサは，EAGLEに最初から登録されているrcl.libを利用できます．

自分で部品マクロを新規に作る作業は手間がかかりますが，データが充実してくると，他の基板を設計する際に，新規に作らずとも流用できる部品マクロが増えて，作業効率がアップしていきます．

Packageデータのしくみと完成後のデータ

● Packageデータは複数のデータで構成されている

Packageデータは，さらにいくつかのデータ(オブジェクトという)で構成されており，Layerと呼ばれる単位で管理されています．

表2-5に主なLayerの名称と意味を示します．名称の最初の文字がtのLayerは最上層，bのLayerは最下層です．

寸法データを**図2-11**に示します．次のウェブ・サイトから入手しました．

http://www.rohm.com/products/databook/lsispec/pdf/vqfp-cg-4-e.pdf

[表2-5] Packageデータは複数のデータ層(Layer)で構成する
基板作成時も，部品データ作成時も，レイヤごとにデータを作る必要がある

レイヤ番号	名　称	意　味
1	Top	部品面(表面)の銅箔層
2～15	Route2～15	内部の銅箔層(評価版は対応していない)
16	Bottom	はんだ面(裏面)の銅箔層
19	Unrouted	AirWire(未配線)
20	Dimension	基板外形(ドリル穴の外形)
21, 22	tPlace, bPlace	部品またははんだ面のシルク印刷
25, 26	tNames, bNames	部品，はんだ面の部品番号(シルク印刷用)
27, 28	tValues, bValues	部品，はんだ面の部品の値(シルク印刷用)
29, 30	tStop, bStop	部品，はんだ面のソルダ・レジスト(自動生成)
31, 32	tCream, bCream	部品，はんだ面のクリームはんだ用
41, 42	tRestrict, bRestrict	部品，はんだ銅箔面の配線禁止領域
43	vRestrict	ビア・ホール配置禁止領域
44	Drills	スルー・ホール
45	Holes	ドリル穴(銅箔なし)
200～	200bmp～	ビットマップ・データ

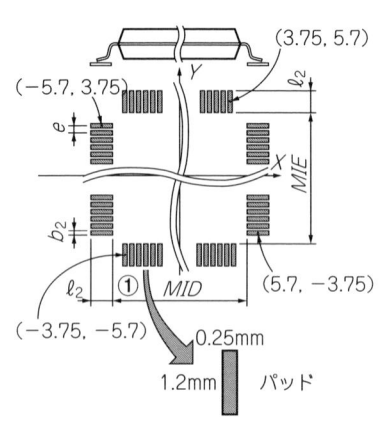

[図の座標ラベル: (−5.7, 3.75), (3.75, 5.7), (5.7, −3.75), (−3.75, −5.7), ①, MID, MIE, X, Y, e, b₂, ℓ₂, 0.25mm, 1.2mm, パッド]

単位はすべて[mm]

パッケージ名	ランド・ピッチ e	ランド間隔 MID	ランド間隔 MIE	ランド長さ $\geq \ell_2$	ランド幅 b_2
VQFP48	0.50	7.20	7.20	1.10	0.25
VQFP48C	0.50	7.20	7.20	1.10	0.25
VQFP64	0.50	10.20	10.20	1.20	0.25
VQFP80	0.50	12.20	12.20	1.20	0.25
VQFP100	0.50	14.20	14.20	1.20	0.25
VQFP128	0.50	14.80	14.80	1.20	0.25
VQFP144	0.50	20.20	20.20	1.20	0.25
VQFP-T144	0.50	20.20	20.20	1.20	0.25
VQFP176	0.50	24.20	24.20	1.20	0.25
VQFP208	0.50	28.80	28.80	1.20	0.25

（VQFP64の行に注記）これだけでよい

[図2-11] VQFPパッケージの寸法データ
メーカから提供されているこのようなデータを元にPackageデータを作る

● **Package データ**

図2-12に，BV94603KVのパッケージ（VQFP64）の完成したPackageデータを示します．Packageデータを作るときは，次の三つのデータが必要です．

- 銅箔面（Layer1 Top）
- レジスト（Layer29 tStop）
- シルク（Layer21 tPlace）

これらのうち，レジスト（Layer29 tStop）はEAGLEが自動的に生成してくれるので，自分で作る必要はありません．

また評価版EAGLEは，2層までしか対応していないので，銅箔面は次の二つの

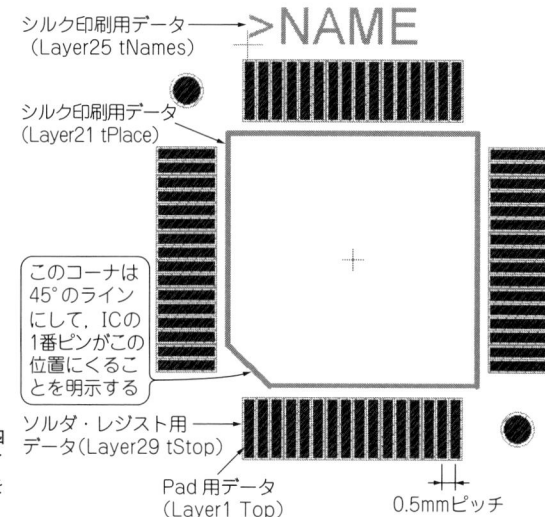

[図2-12]
完成後のVQFP64のPackageデータ
パッド(ランド),シルク印刷用など,四つの層のデータが合わさった状態.ライブラリ・エディタを使ってこのデータを作る

図中ラベル:
- シルク印刷用データ (Layer25 tNames)
- シルク印刷用データ (Layer21 tPlace)
- このコーナは45°のラインにして,ICの1番ピンがこの位置にくることを明示する
- ソルダ・レジスト用データ(Layer29 tStop)
- Pad用データ (Layer1 Top)
- 0.5mmピッチ

面にしかありません.

- 部品面(最上層 Top)
- はんだ面(最下層 Bottom)

Packageデータを作る①…銅箔面データ

● 手順1　ライブラリ・エディタを起動する

EAGLEを実行して,コントロール・パネルの [File]-[New]-[Library] から新しいライブラリ・ファイルを開きます.

ライブラリ・エディタ・ウィンドウ(**図2-13**)が開いたら,アクション・ツール・バーのアイコンで,Packageの編集モードを選択します.Packageの名前"VQFP64"をNewという空欄に入力して [OK] をクリックします.'Create new package VQFP64'?(新しいPackageを作りますか?)と聞いてきたら,[Yes] と答えます.

● 手順2　Gridサイズを設定する

銅箔のパッド(Pad)は0.5mmピッチで配置します.

まず,Gridコマンドで,Gridサイズを設定します(**図2-14**).**図2-14**に示すSizeはGridサイズのデフォルト値です.AltはAltキーを押したときのGridサイズで

す．一般に，AltはSizeより細かいGridサイズに設定します．

単位はmmに変更し，SizeをPad配置のピッチである0.5mmとします．Altはその1/5の0.1mmに設定します．

● 手順3　Padを呼び出してサイズを指定する

1番ピンからPadを配置していきます．**図2-11**から，1番ピンの座標を算出します．Padの原点は，Pad形状のちょうど中央になるので，1番ピンの座標は(−3.75, −5.7)と求まります．Smdコマンドをクリックして，サイズとして0.25×1.2mmをSmdボックスに直接入力します(**図2-15**)．

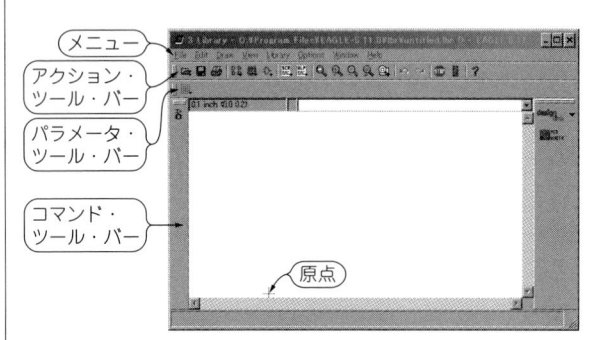

[図2-13] 手順1　ライブラリ編集画面
この画面でPackageなどのデータを作る

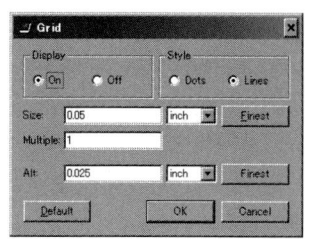

[図2-14] 手順2　Grid設定画面
描画の最小単位を決める

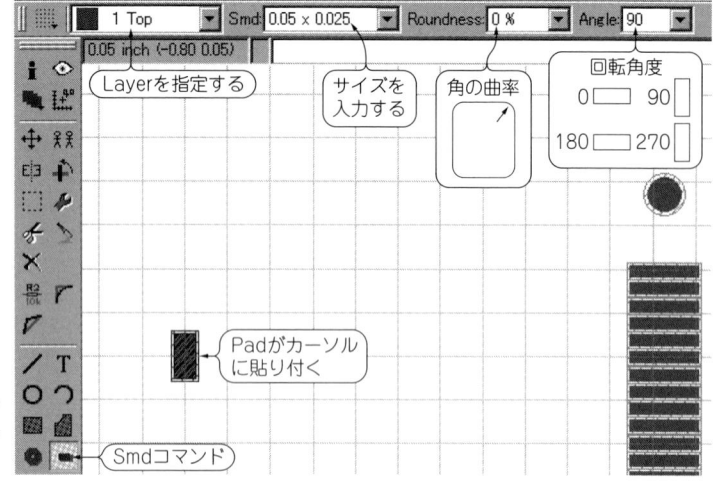

[図2-15]
手順3　SmdコマンドでPad(ランド)を呼び出す

● **手順4　1番ピンのPadを配置する**

　Padはカーソルにくっついて表示されます．適当な位置（Grid原点付近）にマウスの左ボタンをクリックして配置します．このとき，1番ピンの座標（−3.75，−5.7）は0.5mmのGrid上には配置できないので，後述のように，Propertiesで座標を設定します．

● **手順5　Padに名前を付ける**

　Infoコマンドをクリックして，先ほど配置したPadを左ボタンでクリックします．
　1番ピンのPadが適当な位置と大きさで表示されたら，Infoアイコンを選択して，Padの中央付近を左クリックします．すると，図2-16のようにPropertiesダイアログが表示されます．
　NameをP$1から1に変更します（見栄えをすっきりさせるため）．Position欄に，図2-11から求めた座標（−3.75，−5.7）を入れて［OK］をクリックします．Padが表示画面から消えてしまったら，Fitアイコンをクリックします．1番Padが画面中央に表示されます．
　このままでは表示が大きいので画面をマウスのスクロールボタンを使い縮小します．

● **手順6　1番ピンのPadをコピーして2番ピンのPadを作る**

　1番ピンのPadをコピーして，2番ピン以降のデータを作っていきます．
　Copyコマンドをクリックして，1番ピンのPadの中央付近を左クリックするとハイライトされて，Padがコピーされます．

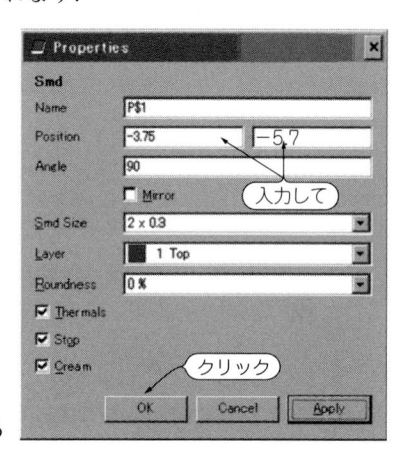

[図2-16]
手順5　Padに名前をつける

1番ピンの右側にカーソルを移動して，左ボタン・クリックで配置します．グリッドを0.5mmに設定してあるので，ちょうど0.5mm離れた位置にPadをうまく配置できます．

● 手順7　2番ピン用Padの位置を確認する

Infoコマンドを使って，Propertiesを見ると，2番ピン用Padの位置を確認することができます．Nameは2に，Positionは－3.25，－5.7となっているはずです．

● 手順8　3〜16番ピンのPadデータを作る

16番ピンまで，Copyコマンドを繰り返し使って配置していきます．

Column(2-A)

部品マクロのライブラリを管理する方法

　作ったICやトランジスタの部品マクロ・データをどういうフォルダで管理したら，作業効率が良くなるのか，その整理方法を考えてみましょう．

　図A(a)に示すように，rohm.libという名称のフォルダを作り，部品マクロ・データを収納する方法が考えられますが，作業効率が良くありません．同じ部品マクロが複数のライブラリ・ファイルに分散され，わかりづらくなってしまいます．

　私は，基板単位(例えばUSBオーディオ・デコード基板)またはプロジェクト単位(例えば今回のPCB.lib)で部品を管理しています［図A(b)］．　　〈渡辺　明禎〉

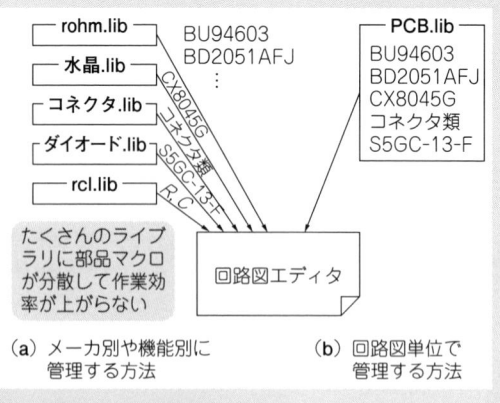

図A　部品マクロの管理方法

(a) メーカ別や機能別に管理する方法

(b) 回路図単位で管理する方法

Groupコマンドを使うと，複数のPadをまとめてCopyできて，効率が良いです．例えば，Copyコマンドで四つのPadを作った後，Groupコマンドを左クリックします．カーソルをコピーしたい領域にもっていき，左クリック→ドラッグ→クリック解除すると，四つのPadがハイライト表示されます．この状態でマウスの右ボタンをクリックすると，Copy：Groupがポップアップ表示されます．左ボタンでクリックすると，ハイライトされた状態で，四つのPadがカーソルにくっつきます．配置したい所にカーソルを移動し，左ボタンで配置します．

▶Pad番号を確認する

　ここでいったんPad番号が正常に付けられたかどうかを確認します．

　Showコマンドをクリックして，情報を表示させたいPadの中央付近にカーソルを持って行き，左クリックすると，Padがハイライト表示され，画面左下にオブジェクトの名前"Smd：7"というふうに表示され，Nameが適切に付けられているかを確認できます．

　同様に，Copyコマンド，Groupコマンドを使うと，8個のPadを同時にコピーでき，16個のPadを短時間で作ることができます．Nameは自動的に順番通り作られているはずです．

● 手順9　17～64番ピンのPadデータを作る

　17～32番のPadを作ります．まず，16番ピンのPadのコピーを作ります．コピーがハイライトされている状態で，右クリックすると，Padが90°左回転します．

　回転した状態のPadを適当な位置に配置します．Infoコマンドを使い，Padの位置を(5.7，－3.75)とします．1～16番ピンのPadを作ったのと同じように，コピーを使いながら，32番ピンまでのPadを適切な位置に配置します．

　同様に，32番ピンのコピーを90°回転させて，(3.75，5.7)の位置に配置し，33～48番のPadを作ります．49～64番ピンのPadも同様に作成します．

　以上で，1～64番のPadを配置できました．

● 手順10　実装機に部品の搭載位置を認識させるマーカPadを加える

　部品の自動実装機にVQFPのパッケージの中心位置を認識させるマーカを対角線上に二つ作ります．マーカとは，具体的にはφ1mmのPadです．

　SmdコマンドでSmd 1×1，Roundness100％とするとできる円状のPadをPosition(5.7，－5.7)，(－5.7，5.7)に配置します．配線はしないので，Nameは

P$1，P$2のままとします．

*

以上で，銅箔面上にVQFP64のパターン・データが完成します（図2-12）．

Packageデータを作る②…シルク印刷面データ

プリント基板の表面に部品番号などの文字やパッケージの外形，信号の流れなどの図形を印刷しておくと，部品を手で実装したり，基板の動作をチェックしたりするときにとても有効です．この印刷をシルク印刷と呼びます．

ここでは，VQFP64 Packageの部品名やの形状，1番ピンの位置がわかるようにシルクが印刷されるようにデータを作ります．**図2-12**の完成データをもう一度確認してください．

● 手順1　シルク配線の太さを7milにする

Wireコマンドをクリックして，Select Layerで21 tPlaceにLayerを切り替えます．Layerが1 Topのままになっていると，銅箔で文字や図形ができてしまいます．

初期の線幅（Width）の設定値は0.127mm（5mil）ですが，細すぎてシルク・ラインが切れる可能性があるので，6〜8mil（一般的な値）に変更します．今回は7milを選択し，Width = 0.1778mmとします（**図2-17**）．

● 手順2　Packageの外形がシルクで描かれるように設定する

カーソルを座標（−4.5，4.5）に持って行き，左クリックします．ドラッグでカーソルを（4.5，−4.5）に持って行くと，90°に折れ曲がったラインが表示されるので，左クリックでWireを確定します．

ICの1番ピンの座標（−4.5，−3.5）にカーソルを移動すると，90°に折れ曲がったWireが表示されます．1番ピンがこの位置にくるように実装することを明示するために，45°に折れ曲がったラインを描きます（**図2-12**）．ラインの折れ曲がり角

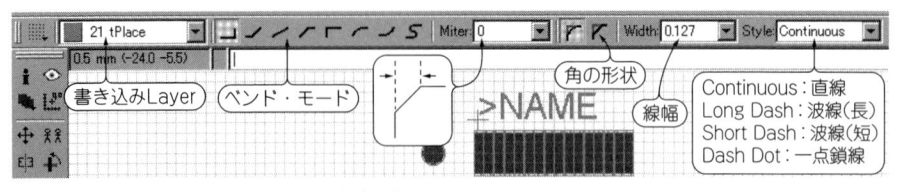

[図2-17] 手順1　Wireコマンドを呼び出す

度を45°にすると，**図2-18**に示すように，コーナに45°の斜めの線が描かれます．左クリックしてラインを確定します．

さらにカーソルを座標(-4.5, 4.5)に持って行き，左クリックでラインを確定します．カーソルを元の位置(-4.5, 4.5)から移動させない状態で左クリックすると，Wireモードが終了します．StopアイコンをクリックしてもWireモードを終了させることができます．

● **手順3　部品番号がシルク印刷されるように設定**

使う部品すべてに番号(部品番号)を割り付けるのは，世界中のエンジニアの常識です．例えば，IC_1, R_1, C_1…というふうに付けます．IC, Rなどの記号を配線記号(プリフィクス，Prefix)と呼びます．

トランジスタなのかコンデンサなのかなど，部品の種類はDeviceデータを作るとき(第2章のSTEP4)に指定します．**表2-6**によく使われる配線記号を示します．

番号のダブリなどを確認しながら，部品番号を一つずつ手入力するのは，とても手間です．EAGLEは，回路図エディタ上で部品を配置すると自動的に番号を生成する機能をもっています．

部品番号が基板にシルク印刷されるようにするには次のように設定します．

Textコマンドをクリックして，Enter Textダイアログ画面を開きます．>NAMEと入力して［OK］をクリックすると，>NAMEがカーソルにくっついて

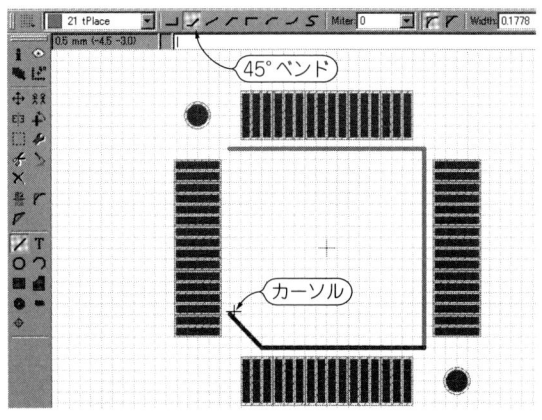

[図2-18] 手順2　45°ベンドのようす

[表2-6] **よく使われる配線記号**（プリフィクス，Prefix）

種　類	配線記号
集積回路	IC, U
トランジスタ	Tr, Q
発光ダイオード	LED, LD, D
ダイオード	D
抵抗	R
コンデンサ	C
インダクタ	L
コネクタ	CN, J
ジャンパ	JP, J
スイッチ	SW, S
テスト・ポイント	TP
水晶発振子	X, Q

STEP 2 —— 部品マクロを作る その1…Packageデータ

表示されます．>NAMEは25 tNamesのLayerに入力したいので，Select Layerで変更します．カーソルを先ほど書いたパターンの上に移動して，左クリックで配置します．Stopアイコンをクリックして終了します．

● 手順4　型名がシルク印刷されるように設定する

ICの型名をシルク印刷したいときは，Name(IC_1, R_1などの配線記号)のときと同じように，27 tValues Layerに，">VAULE"と入力します．特に必要なければVAULE(定数と型名)は入力しなくてもOKです．

STEP 3── 部品マクロを作る その2…Symbolデータ
ICの端子名や型名で構成する

ICのすべての端子に機能名を付けるのは，回路図を描く基本です．**図2-19**に，完成後のUSBオーディオ・デコードICのSymbolデータを示します．付属CD-ROMに収録された操作手順動画も参照してください．

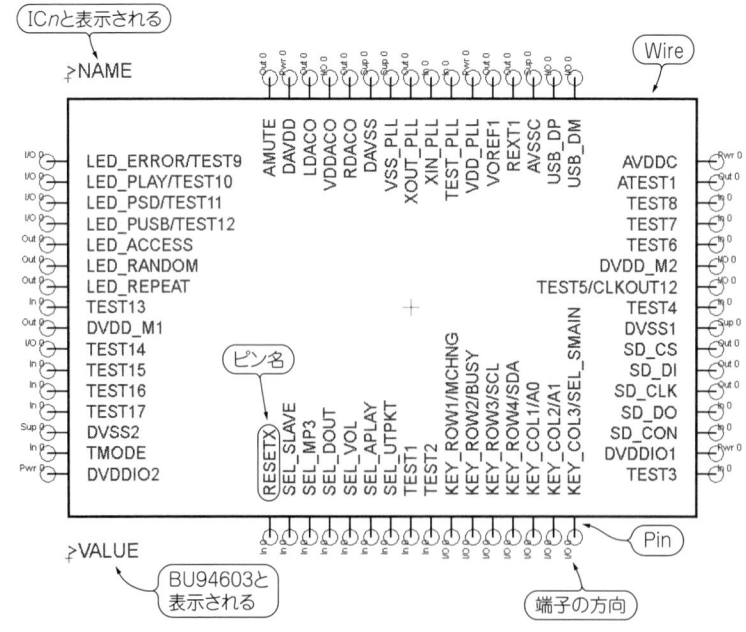

[図2-19] 完成後のBU94603KVのSymbolデータ

● **手順1　Symbolの編集モードにする**

アクション・ツール・バーのアイコンからSymbolの編集モードを選択します．
空欄にSymbolの名称"BU94603"を入力します．「Create new symbol 'BU94603'?（新しいSymbolを作りますか？）」と聞かれたら，Yesと答えます．さらにグリッド・サイズが0.1inchであることを確認します．

● **手順2　Pinの長さを設定する**

Pinコマンドを選択すると，**図2-20**(a)に示すようにPinがカーソルにくっついてきます．書き込み対象Layerは94 Symbolsです．

Pinを配置する（左クリック）前に，パラメータ・ツール・バーから，Pinのプロパティを選択します．Pinの長さ(Long)が，デフォルトでMiddle(2グリッド分，0.2inch)になっています．

Pinの長さは，ICの端子の総数が20以下のときは0.1inch，それ以上のときは0.2inchとします．回路図面の大きさには制限がないので，短くするより，長めにすると見やすくなります．右クリックするとPinは90°左に回転します．

● **手順3　端子名を描き入れる**

図2-21に示すように，BU94603KVの端子は64ピンもあり，端子名も長めなので，Symbolは大きくなりそうです．パッケージはVQFPですから4方向にPinを配置します．

1番ピンはRESETXです．カーソルにPinがくっついた状態で，1回右クリックし，90°左に回転させます．そして左下に左クリックで配置します．配置が終わると，

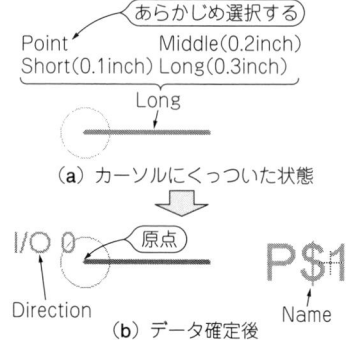

[図2-20]
手順2　PinコマンドでPinを追加する

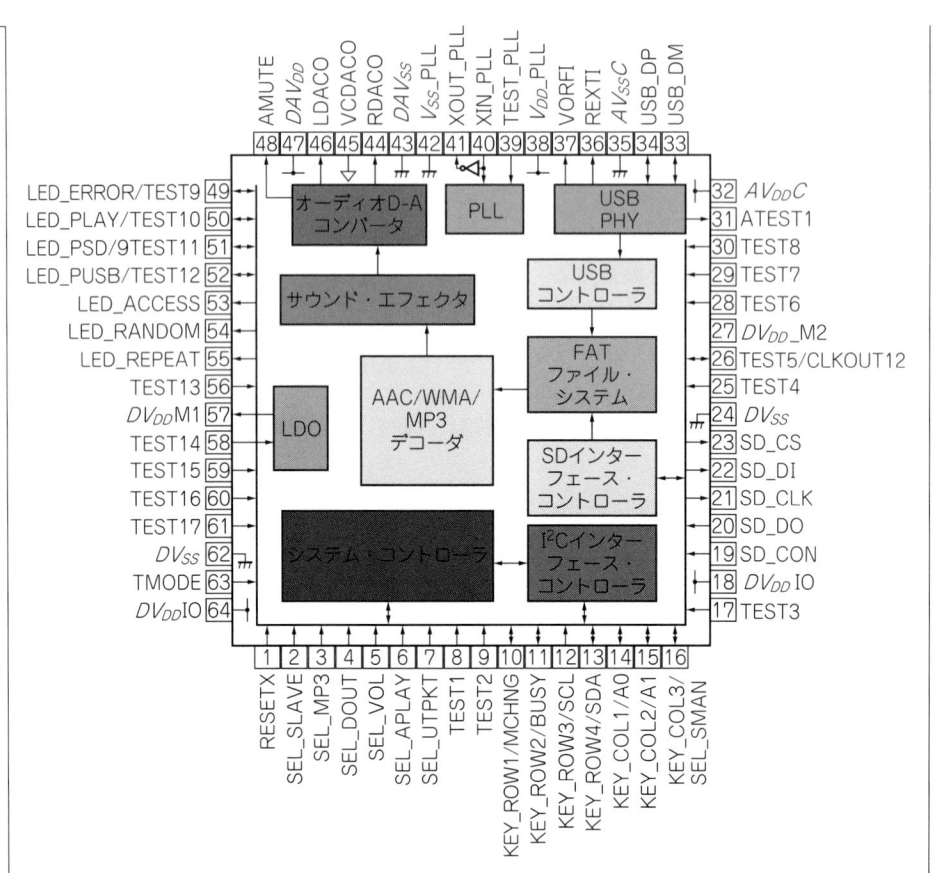

[図2-21] 手順3　BU94603のピン配置

名前がP$1，機能名が"I/O 0"のPinが配置されます．

同じ要領で，1Grid間隔で残りの端子を配置します．Pin名と機能はあとで変更できるので，躊躇せずにPinを配置してください．

● 手順4　Pinをグループ化する

16番までPinを配置したら，CopyコマンドとGroupコマンドで，16個のPinをグループ化します．グループ化すると，端子をまるごと移動したりコピーしたりできます［図2-22(a)］．

Pinを選ぶための原点は，各Pinの端の緑色の丸で示された点です．そこを含む

100　第2章――部品マクロを作る

領域を指定するだけで，Pinをグループ化できます．そして右クリック→Copy：Groupで16個のPinのコピーを作成します．すると，カーソルに16個のPinがくっついた状態になります．

　Pinは下を向いているので，右クリックして90°左に回転させます．16個がそのままの配置で横方向に向くので，適当な位置に左クリックで配置します．回転させたオブジェクトが画面の外にはみ出る場合は，スクロール・ボタンを手前にスクロールして，画面を縮小するとオブジェクトが見えてきます．P$17〜P$32が下から上方向に順番に配置できたことを確認してください．同様に，P$33〜P$48，P$49〜P$64を配置します．

● 手順5　端子名を書く

　ICのデータシートに忠実に，各Pinに端子名を付けます．

　Nameコマンドをクリックして，P$1のPinを選択します．New nameでRESETXとし［OK］をクリックします．これで端子名がRESETXになります．同様にP$64まで端子名を付けます．

　端子名が長く，隣りの端子名と重なり合う場合は，MoveコマンドやGroupコマンドを使って，16個の端子をグループ化しながら，見やすくなるように各端子を移動させます［図2-22(b)］．

● 手順6　外形線を描く

　Wireコマンドを使って外形線を描きます．これで，見慣れたICのピン配置図ができあがります．もし，外形線の中心が図面の座標原点と大きくずれている場合は，

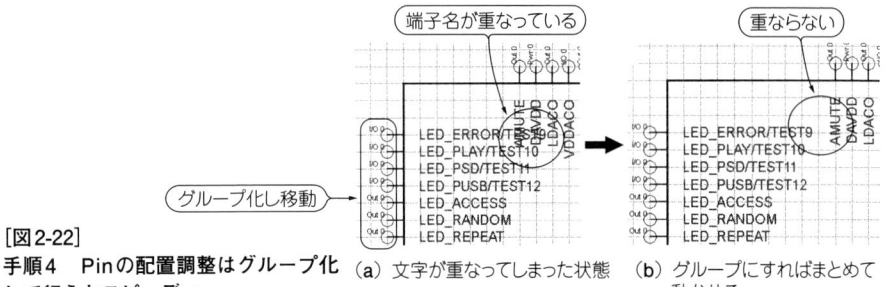

[図2-22]
手順4　Pinの配置調整はグループ化して行うとスピーディ　(a) 文字が重なってしまった状態　(b) グループにすればまとめて動かせる

STEP 3 ── 部品マクロを作る その2…Symbolデータ

この図全体を移動させ，中心を極力合わせたほうがよいでしょう（**図**2-23）．

● **手順7　各端子の電気的な性質を指定する**

各端子に，**表**2-7に示すDirection（ディレクション，向き）を設定します．

EAGLEは，Direction情報を利用して，配線の間違いを見つける機能ERC（Electrical Rule Check）をもっています．例えば，IC_1のOut端子とIC_2のOut端子が接続されている場合に警告を出します．

Changeコマンドを利用すると早く設定できます．例えば，Pwrを選択して電源端子上で左クリックすると（**図**2-24），端子のDirectionがPwrになります．同様に

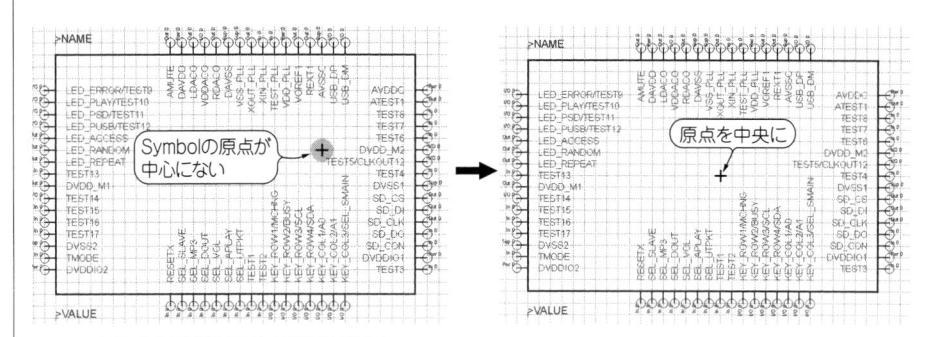

Move，Groupで全体を選択して移動

（**a**）Symbolの原点が外形の中心にない　　　　　（**b**）原点を外形の中心に合わせる

[**図**2-23]　**手順6　原点は外形の中心に置く**
回路図上で配置するとき中心に合わせておくと便利

Column（2-B）

端子の負論理を示すバーを表示させるコマンド"！"

回路図の書き方の常識として，端子名の上にバーが書かれている場合，「その端子を0Vにするとアクティブになる（負論理端子）」という意味です．

例えば，多くの場合RESET端子を0Vにすると，ICはリセットされて初期状態になります．このことを明示するために，$\overline{\text{RESET}}$というふうに，端子名の上にバー（横線）が描かれています．

！RESETというふうに"！"を付けると，！に続く文字の上にバーが描かれます．バーを消したいときは，もうひとつ"！"を記述します．例えば"！RESET！/SBWDCLK"と記述すると$\overline{\text{RESET}}$/SBWDCLKと表示されます．　　〈渡辺　明禎〉

[表2-7] 手順7-1 Pinに設定できるDirectionの種類

記号	意 味
NC	無接続
In	入力
Out	出力
I/O	入出力
OC	オープン・コレクタ
Pwr	パワー端子
Pas	受動端子(抵抗など)
HiZ	ハイ・インピーダンス
Sup	サプライ(GNDなど)

[図2-24]
手順7-2 PinのIn/Outなどを指定するDirectionはChangeコマンドで設定する
回路図のエラー・チェックに利用するのでDirectionは必ず設定する

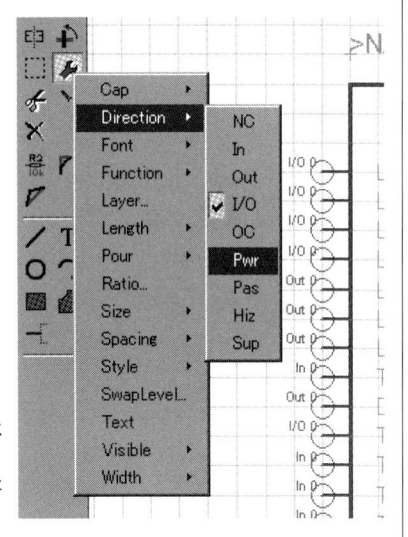

してSupを選んでグラウンド端子上で左クリックします．Outを選んで，出力端子上で左クリックします．機能が不明な端子は，InまたはI/Oに設定しておきます．

● 手順8　配線記号と型名を設定する

IC$_1$，U$_1$などの配線記号を設定します．配線記号 >NAMEをLayer 95 Namesに書きます．>NAMEは，回路図面上で"IC1, U1"などと表示されます．

続いて，Symbol名(>VALUE)をLayer96 Valuesに書くと，回路図上にBU94603と表示されます．

表示位置は，[Alt]ボタンを使って，0.01inchのグリッド上を移動させることができます．Pin以外は，0.1inch以外の任意のGridで配置してもかまいません．

STEP 4 — 部品マクロを作る その3…Deviceデータ
PackageとSymbolを合体する

Deviceとは，一つのSymbolデータと一つ以上のPackageデータを合体させたデータのことです．

図2-25に示すのは，BU94603のDeviceデータの編集画面です．STEP3で作ったSymbolデータ(BU94603)とPackageデータ(VQFP64)をここで合体させBU94603

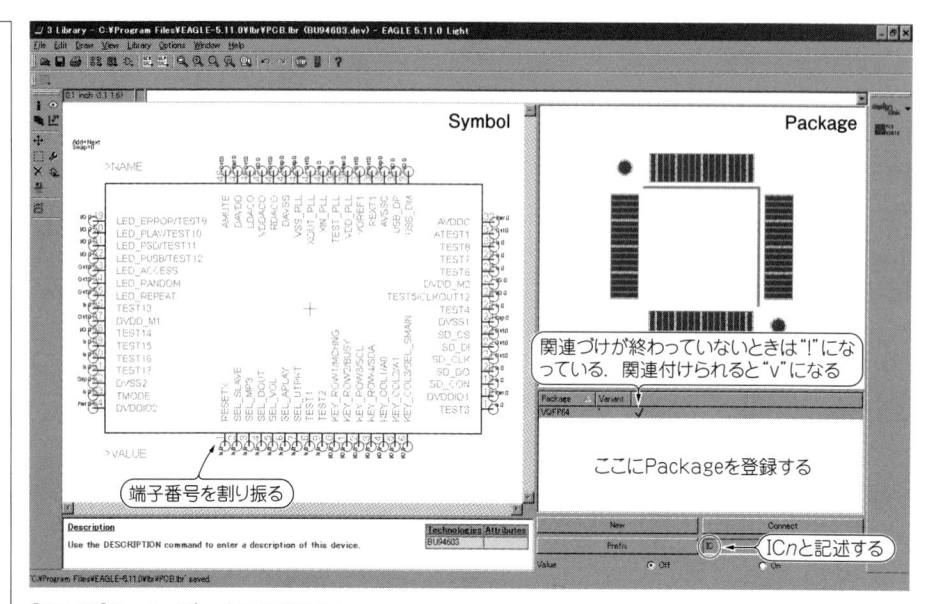

[図2-25] Deviceデータの編集画面
SymbolデータとPackageデータを合体させDeviceデータとして登録する

Deviceとして登録します．Symbolデータは一つですが，Packageは複数登録できます．ここでは，SymbolにPackageのピン番号を割り振り，実際のDeviceとして，回路図エディタ(Schematic)とレイアウト・エディタ(Board)で使えるようにします．

● 手順1　Device名を登録する

アクション・ツール・バーのアイコンからDeviceの編集モードを選んで，空欄にDeviceの名称(BU94603)を入力します．Create new device 'BU94603'?と聞かれたらYesと答えます．Symbol名とDevice名を同じにするとわかりやすいでしょう．

● 手順2　作成したSymbolを選ぶ

図2-25に示すDeviceエディタ・ウィンドウでAddコマンドをクリックすると，ライブラリに登録されているSymbolの一覧が表示されます．

BU94603を選んで［OK］をクリックすると，カーソルにSTEP3で作ったSymbolデータがくっついて表示されます．座標原点とSymbolの原点が一致するように移動させて，左クリックでSymbolを配置します．図2-25は配置し終えたと

ころです.

● 手順3　**Package を定義する**

Packageを定義します．エディタ(図2-25)の右下の[New]をクリックすると，Package一覧が表示されるので，先ほど作ったVQFP64を選んで[OK]をクリックします．

Column(2-C)

特殊な形状のパッドをもつICの部品マクロ作成

　3.3V出力LDOレギュレータIC BH33NB1のパッケージは，裏面に放熱用パッドが露出したHVSOF5と呼ばれる特殊なものです(図B)．

　四角と丸のパッドしか作れないSmdコマンドを使って，この特殊な形状のパッドを作るときは，図Cのように，$0.25 \times 1.55\mathrm{mm}^2$と$0.7 \times 0.7\mathrm{mm}^2$(Roundness = 70%)の二つの表面実装用パッドを重ね合わせます．第4章のSTEP7のデザイン・ルール・チェック(DRC：Design Rule Check)でOverlapエラーが発生しますが無視します．BH33NB1のPackage情報は下記サイトから入手できます．

　http：//www.rohm.co.jp/products/databook/lsispec/pdf/vsof5_hvsof5_hvsof6_hson8-cg-1-1-j.pdf 〈渡辺　明禎〉

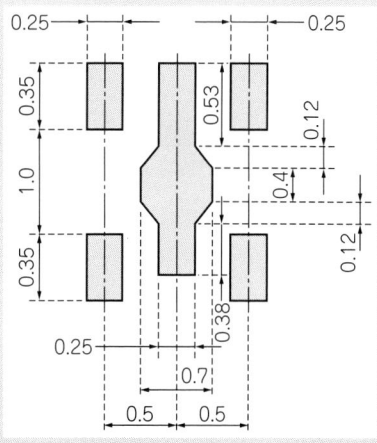

図B 特殊な形状のパッドをもつパッケージのフットプリント(HVSOF5)

図C 図B用のパッド(HVSOF5)の作成

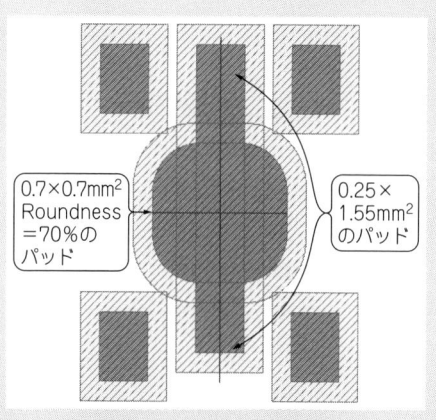

このとき，Symbolのピン数より少ない数のピンしかもっていないPackageは薄く表示され選択できません．

回路図面またはレイアウト図面でこの部品の名前がどのように表示されるかを[Prefix] ボタンで設定します．今回はICと入力して，[OK] をクリックします．主なPrefixはSTEP2 表2-6を参照してください．

● 手順4　Symbolの端子とPackageの端子番号を関連付ける

SymbolデータとPackageデータの端子番号を関連付けます．この作業で間違えると，レイアウト・エディタ上で，期待しない端子どうしが配線されます．慎重に行ってください．

[Connect]をクリックすると，図2-26に示すConnect編集画面が立ち上がります．

左側 (Pin) にSymbolの端子名が，中央 (Pad) にPackageの端子番号が表示されています．

Packageの1番端子はRESETXです．Pad欄の1を選んでハイライトされたら，Pin欄のRESETXを選択します．この状態で，[Connect] をクリックすると，ConnectionにPin，Padが接続された状態で表示されます．間違って接続したときは，Connection一覧で間違った接続を選んでハイライトさせ，[DisConnect] をクリックします．[Connect] をクリックしなくても，PinのRESETX上でダブルクリッ

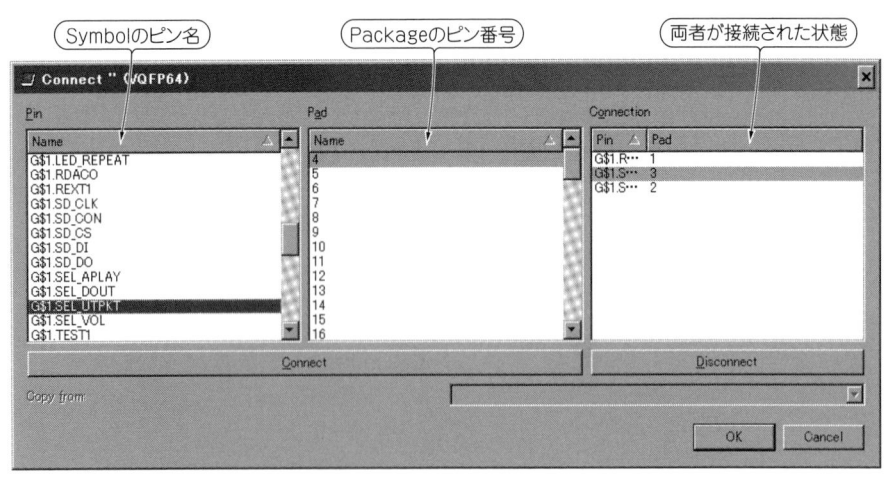

[図2-26] 手順4　Connect編集の画面
Symbolデータの端子とPackageデータの端子番号を関連付ける

クするだけでも，接続処理が行われてConnection欄に表示されます．
　接続が終わるとPad欄は自動的に2に移ります．2番ピンのSEL_SLAVEをPinから選んでダブルクリックで接続します．
　同じようにPackageの1～64番ピンに，Symbolの端子名を接続します．全端子の接続が終わったら［OK］をクリックします．
　Symbolのすべての端子名がPackageのピン番号に接続されると，PackageのVQFP64の！が"レ"に変わるので，未接続箇所がないかどうかを確認できます．
　Packageのピン数が，Symbolのピン数より多い場合は，接続されていないPackageのピン番号が残ります．これらの残りはレイアウト・エディタ上では無接続と扱われます．

● **手順5　ライブラリを上書きする**
　BU94603のDeviceができたら，アクション・バーのSaveコマンドでライブラリを上書き保存します．

＊

　ここで設定した内容は，回路図エディタやレイアウト・エディタ上でいつでも変更できます．**図2-25**のValueは，回路図エディタとレイアウト・エディタにおいて，部品の値を変更できるかどうかを設定するボタンです．一般に，ICなどはOffに，抵抗などはOnに設定します．　　　　　　　　　　　　　　　　　〈渡辺　明禎〉

Appendix2-A

手実装？ 機械実装？ 試作用？ 量産用？
部品が確実に基板に付くフット・プリントの作り方

1　量産用フット・プリントはノウハウの集大成

　フット・プリントの良し悪しは，そのまま実装不良や長期耐久性に影響します．
　例えば，搭載する部品点数が1,000点程度の小規模なプリント基板でも，はんだ付け箇所はその数倍，おおむね5,000箇所程度になります．このうち1箇所でも不良が発生すれば，その基板は故障となります．
　また，部品の端子のはんだ付け不良率が1ppmでも，はんだ付け箇所が5,000箇所あれば，プリント基板としての不良率は0.5％程度になります．はんだ付けの不良率が0.1％もあれば，ほぼ全数が不良になります．
　さらに，1箇所のはんだ付けで使用するはんだ量が10mg余分だったとすると，セット全体では50g，年間100万台の生産であれば50tのはんだを余計に使用することになります．
　このためメーカでは，各部品のデータシートに記載されているフット・プリントをそのまま使用することはあまりありません．各社は，これまでに培った実装の問題や市場からのフィードバック，さらにはコンピュータ・シミュレーションなどによりフット・プリントの作成のノウハウを蓄積し，それを基にしたフット・プリントを作成しています．

2　量産用マクロのノウハウ

　前述のように，量産用マクロのフット・プリントは，実装信頼性の向上や実装密度の向上のためノウハウの塊になっています．
　その例をいくつか紹介します．これらの例は特許となっている場合もありますので，実施する際はご注意ください．

● ノウハウ1：QFPのはんだブリッジ対策
　0.65mmピッチ程度のQFPは，リフローではなく，はんだ槽ではんだ付けする場合があります．この場合，はんだが最後に離れる端子付近に，はんだブリッジが発生する場合が多くなります．このため，図1(a)のようにQFPの四角にはんだた

[図1] QFPのはんだブリッジ対策

(a) 4角にはんだたまりを設けてブリッジを回避する

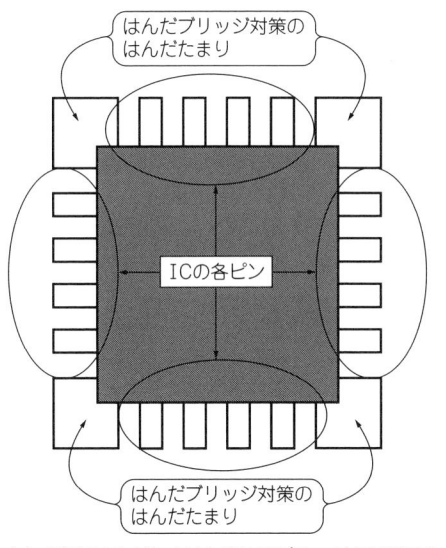

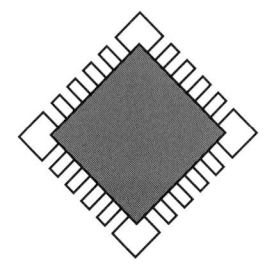

(b) 基板に対して45°傾けて実装することでブリッジを回避する

まりを付けます．

　ダブル噴流のはんだ槽であれば，はんだ付けの信頼性だけならば0.5mmピッチのQFPも可能です．しかし，0.5mmピッチのQFPパッケージがはんだ槽でのはんだ付けに信頼性の問題で対応できないので，リフローによるはんだ付けになります．

　また，パッド形状ではありませんが，**図1(b)**のようにパッケージを45°回転させて実装する場合もあります．

● ノウハウ2：狭ピッチQFPのブリッジ対策

　0.3～0.4mmピッチ程度の狭ピッチのQFPでは，ピンの間隔が狭く，はんだブリッジが生じやすいうえに，はんだが流れるランドの面積自体も小さいため余分のはんだの逃げ場所が少なくなります．このためリフローの際に，はんだブリッジやはんだボールが多発する場合があります．

　そこで，**図2**のように余分なはんだを吸収するためのはんだたまりを交互に設けることがあります．リフローの時点で熔けたはんだは，この膨らんだ部分に集まるため，ブリッジやはんだボールを回避することができます．

余分なはんだはふくらみの部分に流れる

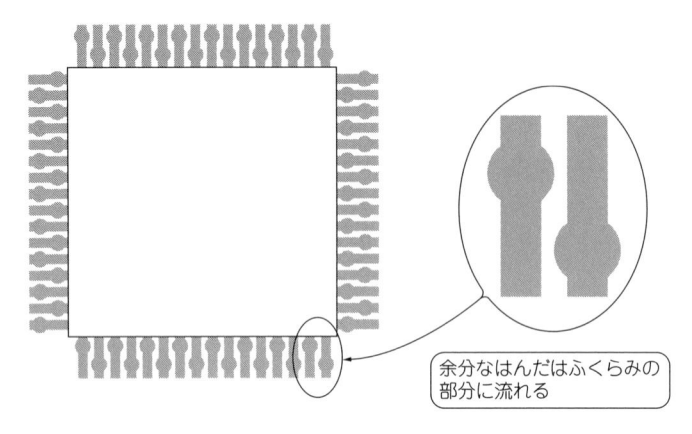

[図2] 交互にふくらみをもたせて，はんだたまりを形成してブリッジを回避する

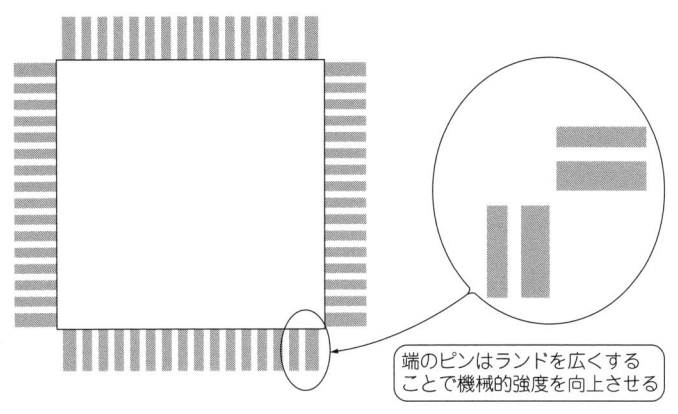

端のピンはランドを広くすることで機械的強度を向上させる

[図3] 端のピンのランドは太くする

● ノウハウ3：振動，温度変化の信頼性向上

振動や温度変化があると，パッケージの端のピンには大きなストレスがかかります．このストレスが原因で，パターンの剥離が生じる場合があります．

このため，図3のようにの端のランドを大きくすることにより，銅箔の接着面積を広くして，接着強度を確保する場合があります．

● ノウハウ4：実装密度の向上

高密度実装を実現するため，マウント・エリアは各社の自動機の実力を見極めて

フィレットができる部分を極限まで狭める

高密度実装が可能になる

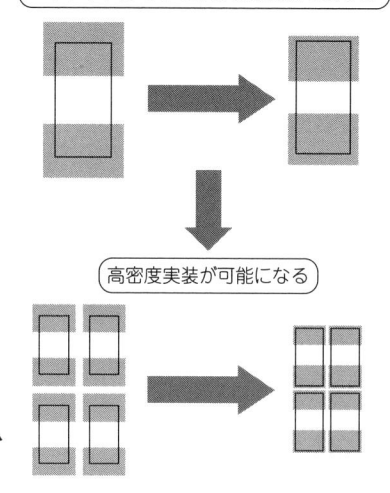

[図4] フィレットを極力小さくして実装密度を上げる

ぎりぎりまで小さく設定されます．また，**図4**のようにフィレット(fillet)の部分を限界まで切り詰めています．

3 試作用フット・プリントは量産用と別世界

前述のように，量産用フット・プリントには数多くのノウハウが蓄積されています．ですが，これは自動機を用い，リフローによるはんだ付けを前提としています．このようなフット・プリントを手はんだ前提の試作で使用する場合には，いろいろな問題が生じます．

とくに問題になるのが，部品禁止エリアとフィレットの大きさです．

部品禁止エリアに余裕がないと，**図5**(**a**)のように実装時にはんだごてやピンセットが入らなくなる状況が生じます．また，フィレットが小さい場合，**図5**(**b**)のようにパッドにはんだごてのこて先が当たらなくなるため，はんだ付けが困難になります．

筆者らは，最終製品が軽薄短小といわれる家庭用電子機器を設計しているので，試作の時点から量産マクロで設計しますが，最初の試作からすべて自動機実装で，はんだ付けもリフローです．試作時に定数の変更がありそうな部品に関しては，意識して部品の間隔を広げるように工夫しています．

それでは，手はんだを前提としたマクロはどのように設計すればよいでしょうか．

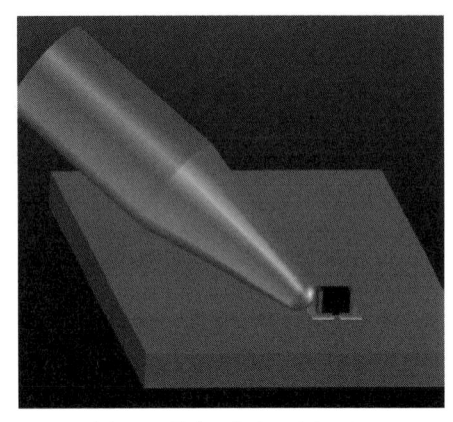

(a）はんだごてが隙間に入らない　　　　　　　　（b）はんだごてが電極に当たらない

[図5] 高密度実装マクロは手はんだには向かない

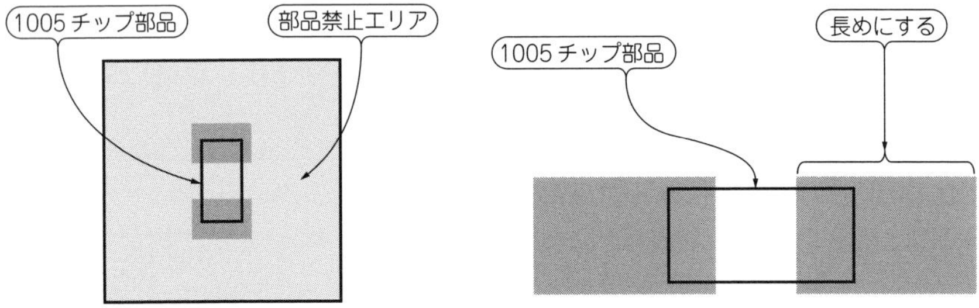

(a) 部品禁止エリアを広く取る：1005なら上下左右に0.5～1mm程度．おのおのの部品で禁止エリアを確保することでクリアランスは2倍になる

(b) パッドは長めにする．幅はあまり広げない

[図6] 作業しやすい手はんだ用のマクロ

ここでは，
(1) 極限までの高密度実装は追及しない
(2) 高い長期信頼性を要求しない
の2点を前提として，手はんだで作業しやすいマクロの形状について説明します．

● ノウハウ5：部品禁止エリアを広く取る

マクロ上で部品禁止エリアを設定すると，ほかの部品の部品禁止エリアとのオーバーラップがエラーとなります．したがって，部品禁止エリアを広く取ることによ

(a) ガル・ウイングのリードをもつSOP

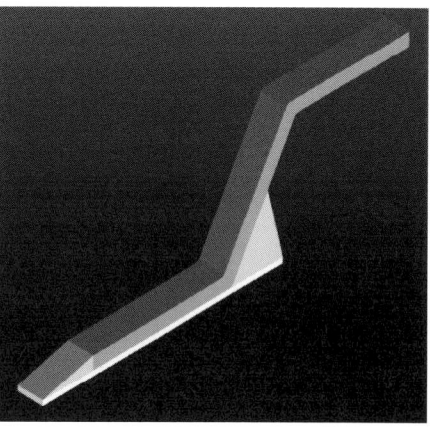

(b) リードの内側にもフィレットができる

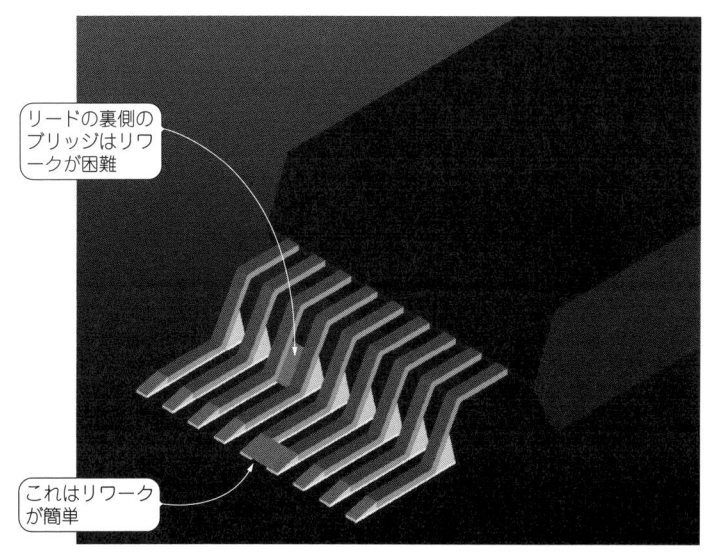

- リードの裏側のブリッジはリワークが困難
- これはリワークが簡単

(c) リードの内側のフィレットがブリッジするとリワークが大変

[図7] QFPやSOPのフィレットのでき方

り，部品間隔を自動的に広く取ることができます．

具体的には，隣の部品との距離を1〜2mm程度確保しておくと作業性が非常に良くなります．また，背の高い部品の場合には，その高さに合わせてはんだごての入りやすさを考慮して広めに取ります［**図6(a)**］．

(a) 基板を自作する場合はランド中央にドリルの位置を決め用の小穴約0.2φを設ける

(b) 基板メーカに依頼する場合はランド中央に穴を設けない

[図8] リード部品のランド形状

　手はんだで実装する場合，自動機のような位置精度は出ませんから，パッドを1mm程度と長めにしたほうが，はんだ付けも楽ですし，あとで定数変更をする場合も作業がしやすくなります［**図6(b)**］．

● ノウハウ6：QFPやSOPのマクロ

　図7(a)に示すSOPや，四辺にガル・ウイングのリードが出ているQFPは，通常のマクロで実装した場合，**図7(b)**のAで示すようにリードの裏側にもフィレットができます．本来であれば，この裏側のフィレットによってはんだ付け強度が上がります．

　しかし，**図7(c)**のように，このリードの裏側ではんだブリッジを起こすと修正が非常に困難になります．手はんだの場合，はんだブリッジが生じやすいため，Aの部分が小さくなるようにパッドをやや短めにします．

● ノウハウ7：リード部品のマクロ

　DIP形状のICなどのように，ドリルで穴を開けてリード線を差し込むリード部品のマクロに関しては，その基板をどのようにして作成するつもりかをあらかじめ決めておく必要があります．

　例えば，感光基板を用いて自分でエッチングして，さらにドリルで穴を開ける場合には，**図8(a)**のように，穴位置のガイドのためにパッドの中心に0.2～0.3φ程度の穴を開けてドーナッツ状のパッド形状にしておくことをお勧めします．

　ところが，基板作成を基板メーカに依頼するような場合にはNC加工機で穴を開けますので，ドーナッツ状にすると問題が生じます．

　スルー・ホール基板では，まず基板上に穴を開けます．その穴の開いた基板全体をめっきすることでスルー・ホールを形成します．その後，フォト・レジストをかけてパターンのレジストを形成してエッチングします．

　このため，パターンのランド部分に穴があるとスルー・ホールまでエッチングさ

両面基板の製造方法

一般的な両面基板の製造工程の流れを図Aに示します

(a) 両面に銅箔が貼られた生基板　　(b) ドリルで穴を開ける　　(c) 穴の内壁をめっきする

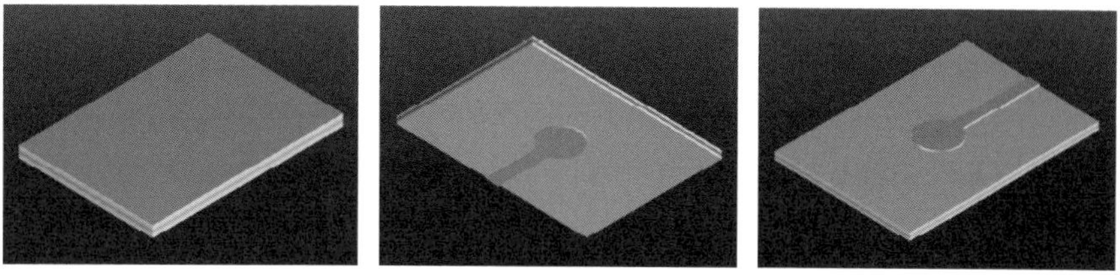

(d) フォト・レジストをかける　　(e) 写真プロセスでレジストにパターンを現像する

(f) 銅箔をエッチングする

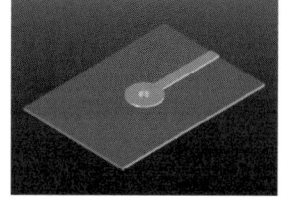

(g) フォト・レジストを除去してはんだレジストをかける　　(h) 完成

[図A] 両面基板の製造工程

れることがあります．

　したがって，両面以上の基板の場合はランド形状はドーナッツではなく，**図8(b)** のように塗りつぶされている必要があります．

　ドリルの穴径は，部品のリードの外周より両側に0.2mm程度大きくします．

　また，ランド径は穴径の2～3倍程度としておくとよいでしょう．

〈森田　一〉

Appendix2-B
類似品のマクロを利用して簡易的に
標準ライブラリにない部品マクロを作る

1　ライブラリにない部品を使う方法

　プリント基板CAD上に自分が使用するマクロが存在するならばそれを使用すればよいのですが，もし使用したいマクロがない場合には，マクロを作る必要があります．

　そのためには，次のような方法があります．
 (1) 部品外形が同じ類似部品をそのまま使う
 (2) 類似部品のマクロを編集する
 (3) 新規にマクロを作成する

　これらには，一長一短があります．

　以下，それぞれの方法について説明しますが，EAGLEの操作方法に関しては必要最低限の説明にとどめています．

● 部品外形が同じ類似部品をそのまま使う

　まず，類似部品をそのまま使ってしまえばマクロ作成の手間はかかりませんが，BOMを生成できなくなります．さらに，後日その回路を見たときに部品の選定の意図がよくわからなくなることもあります．

　ですから，この方法は本来なら使うべきではありません．とはいえ手軽なので，筆者はとりあえず部品を置いてみて，ざっくりとした所要基板サイズの見積もりを行いたい場合にはこの方法を使うことがあります．

　もちろん，その場限りでの軽い検討の場合のみで，後日参照する可能性がある場合は必要なマクロを作成します．

● 類似部品のマクロを編集する

　次に，ほかの類似部品のマクロを編集する方法は，編集の手間も比較的少なく便利な方法です．

　ですが，編集元の部品を統一しておかないと，同じ部品外形の部品にもかかわらずフット・プリントが異なる場合も生じます．さらに，元の部品のマクロに入って

いた情報をそのまま継承しますので，コメントなどに不要な情報が混じることもあります．

● 新規にマクロを作成する

最後に，新規にマクロを作成する方法ですが，この方法ではマクロ作成の手間がかかる代わりに上記の二つの方法でのデメリットはありません．

とはいえ，毎度新規にマクロを書くのは大変ですから，部品外形ごとに汎用的なマクロをまず作成しておき，それを編集する方法がよいと思います．

この方法は「4　新規に作成してみる」で詳しく説明します．

*

それでは，上記の各方法でライブラリにない部品を使用する具体的な方法を以下に説明します．

「JRC製の2回路入り高出力低電圧動作OPアンプであるNJM4556AMを使用したいのだけれど，ライブラリにこのNJM4556AMがない」…という状況を仮定してお話します．

2　類似部品で代用する

● **Step1**：類似部品を探す

ライブラリの中を検索すると，図1のように同じ外形のSOP8でLM4558Dがありましたので，これを使うことにします．

幸い，NJM4556AMは，いわゆる4558の系譜のデバイスでピン配置も同じですから，そのまま使用できそうです．

● **Step2**：回路図に代用部品であることを明記する

この場合，あとでわからなくならないように，必ず回路図上に代用であることを明記します．

3　類似部品を編集してマクロを作成する

● **Step1**：自分用のライブラリを作る

類似部品を編集して新規のマクロを作成する場合，そのマクロの置き場所を作る必要があります．このため，自分専用のライブラリを作成します．

まず，図2のように"Project"名の上で右クリックして，［New］→［Library］で

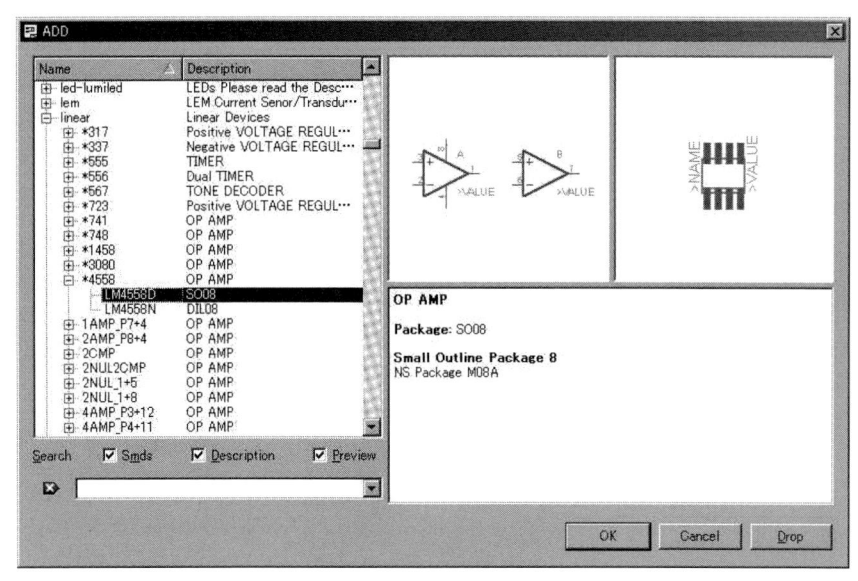

(a) 同じピン配置，フット・プリントの部品を探す．NJM4556AMをLM4558Dで代用する

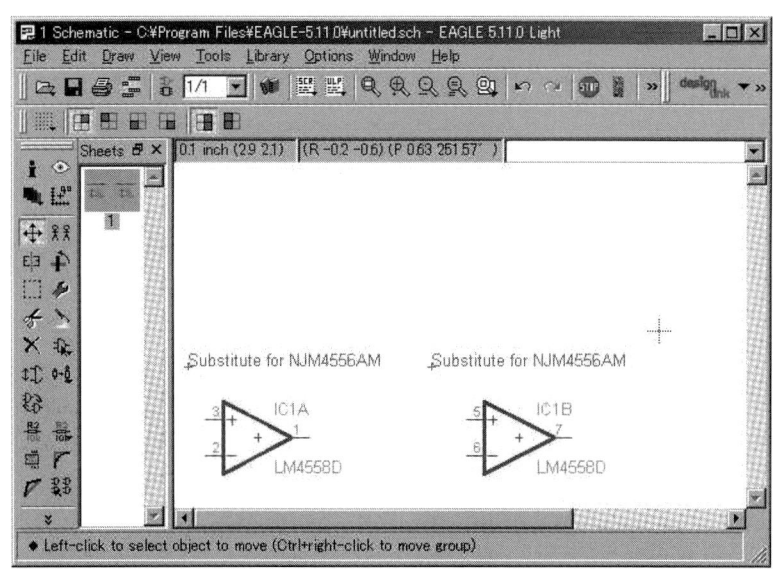

(b) その部品を回路図で使う．必ず代用であることを明記する

[図1] 類似部品で代用する場合

標準ライブラリにない部品マクロを作る | 119

ライブラリ・エディタを表示させます．

● **Step2**：類似部品を選択して自分のライブラリにコピーする

この状態で，図3のように"Library"の中の"liner"の中の"＊4558"の上で右クリックして［Copy to Library］を選択します．

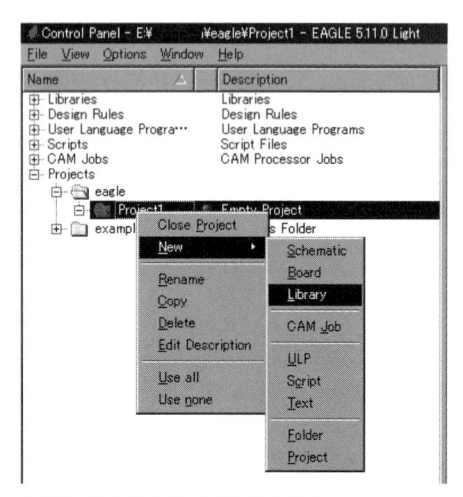

［図2］自分用のライブラリを作る

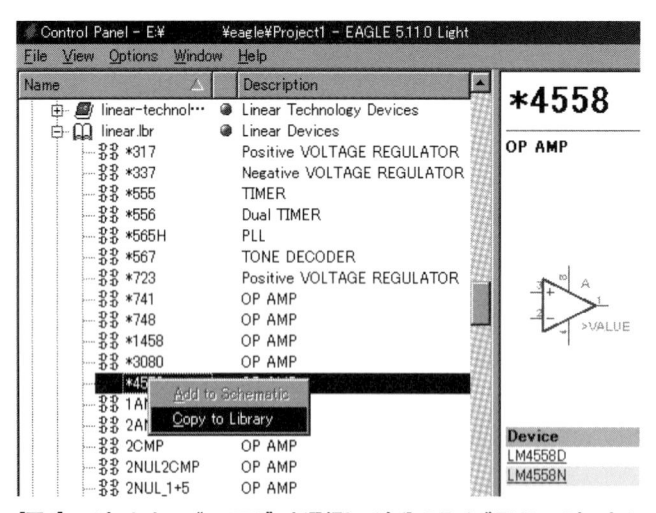

［図3］コピーしたい"＊4558"を選択して自分のライブラリにコピーする

すると図4のように，先ほど開いていたライブラリ・エディタ上にLM4558がコピーされます．

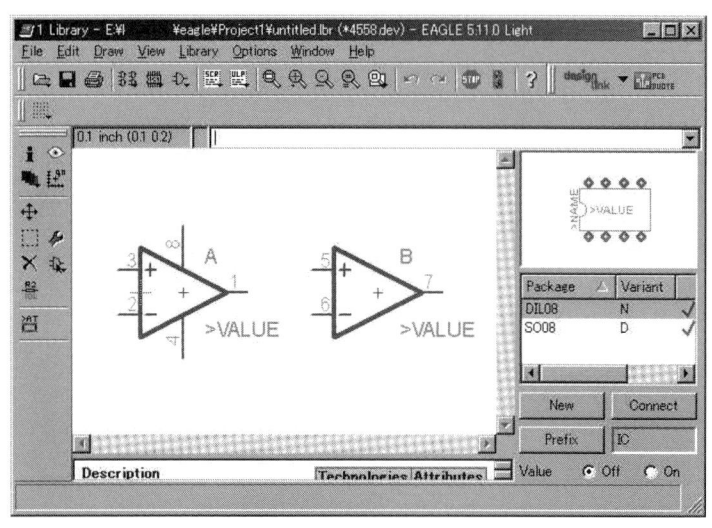

[図4] ライブラリ・エディタにLM4558がコピーされる

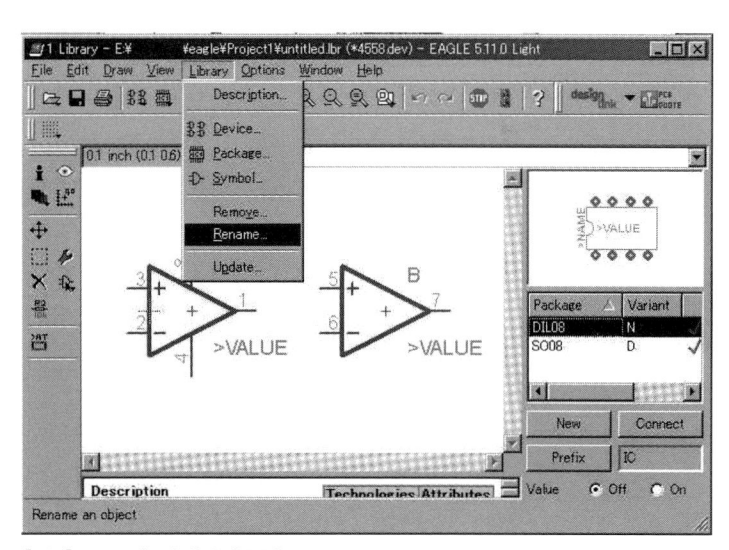

[図5] シンボル名称を変更する

● **Step3**：シンボル名称を変更する

この状態では，まだシンボルの名称は*4558ですので，ライブラリ・エディタ上で［Library］→［Rename…］で名称をNJM4556Aと変更します(**図5**).

● **Step4**：デバイス名の変更

さらに，デバイス名称がまだ*4558のままですので［Library］→［Rename…］でダイアログを開いて，こちらもNJM4556A*と変更します(**図6**).

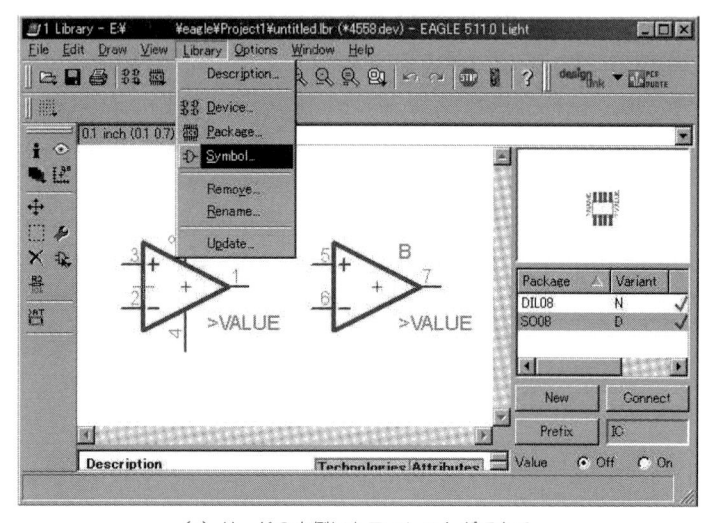

(a) リードの内側にもフィレットができる

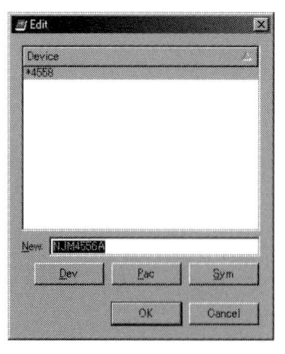

(b) ［Dev］ボタンを押して名称を変更

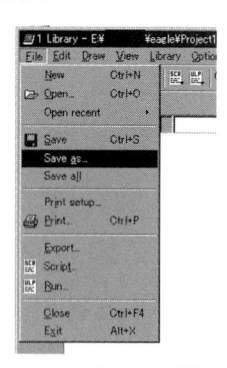

(c) ライブラリを新規保存

[**図6**] デバイス名を変更する

このようにコピーした場合，今回使いたいSOP8のパッケージ以外の外形のDIL08もコピーされました．もし不要なら，削除しておきましょう．逆に将来使うかもしれない場合は，こちらの外形もNJM4556ANと同じであることを確認しておきます．

外形などが未確認状態のマクロがライブラリ内に存在することは非常に危険です．将来使うときに確認すればよいと考えていると，いつかマクロ内のライブラリをすべて再検証しなければならない事態が発生します．

同様に，ピン配置に関しても両者とも問題ないことを確認します．

最後に［File］→［Save as…］でこれを適当な名称のライブラリとして保存します．

4 新規に作成してみる

ライブラリにない部品を新規に作成する場合，回路図シンボルやフット・プリントなどを自分の思いどおりにできます．とはいっても，毎回まったく新規に作成していては大変ですし，マクロ作成の流儀に揺らぎが生じます．そのため，同じ外形のデバイスのマクロが意図せず異なったフット・プリントになってしまうこともおきます．

これは美しくないので，まず外形や回路シンボルを作成して，例えば「8ピンSOPでOPアンプ2個入り」といった，汎用的なマクロを作成してしまうことをお勧めします．そのマクロを流用して編集作成に持ち込むことで，マクロ作成の手間も省けますし，統一されたシンボルやフット・プリントが実現できます．

図7のように，個別の回路シンボルやフット・プリントなどのデータを作成し，それを組み合わせて汎用的なマクロを作成します．この汎用的なマクロを元にして，個別の部品マクロを作成します．

また，EAGLEの場合，ライブラリはユーザが作成したものも多く，その品質にはばらつきが大きいので，割り切って自分専用ですべて作成するのもひとつの解だと思います．

とはいえ，いきなり多ピンの部品のマクロは煩雑になりますので，簡単なデバイスから順次解説していきます．

5 類似部品を編集してマクロを作成する

回路シンボルも美しい回路図を書こうとすると重要なアイテムですが，いまひと

つ気に入らないものもたくさんあります．例えば，抵抗はJISではIECに準拠して今や長方形ですが，やはり三つ山のぎざぎざにしたいものです．OPアンプは，反転入力端子が下側にないと，フィードバック形がいまひとつ美しく描けません．

　本質とはかけ離れたこだわりですが，そのこだわりも自分でマクロを作成すれば満足できます．

　仕事として回路図を描くのであれば，その組織の流儀にあわせる必要がありますが，趣味で回路を描くぶんには最大限にこだわりを発揮するのも楽しいと思います．

　回路シンボルをいくつか作ってみましょう．

　まずは，簡単なところで三つ山の抵抗を作ります．

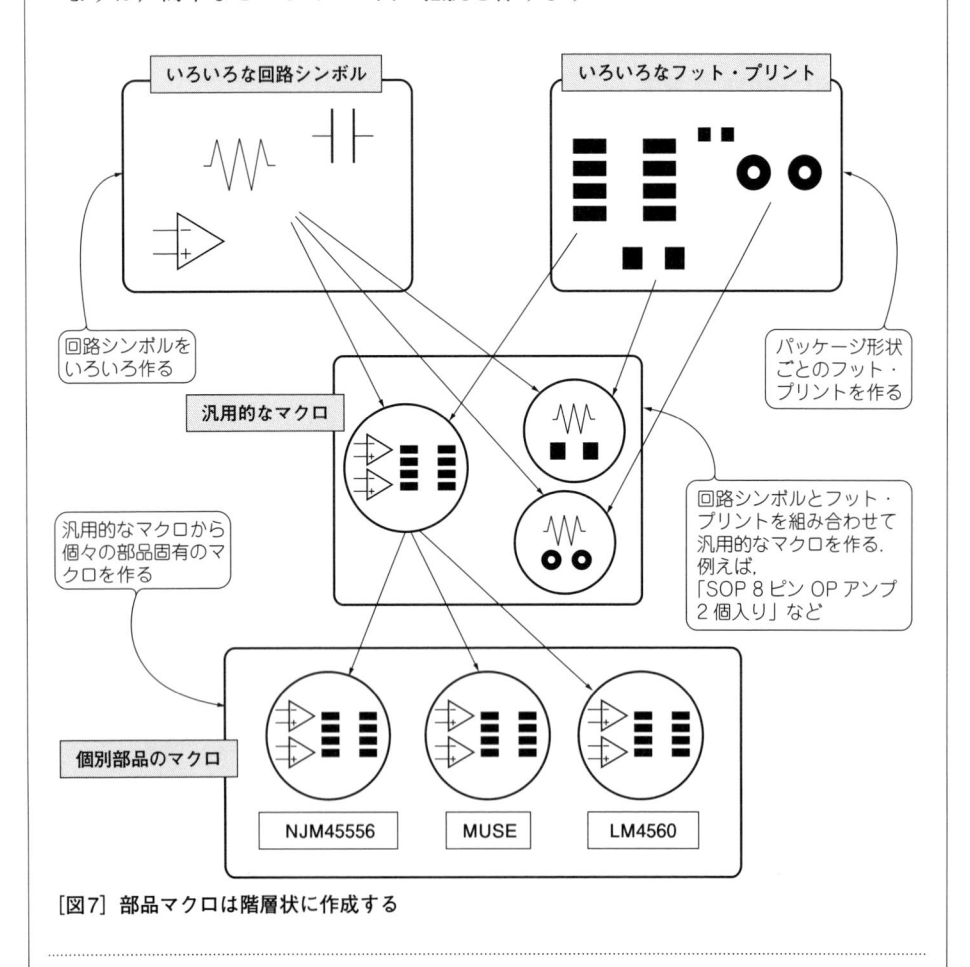

[図7] 部品マクロは階層状に作成する

● **Step1**：シンボルの名称を登録する

　EAGLEのコントロール・パネルから，その回路シンボルを作成したいライブラリを選んで右クリックします．ポップアップ・メニューが現れますので［Open］を選択して，ライブラリ・エディタを開きます［**図8**(a)］．

　ライブラリ・エディタで［Symbol］ボタンを押すと［**図8**(b)］，シンボルの選択ウィンドウが表示されます(**図9**)．

　ここでは，新規に回路シンボルを作成しますので，「New」の部分にシンボルの名称として"R"と入力して［OK］ボタンを押します．

　［OK］ボタンを押すと，このウィンドウは閉じられ，シンボル・エディタに戻ります．

● **Step2**：グリッドの変更

　ここで，デフォルトでは作画グリッドが0.1インチになっていますので，このままではシンボルが巨大化します．

　このため**図10**(a)の［Grid］ボタンを押して，グリッドを0.025インチに変更します［**図10**(b)］．

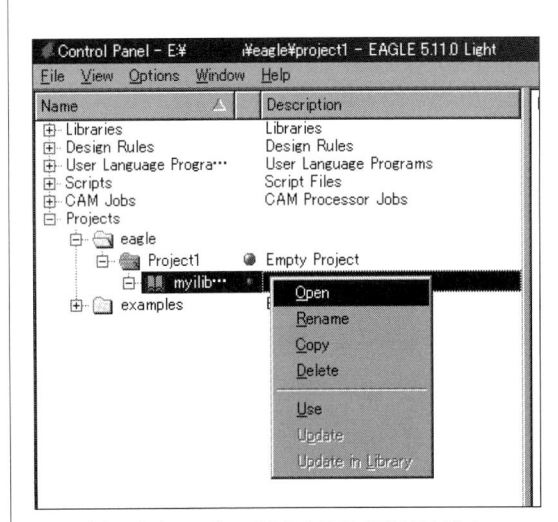

(a) コントロール・パネルからライブラリを開く

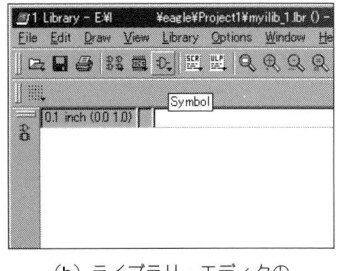

(b) ライブラリ・エディタの［Symbol］ボタンを押す

[図8] シンボル名称を登録する

● **Step3**：シンボルを描く

図11(a)の[Wire]ボタンを押し，いよいよシンボルの作画を開始します．この場合，作画エリア内の原点に必ずどちらかの端子がくるようにします．

今回のシンボルでは斜めの線がありますから，図11(b)の斜め線ボタンを押して，斜めの線が引けるようにします．

順次直線を引いて図11(c)のように抵抗のシンボルを描き上げます．

ここで，再度グリッドを図12のように0.1インチに戻して，原点以外の位置の端

[図9] シンボル名称の入力

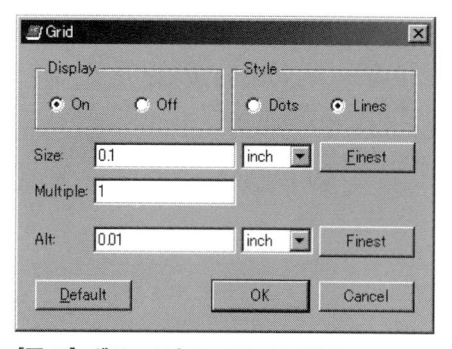

[図12] グリッドを0.1インチに戻す

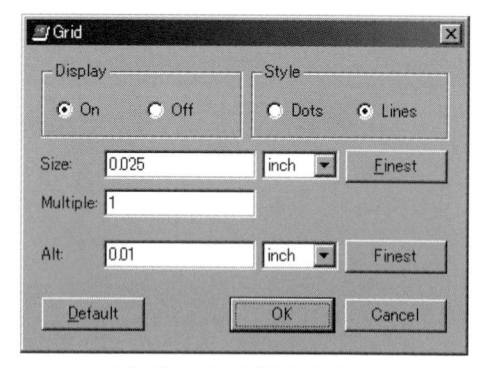

(a) グリッドの変更

(b) グリッドを0.025に変更する

[図10] グリッドを変更する

第2章── Appendix2-B

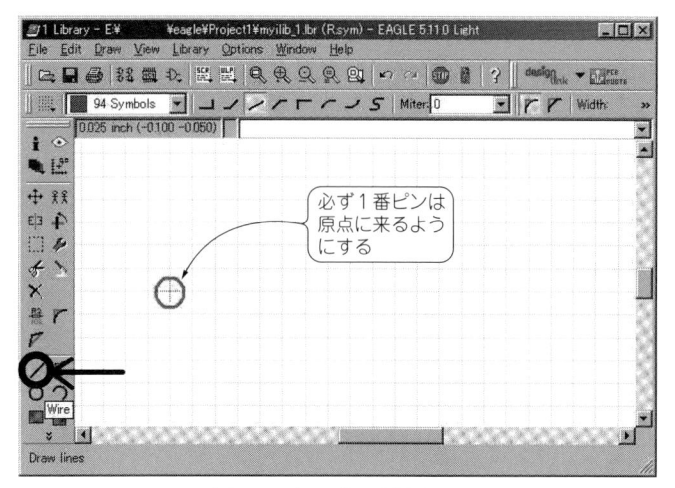

(a) シンボルの作画を開始する

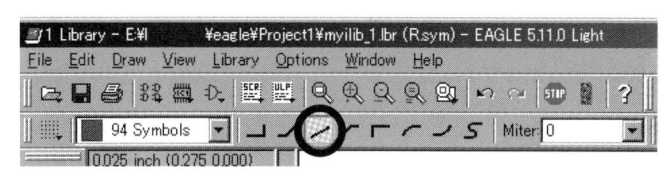

必ず1番ピンは原点に来るようにする

(b) 斜め線が引けるようにする

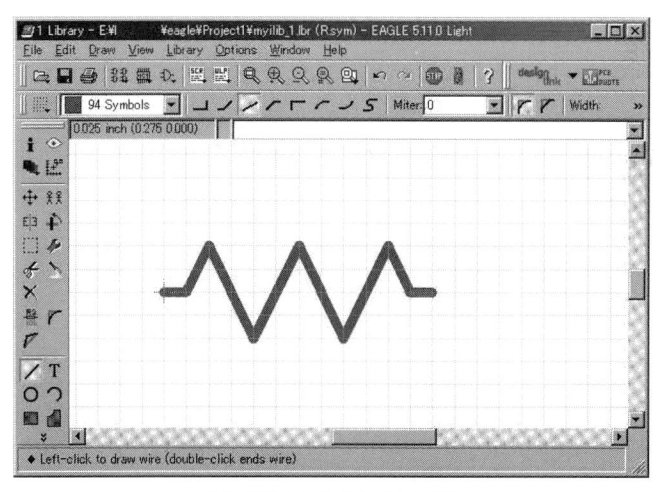

(c) 書き上げた抵抗のシンボル

[図11] シンボルを描く

標準ライブラリにない部品マクロを作る

子がグリッドに乗っていることを確認します．おのおのの端子がグリッドに乗るように作図しないと，実際に回路図を作成する場合にグリッドに乗っていない端子への配線ができなくなるため，一時的にグリッドを変更した場合にはこの確認は重要です．

● Step4：端子の設定をする

これで，回路図に表示される「絵模様」はできあがりました．ですが，まだ端子が設定されていませんので，次に端子の設定をします．

まず，図13のように［Pin］ボタンを押します．ここでは，端子に引き出し線のないものを使用しますので，図14のように［Point］を選択して，抵抗の絵模様の両端で左クリックします．すると，図15のようにデフォルトでP＄1，P＄2という端子名が付いた端子が設定されます．

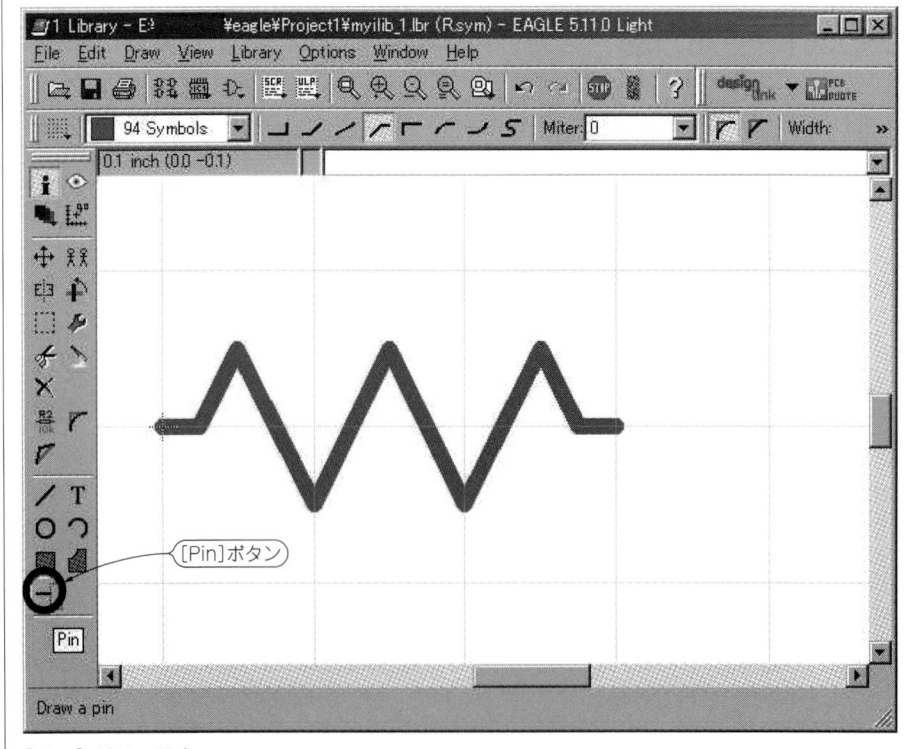

［図13］端子の設定

ここでは，あえてその名称を変更する必要がありませんので，そのままにしておきます．
　これで，回路図シンボルができあがりましたので，「File」→「Save」で保存します．

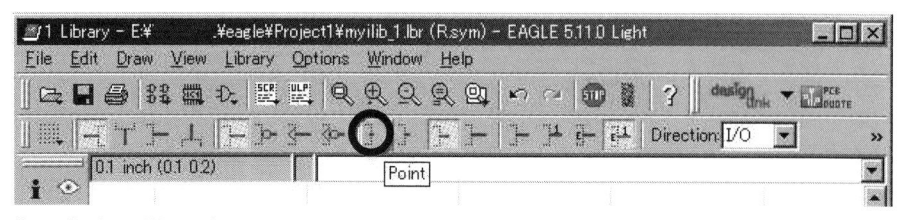

[図14] 端子形状の選択

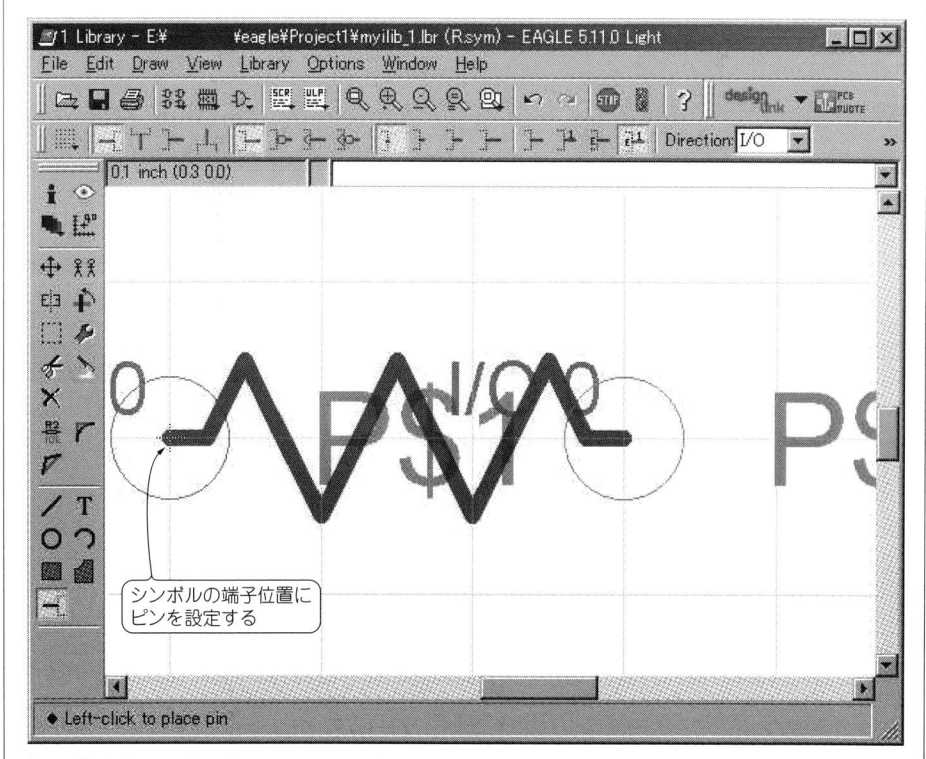

[図15] 抵抗の両端で左クリックして端子を設定する

標準ライブラリにない部品マクロを作る　129

6　基板用マクロの設定

● **Step5**：名称の設定

以上で回路図用のシンボルは作成できました．次に基板用のデータを作成します．

すでにEAGLE上には多数のデータがありますが，これらは統一された設計基準で作成されたものではなく，ユーザ・グループなどのボランティアによるものが多いため，その品質や設計思想もばらばらです．したがって，最初は多少面倒ですが，新規に作成することをお勧めします．

回路図シンボルと同様，ライブラリを開いて，今回は図16のように［Package］を選択します．

● **Step6**：グリッドの変更

次に，名称として抵抗の1005サイズのチップ部品ということで"R1005"と入力します（図17）．1005のチップ部品ですので，グリッドを0.1mmに変更します（図18）．

● **Step7**：パッドを描画する

まず最初に，部品の電極をはんだ付けするパッドを描画します．

図19のように［Smd］ボタンを押したあと，電極のサイズとして1×0.6とします．すると1×0.6mmの長方形の電極が現れますので，図19のように2個配置します．

この電極形状では，はんだごてでの手はんだの作業性を優先して，1005の部品の長手方向に0.7mmずつパッドが飛び出すようにしています．はんだ付けに自信がある場合にはもっと短くてかまいませんし，リフローを前提とする場合には0.6mm程度がよいでしょう．

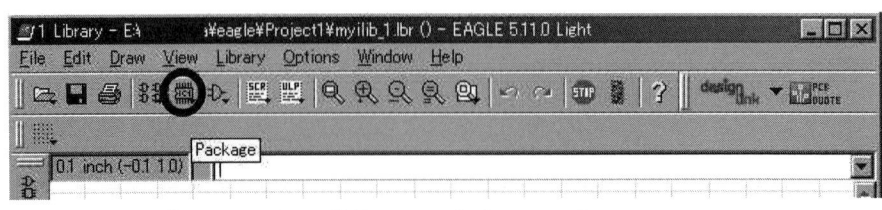

［図16］［Package］ボタンを押して基板マクロの作成モードに入る

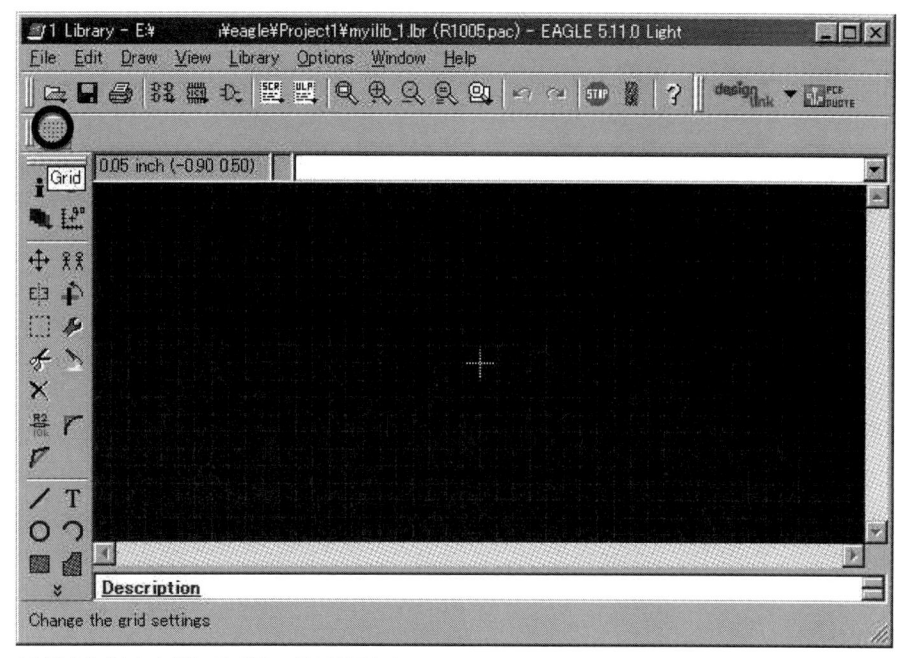

(a) [Grid]ボタンを押して，グリッドを変更する

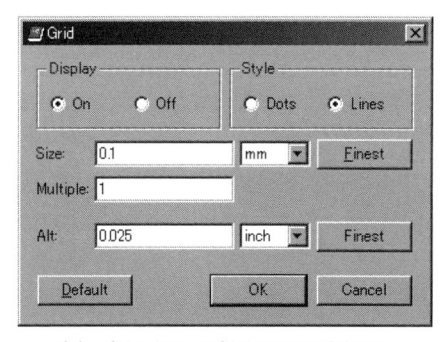

(b) グリッドサイズを0.1mmに設定する

[図18] グリッドの変更

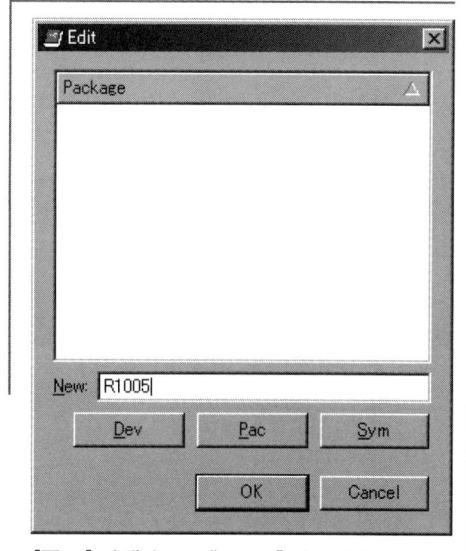

[図17] 名称として"R1005"を入力する

標準ライブラリにない部品マクロを作る

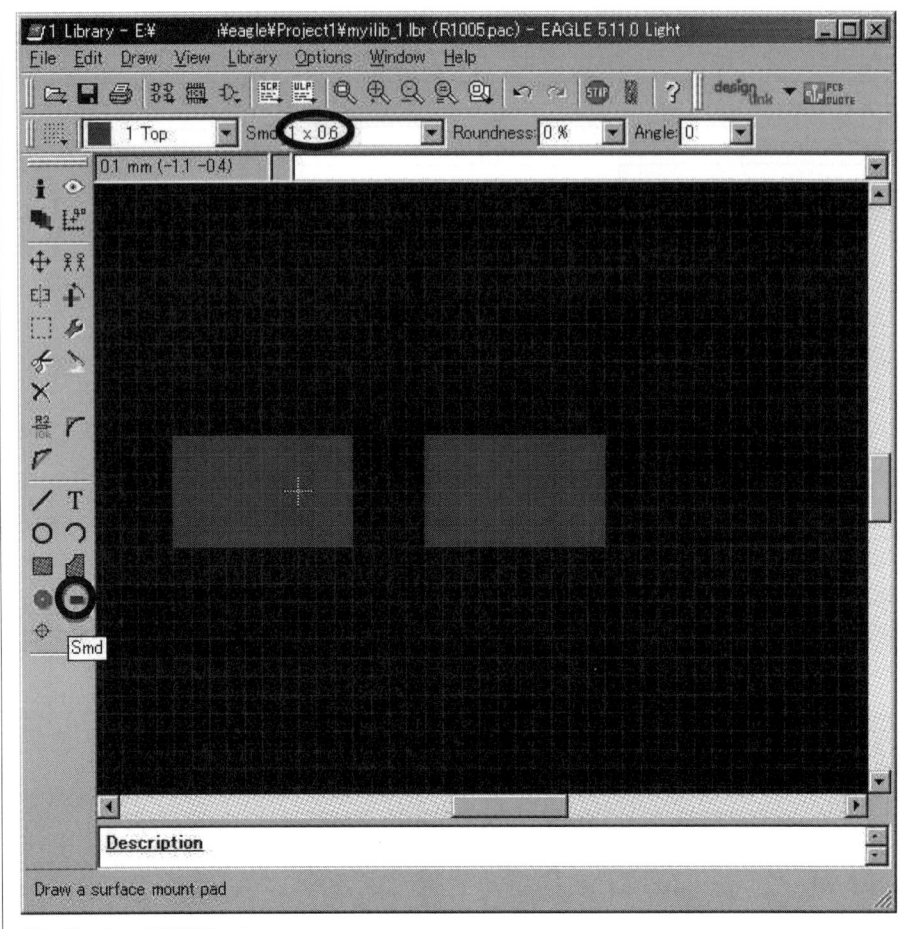

[図19] パッドを配置する

● **Step8**：部品外形(シルク・スクリーン)を描く

図20のように，tPlaceのレイヤでシルク・スクリーンのデータを描きます．

この場合，シルク・スクリーンでの表示がパッドにかぶさらないように注意しないといけません．

● **Step9**：はんだレジストの確認

はんだレジストのデータは自動的に生成されますので，tStopのレイヤを表示さ

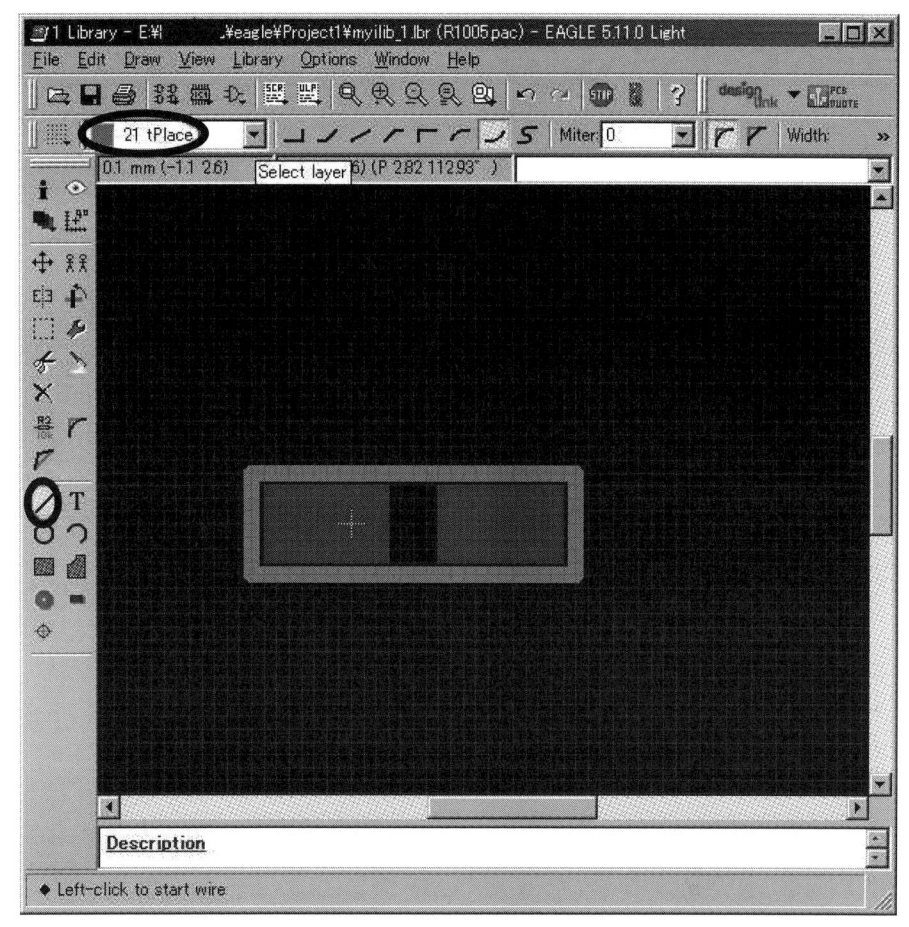

[図20] シルク・スクリーンを描画する

せて，その形状を確認しておきます(**図21**).

● Step10：部品禁止エリアの設定

tKeepoutで設定する領域で，ほかの部品との間隔を設定できます．今回は**図22**のように，手はんだの作業性を考慮して外周の外側0.5mmを禁止エリアとしました．

標準ライブラリにない部品マクロを作る | 133

● **Step11**:回路シンボルと基板マクロを対応させる

これまで作った回路シンボルと基板マクロはおのおの独立していますので，この二つを結び付けてデバイスとして登録します．

まず，これまで同様にライブラリ・エディタを開いて，図23のように［Device］ボタンを押します．図24のデバイス設定画面が表示されますので，［Add］ボタンを押します．すると図25のデバイス選択画面が表示されますので，先ほど作成したシンボル"R"を選択します．

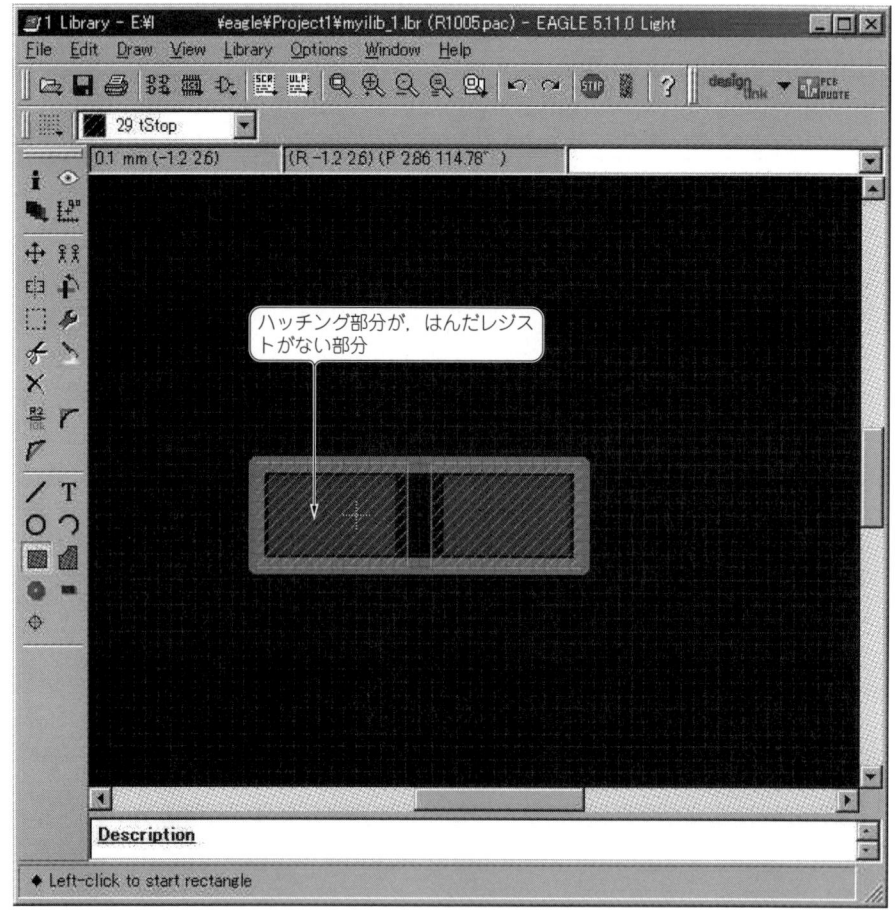

［図21］はんだレジストの確認

第2章—— Appendix2-B

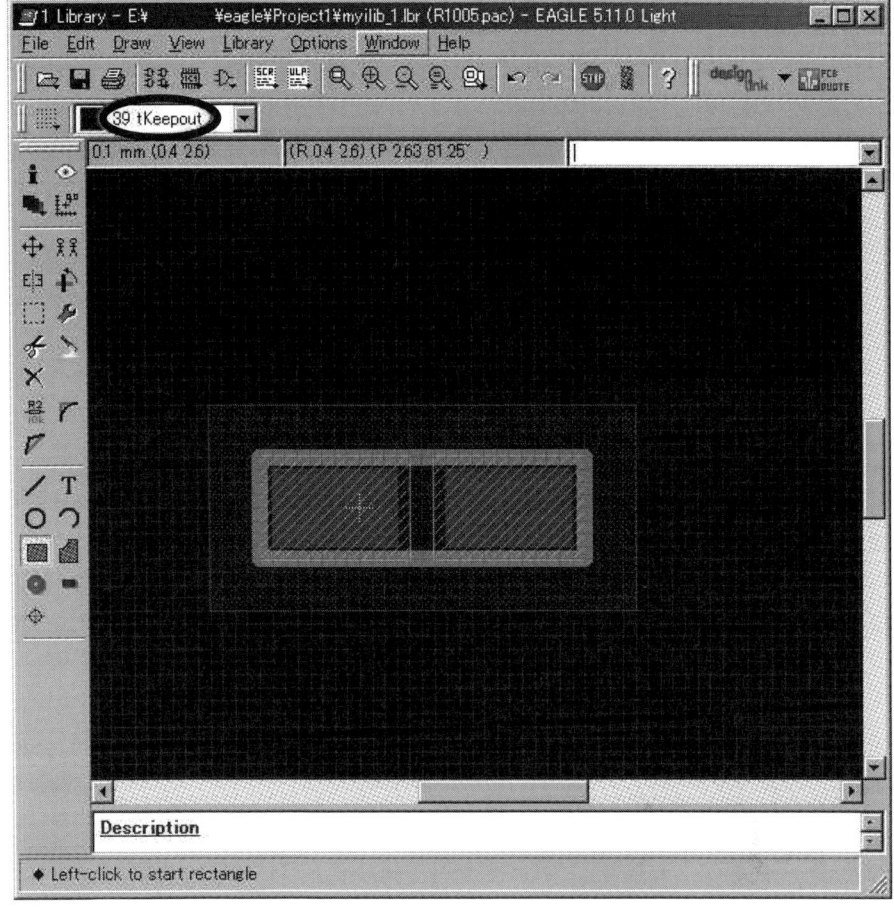

[図22] 部品禁止エリアを設定する
隣り合う部品でこのエリアが重なるとDRCエラーが出る

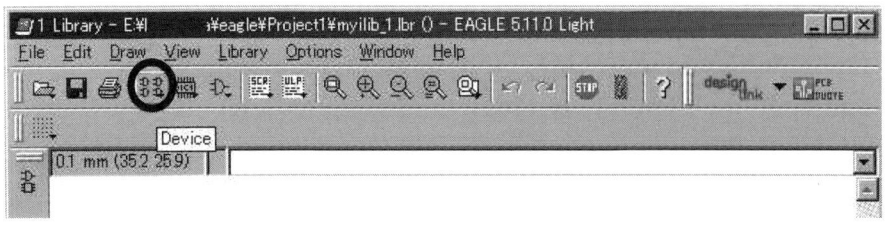

[図23] [Device] ボタンを押してデバイスの設定モードに入る

標準ライブラリにない部品マクロを作る | 135

回路シンボルが表示されますので，**図26**のように原点をあわせて貼り付けます．さらに，基板マクロを設定するために [New] ボタンを押して，基板マクロを選択します．

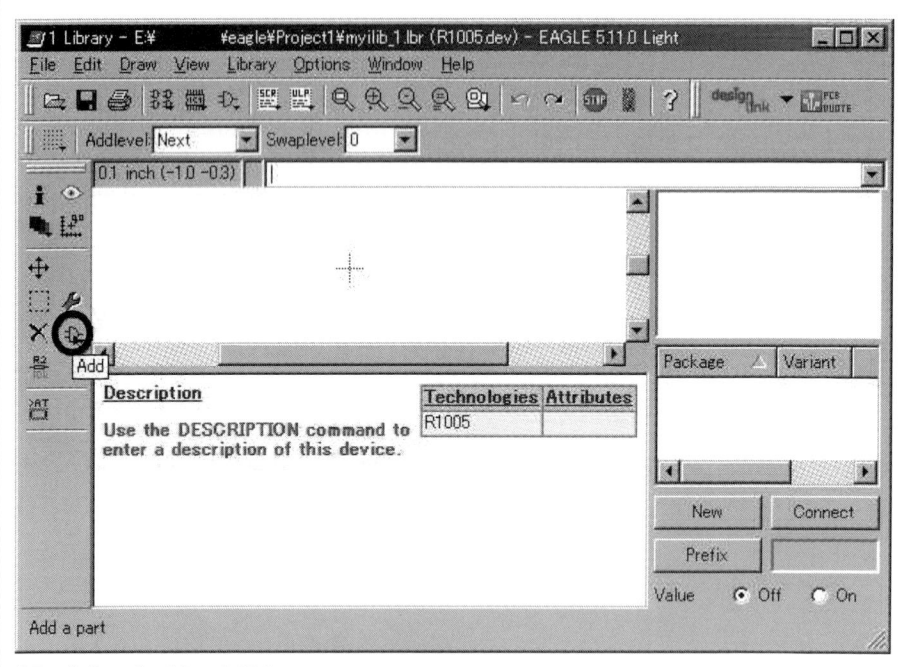

[図24] [Add] ボタンを押す

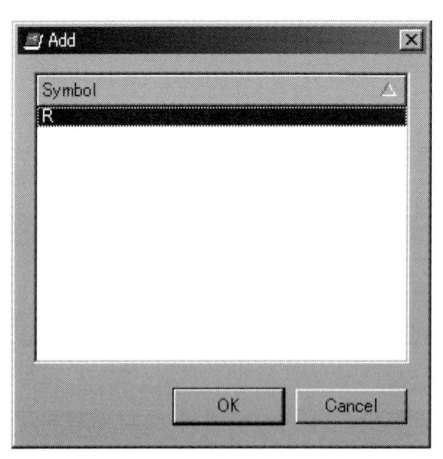

[図25] デバイスの回路シンボルを選択する

136　第2章── Appendix2-B

次に，[Connect]ボタンを押して回路シンボルのピンと基板マクロのパッドを対応させます(**図27**).

図28で，すべての対応が終了した状態です．

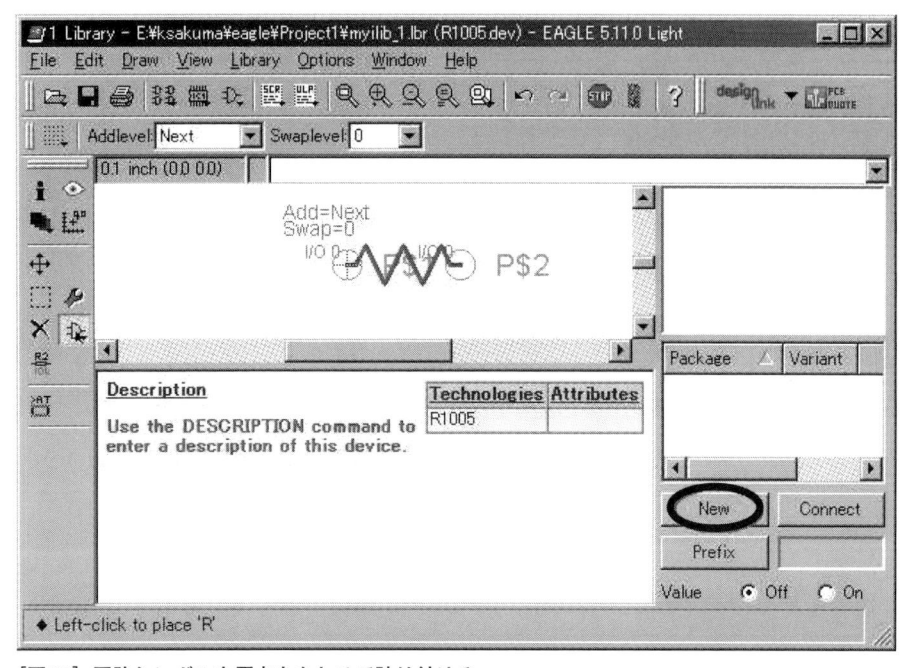

[図26] 回路シンボルを原点をあわせて貼り付ける

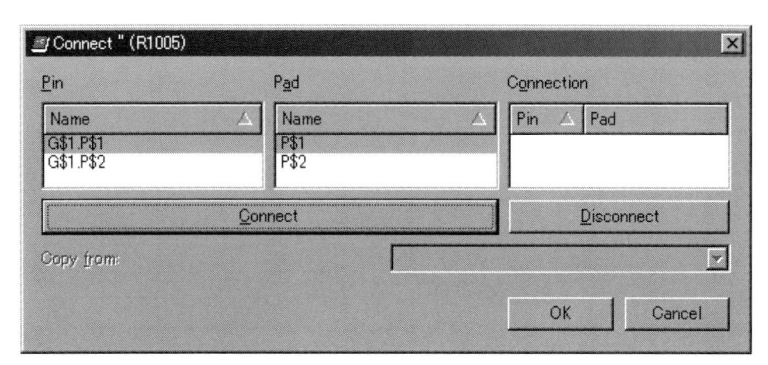

[図27] ピンとパッドを対応させる

標準ライブラリにない部品マクロを作る

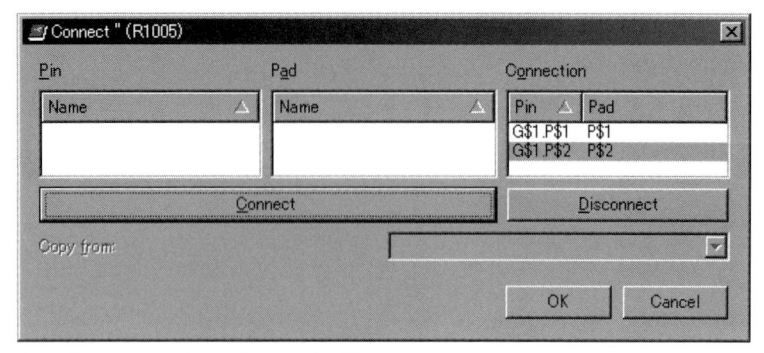

[図28] すべての対応が終了した状態]

7 原点やグリッドの考え方

　回路図シンボルや基板マクロの原点はどこにするべきでしょうか？　これは人それぞれでいろいろな考え方があると思いますが，筆者は1番ピンを原点にするのがベストだと考えます．シンボルや基板マクロの中心を原点にしたものもありますが，グリッドを変更した場合，一部のピンがグリッド上に乗らなくなる場合があります．
　またグリッドは，基板マクロに関してはDIP部品などのインチ系のもののみを使用するのであれば0.1インチ程度でかまいませんが，SOPなどのメートル法による寸法規定のデバイスは0.1mmまたは0.05mm単位のグリッドにすべきです．
　一方，回路図シンボルは，筆者は1mmグリッドでないと見た目に気持ちが悪いのですが，EAGLEのライブラリはインチ系のグリッドで描かれているため，インチ系でお茶を濁しています．

8 汎用8ピンSOPのマクロを作る

　例えば，タイマICの定番の555などのように8ピンでSOPのICは多数あります．これらを毎回ゼロから作成していくのは手間もかかりますし，回路シンボルのサイズがまちまちになることもあるので，最初に汎用のシンボルと基板マクロを作っておきます．それをベースにして，ピン名称を編集してデバイス登録をすると便利です．

● Step1：回路シンボルの作成

　まず，図29のように回路シンボルを登録します．ここでは"8PIN_IC"という名称にしました．

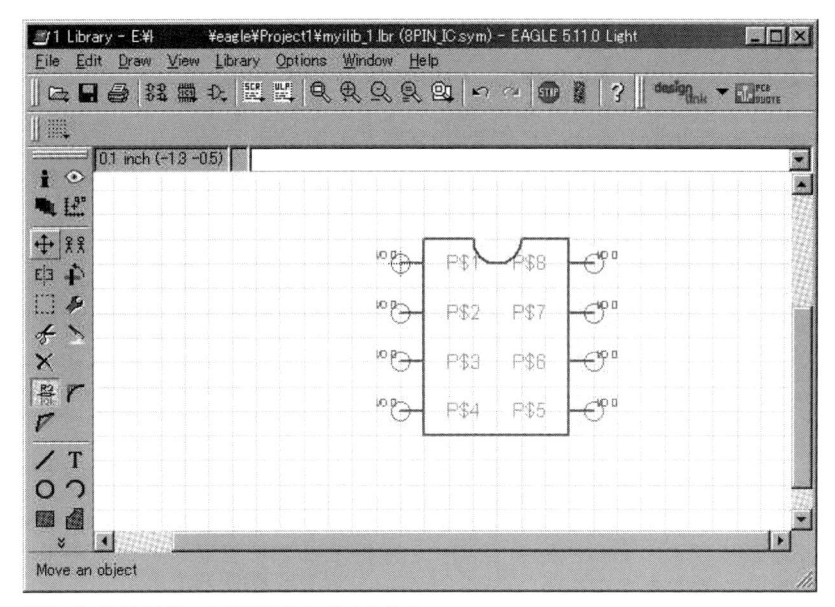

[図29] 汎用8ピンICの回路シンボルを作る

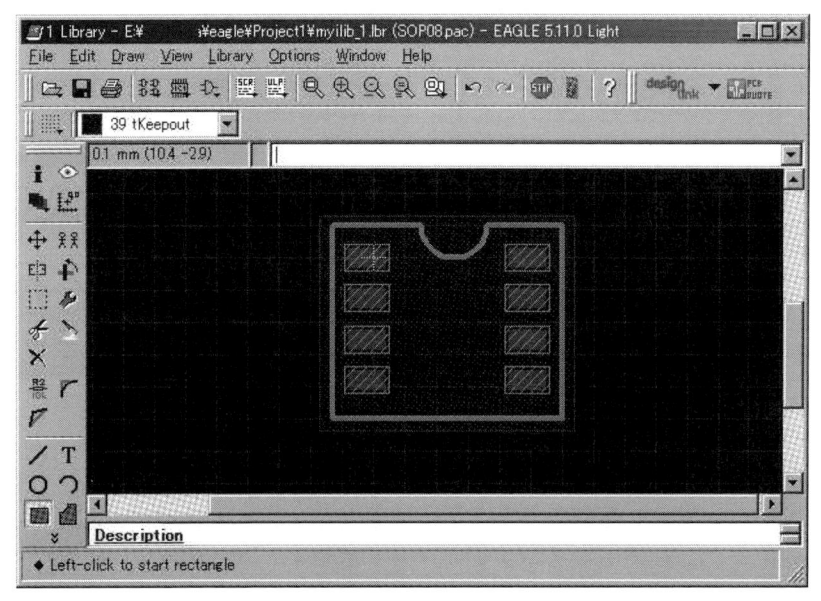

[図30] 8ピンSOPの基板マクロを作る

標準ライブラリにない部品マクロを作る

● **Step2：基板マクロを作る**

次に，8ピンSOPの基板マクロを作成します(図30)．

これらをあらかじめ準備しておけば，必要に応じて簡単に新規デバイスの登録ができます．

9　定番のタイマIC 555 を作る

例として，ICM7555CBAを作ってみましょう．

● **Step1：回路シンボルを編集する**

まず，図31のように8PIN_ICのシンボルを開いてピン名称を定義していきます．さらに，TEXTで部品名称を追加します(図32)．

これで図33のようにICM7555CBAの回路シンボルができあがりましたので，これをICM7555CBAというファイル名で保存します．

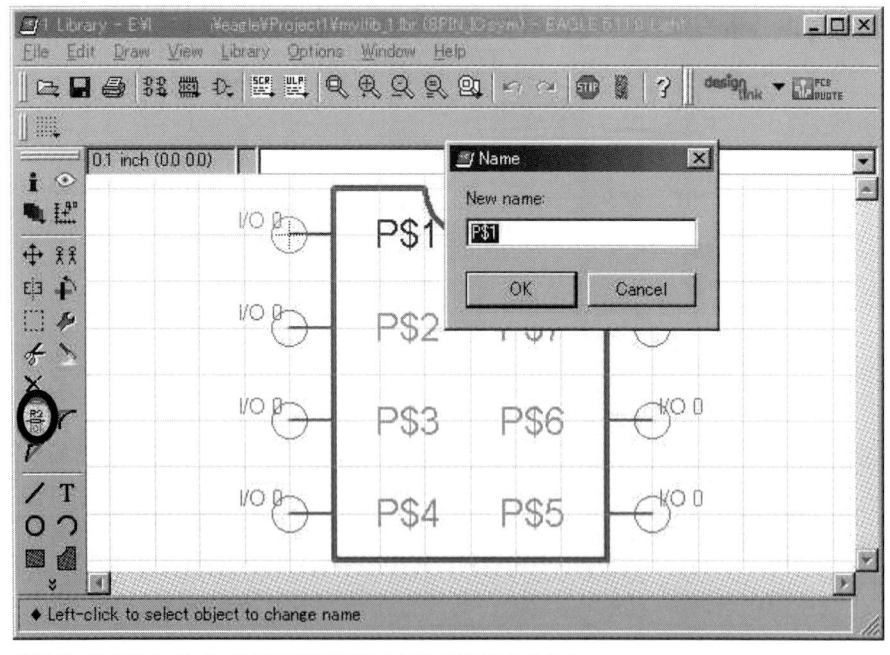

[図31] 汎用の8ピンICにICM7555CBAのピン名称を定義する

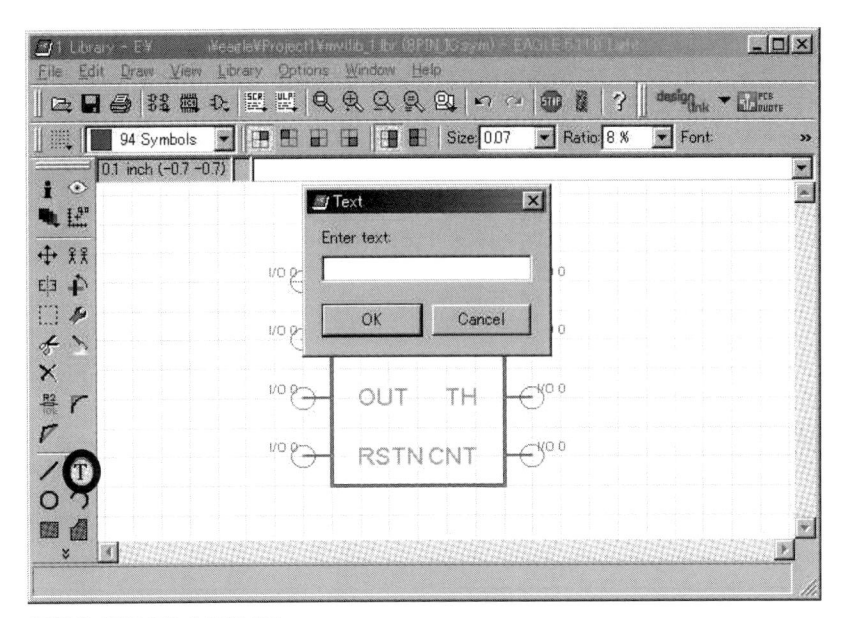

[図32] 部品名称を追加する

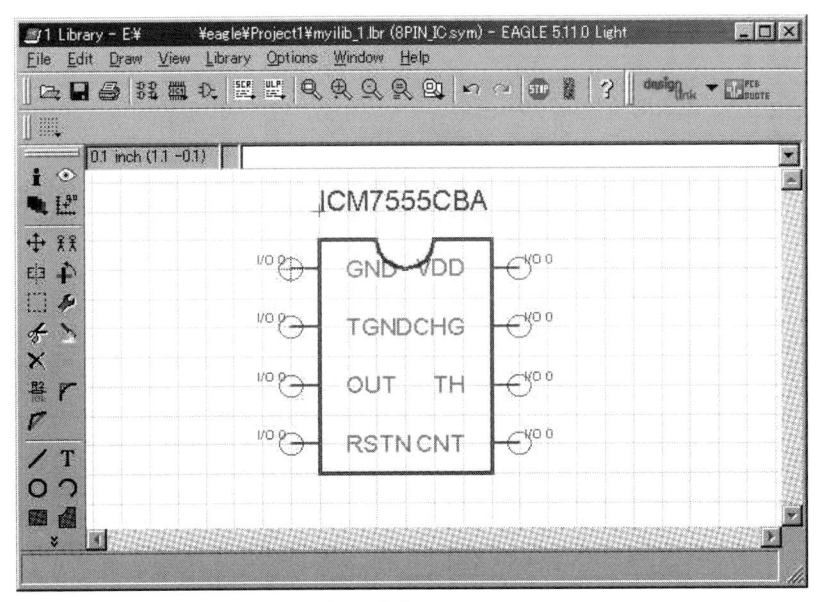

[図33] ICM7555CBAの回路シンボルが完成

標準ライブラリにない部品マクロを作る | 141

● **Step2**：回路シンボルと基板マクロの対応付けをする

　ライブラリ・エディタからデバイス設定画面を開いて，この回路シンボルと基板マクロの対応付けを行います（図34，図35）．

10　NJM4556AM を作る

　これまでの内容で部品マクロの作成方法はわかったと思いますので，いよいよNJM4556AMのマクロを作ってみます．

　NJM4556AMは二つのOPアンプが内蔵されたICなので，少し手の込んだ方法でマクロを作ります．

● **Step1**：回路シンボルを作る

　まず，回路シンボルとして図36のようにOPアンプのシンボルを作成します．さらに電源ピンも別途，回路シンボルとして作成します（図37）．

● **Step2**：基板マクロと対応付けをする

　次に，デバイス設定画面を開いて，OPアンプのシンボルを2個と電源ピンのシンボルを読み込みます．さらに，8ピンSOPの基板マクロも読み込みます（図38）．

　最後に，これまでと同様，図39のようにピンとパッドの対応をさせてできあがります．

〈森田　一〉

◆参考文献◆
(1) 今野邦彦；プリント基板CAD EAGLE活用入門，2004年8月，CQ出版社（現在絶版）．
(2) EAGLE CAD, HELPファイル．

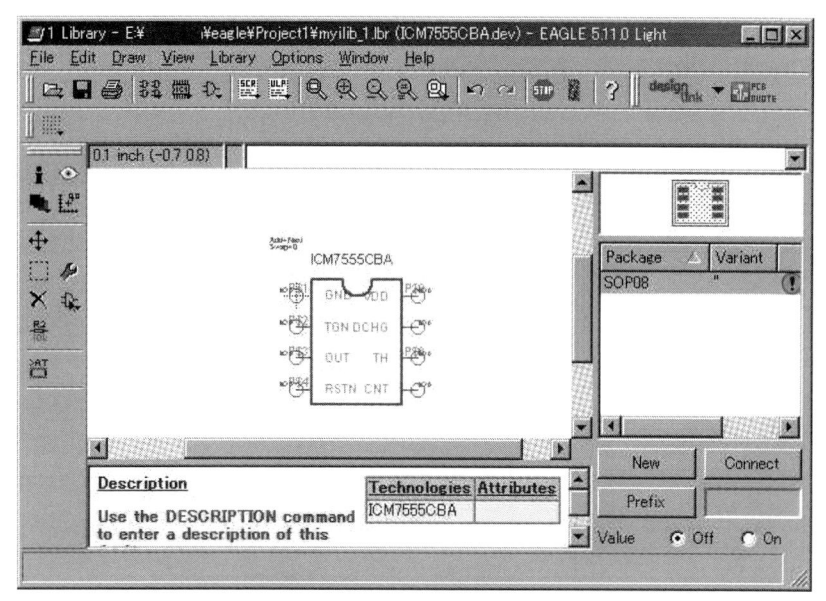

[図34] デバイス設定画面で回路シンボルと基板マクロを対応させる

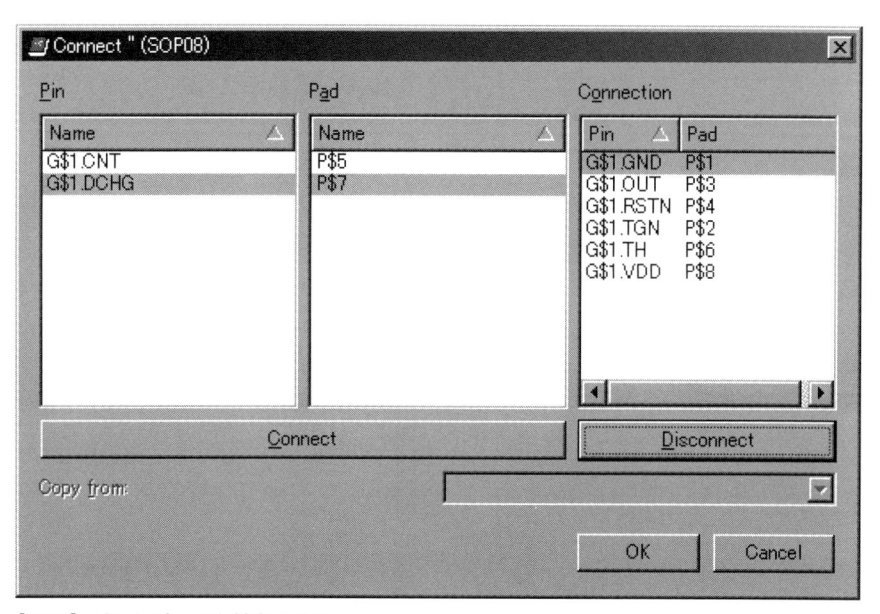

[図35] ピンとパッドを対応させる

標準ライブラリにない部品マクロを作る

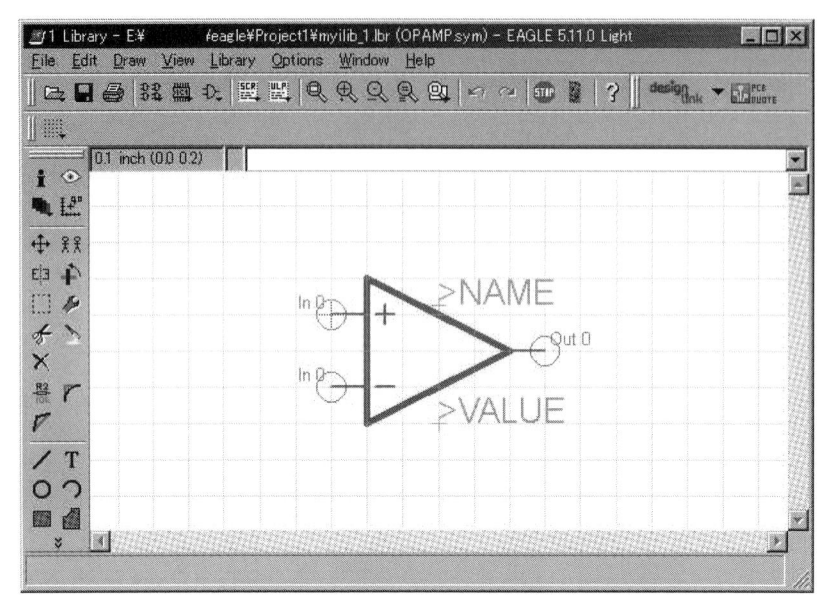

[図36] OPアンプの回路シンボルを作る

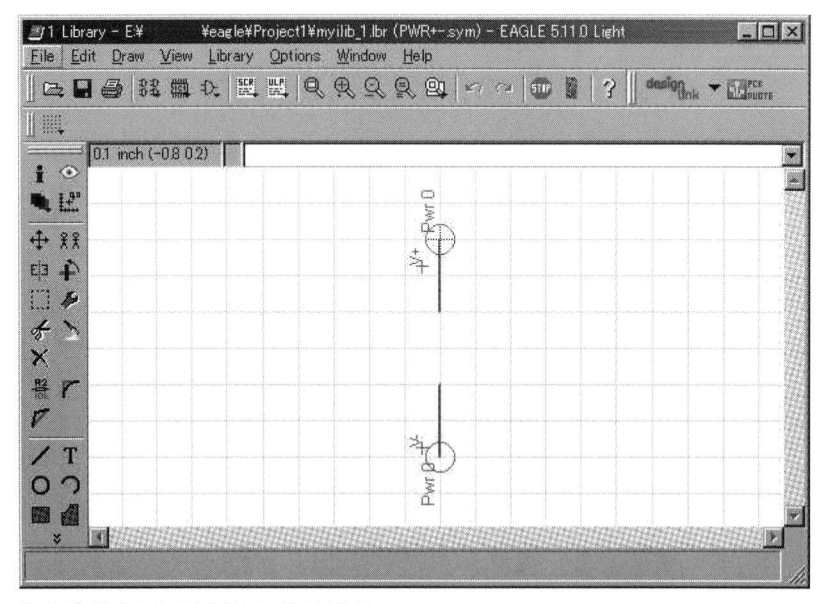

[図37] 電源ピンの回路シンボルを作る

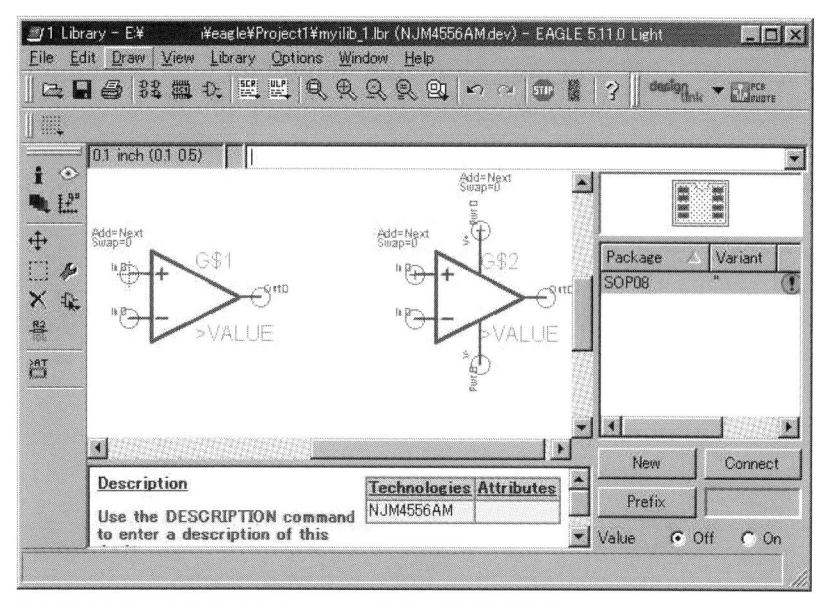

[図38] デバイス設定画面にOPアンプと電源ピンを読み込む

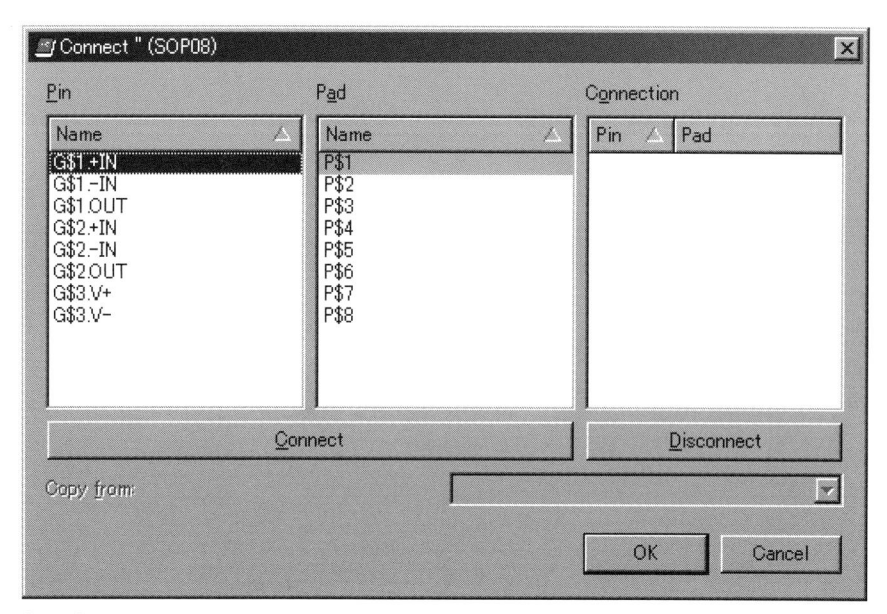

[図39] ピンとパッドを対応させる

標準ライブラリにない部品マクロを作る

Column(2-D)
電源基板を作るときに役に立つ マクロ作成の裏ワザ

これまで，マクロの作成方法について説明しましたが，最後に二つほど裏技的なマクロを紹介します．

● 電流検出抵抗

比較的大きな電流を精度良く検出したい場合には，図Aのようにケルビン接続を用います．本来ならば，電流端子と電圧端子が別に準備された4端子抵抗を使用します．ですが，このような4端子抵抗は価格が高いので，一般的な抵抗で少しでも精度良く電流を検出したい場合もあります．

このような場合，アートワークで細工するのが常套手段ですが，図Bのようなマクロを作成しておく方法もあります．

● スイッチング電源IC用マクロ

スイッチング用デバイス（大抵はFET）を内蔵したスイッチング電源用ICの場合，ICからはPower-GNDとAnalog-GNDが別個に出ています．

Power-GNDは，そのまま下層のべたグラウンドに接続するのではなく，入出力のデカップリング・コンデンサのグラウンドとまとめてから，べたグラウンドに落とすのが常識です．

これを守らないと，機内妨害（Intra-EMC）で所望の性能が出なくなります．また，Analog-GNDはこのPower-GNDとは直接に接続せず，独立してべたグラウンドに落とします．

例えば，TPS62020（テキサス・インスツルメンツ）の場合，図Cのようなピン配置になっています．パッケージ下のPowerPADはAnalog-GNDに接続します．Power-GNDの9番，10番ピンはこのPowerPADに接続してはいけません．

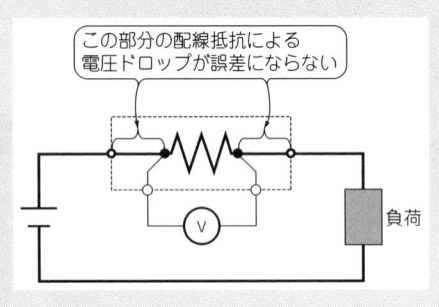

[図A]
ケルビン接続による電流測定

これは少しでも電源回路がわかっていれば当たり前の内容なのですが，アートワークの最中につい接続してしまうという恥ずかしい凡ミスをする場合があります．
　この場合，図Dのように tRestrict というレイヤでパターン禁止領域を設けておくことで，多少なりとも凡ミスを防ぐことができます．

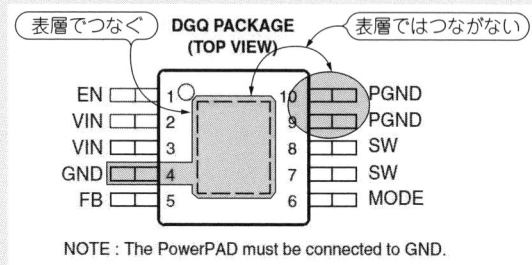

[図C]
典型的なスイッチング電源ICのピン配置（TPS62020の場合）
当然のことだがPGNDはGNDやPowerPADに接続してはいけない

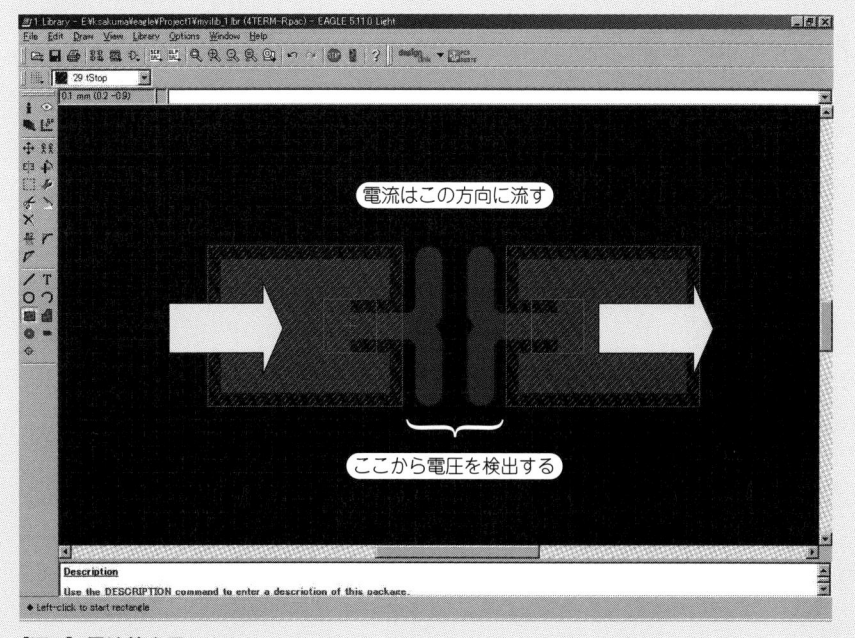

表層でつなぐ　**DGQ PACKAGE (TOP VIEW)**　表層ではつながない

EN 1　10 PGND
VIN 2　9 PGND
VIN 3　8 SW
GND 4　7 SW
FB 5　6 MODE

NOTE : The PowerPAD must be connected to GND.

電流はこの方向に流す

ここから電圧を検出する

[図B] 電流検出用マクロ

標準ライブラリにない部品マクロを作る

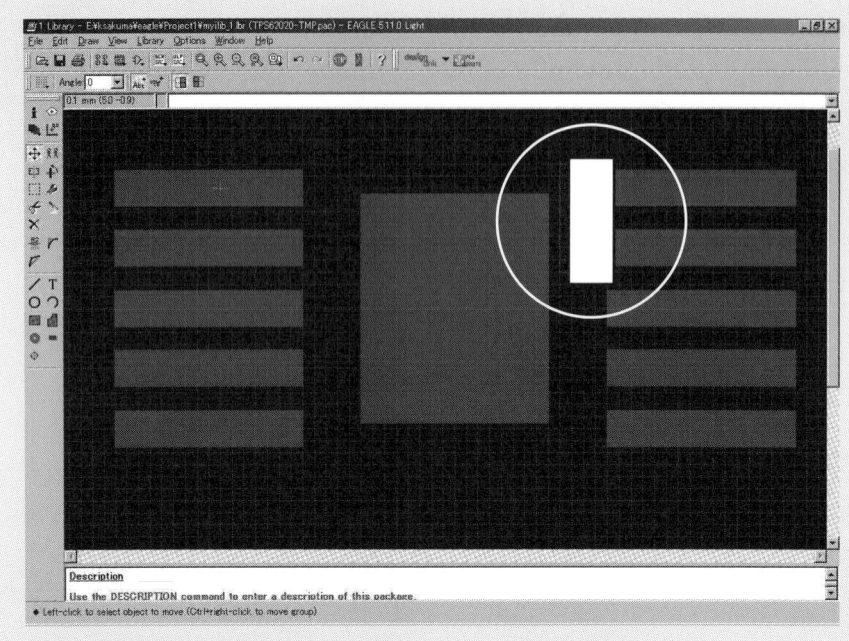

[図D] 表層にパターン禁止領域（白い領域）を設けて凡ミスを避ける

〈森田 一〉

Appendix2-C

鷲もはさみも使いよう
EAGLEの問題点

1 使いこなせていますか？

　EAGLEはCadSoft社のプリント基板設計ソフトウェアです．このソフトウェアは安価なわりに機能が多く，プリント基板のサイズを限れば無償版もあるということで，アマチュアに広く使われています．

　次のサイトからフリー版をダウンロードできます．

　http://www.CADSOFT.de/downloads/

　ところが，実際に使っている人の評判を聞いてみると「必ずしも良くない」，というか「使いにくい」と言う人が多いようです．

　EAGLEは使い慣れてしまうととても優秀なCADですが，使いこなすためには独特のユーザ・インターフェースに慣れることと，ライブラリの構造を理解して，それを使いこなすことが必要です．

　アマチュアの方が実際にEAGLEを使って設計したという基板のファイルを見せてもらうと，これは不便だろうという使われ方をしていて，使っている人もご愁傷様だけど，使われているEAGLEも相当に可哀想なものがあります．つまり，EAGLEが正しく使われていません．

　まあ振り返ってみれば，私も最初からすいすい使えたわけもなく，最初はおっかなびっくり「P板.com」のデザイン・ルールに違反しまくり，サーキットボードサービス社の玉村社長の教えを賜り使っていました．今でもときどき，というかしょっちゅう使い方がわからなくて質問をすることがあります．自分でいろいろ工夫してこんなコマンドがあるはずだとか，いろいろ試して使い方をマスタした部分もあります．

2 EAGLEはここが使いにくい

● 必要な部品がライブラリにない

　EAGLEの付属ライブラリには注意が必要です．EAGLEをダウンロードすると大量のライブラリが付随してきます．

　EAGLEを初めて手にした人は，このライブラリの豊富さに圧倒されて，あとは

回路図を描いて，オートルータで自動配線すればプリント基板ができあがるのではないかという期待（妄想？）を抱いてしまいます．これは少し違います．
　まず，付属ライブラリには必要な部品があまり登録されていません．秋葉原とかDigiKeyでごく普通に売っている部品が存在しないのです．「あれ，これいくら探しても見つかりません．えっ，ないの！？」と気がついて途方にくれる，これが最初の試練ですね．
　付属ライブラリの中身が古くて，アップデートもされていないので，ライブラリを使った設計はできません．ユーザは回路設計をする前に，使いたい部品の登録から始める必要があります（図1）．

● 使いもしないマクロ群が原因で動きが悪い

　大量のライブラリは役に立たないだけでなく，ソフトウェアの動作も遅くしています．ADDコマンドで部品を呼び出そうとすると，EAGLEが一瞬気絶してからライブラリの画面になるのがこれです．
　これは，ライブラリを呼び出すときに内容のチェックをしているためです．小さなライブラリなら瞬時で終わるチェックも，膨大なライブラリなら時間がかかります．どうせ使わないライブラリなら，削除してしまえば，EAGLEの動作は軽やかになります．
　実際に削除する必要はなくて，EAGLEの［コントロール・パネル］-［オプション］-［ディレクトリ］-［ライブラリ］で，必要なライブラリだけを指定すればいいのです．

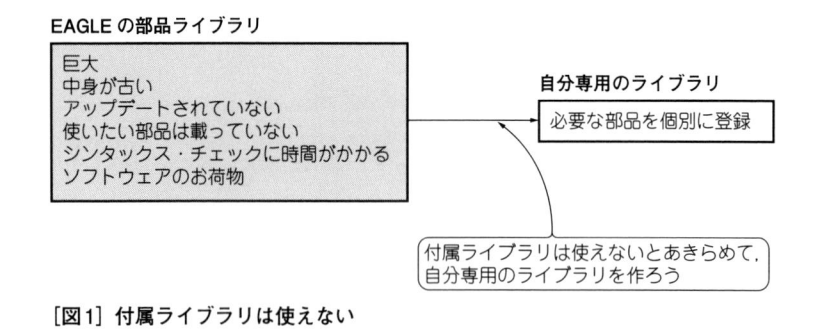

EAGLEの部品ライブラリ

巨大
中身が古い
アップデートされていない
使いたい部品は載っていない
シンタックス・チェックに時間がかかる
ソフトウェアのお荷物

自分専用のライブラリ

必要な部品を個別に登録

付属ライブラリは使えないとあきらめて，自分専用のライブラリを作ろう

[図1] 付属ライブラリは使えない

3　EAGLE はここがすごい

　EAGLE には優れたところもたくさんあります．数学的に自由にできていて，やや便利すぎるほどです．
　ミリ・スケールでもインチ・スケールでも設計できます．そのほかに…，

- グリッドは任意の値に設定できるので，IC のピン間隔に合わせてグリッドを設定すればピン配置もすいすい．
- 配線の方法が，直角と直線の組み合わせ，4 分円と直線の組み合わせ，斜め 45°線と直線の組み合わせ，斜め線と，自由に選べて便利．
- 2 点を円弧で結べる．
- ポリゴン命令でべた配線ができる．
- 回路図，ボード，ライブラリで同じ命令を違う用途に使えるので，慣れてしまうと使いやすい．
- (非力とはいえ) オートルータがあるのは心の支えになる．
- EAGLE の設計データをそのまま OLIMEX 社[注1]に基板発注できるので，試作品 1 枚といった用途には敵なし．
- 高機能で安価．

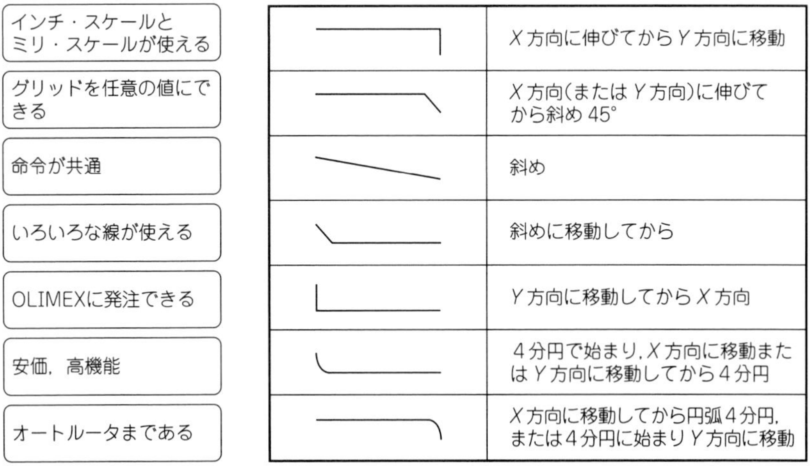

(a) 機能	(b) ラインの引きかた
インチ・スケールとミリ・スケールが使える	X 方向に伸びてから Y 方向に移動
グリッドを任意の値にできる	X 方向 (または Y 方向) に伸びてから斜め 45°
命令が共通	斜め
いろいろな線が使える	斜めに移動してから
OLIMEX に発注できる	Y 方向に移動してから X 方向
安価，高機能	4 分円で始まり，X 方向に移動または Y 方向に移動してから 4 分円
オートルータまである	X 方向に移動してから円弧 4 分円，または 4 分円に始まり Y 方向に移動

[図2] EAGLE の便利なところ

(注1) OLIMEX 社は 2012 年夏から基板製造サービスを停止しています．

…と，良いところもたくさんあります(図2).

4　オートルータは便利そうだけどあまり使えない

　ついでに，オートルータ(自動配線機能)の問題点です．オートルータは誤解が多いので，その実力と問題点を説明しておきます．オートルータは，部品が配置されているプリント基板の配線を自動でしてくれます．ということは，部品の配置は人

オートルータに期待は禁物

　EAGLEのオートルータを使えば配線は自動で簡単にできる，という期待はかなり裏切られます．もちろん，恐ろしく簡単な基板なら作れますが，そんなものはオートルータを使うまでもなく手で配線できます．

　先日，ビッグサイトで催された設計製造ソリューション展でメンター・グラフィック社の説明員が，オートルータはメンター・グラフィック社が一番速いというデモを見せてくれました．

　別の日ですが，CADLUS社のおじさんの話では，オートルータはエレクトラ社の製品がいいらしい．自社製品でないものを勧めているので，これは信用できるかも．

　EAGLEのオートルータも実際に使ってみるとかなり遅いし，仕上がりがうまいともいえません．サーキットボードサービス社の玉村社長もエレクトラを使っているらしい．

　オートルータがあっても，部品の配置は人手で決めないといけません．配線の具合を見ながら部品を細かく移動させて，部品と配線の最適なレイアウトを見つけるという，なんともはや面倒くさい，面倒くさい，面倒くさい，かったるい作業ですが，これは手作業でしかできません．100×100mm程度の基板でも初めての基板なら，回路図が固まってから基板設計が終わるまでに1週間ぐらいかかることもあります．

　手でごしごしチューニングしていくと，基板は小さくなり，パターンがすっきりして，まるで配線が少なくなったように見えるようになります．そうなれば設計完了です．

　設計途中では，何度も何度も配線をRIPUPしてROUTEの繰り返しです．下手にRIPUPするとせっかくうまくいっている配線までも剥がされて，新しくごちゃごちゃの配線に置き換えられて真っ青になることもあります．そうなった場合でも，ひたすらCTRL_Zを繰り返して元に戻すとか，適宜バックアップ・ファイルをとりながら一歩一歩，恐る恐る仕事を進めるというのが現場でしょう．

　EAGLEのCTRL_Zに頼るのではなくて，オートルータをかける前後にボード・データのバックアップ・ファイルを取る習慣を作れば，大惨事からの復旧が速くなります．

　一番いいのは編集できる履歴を残すことですが，EAGLEにはそのような機能がありません(多分)．でも，部品についてはExcelで部品データの管理ができます．本文の趣旨です．

　プリント基板屋さんの設計現場では，配線をきれいにそろえるとか，部品の最適配置をするといった作業はすでに単なる仕事ではなく，芸術作品を仕上げるような情熱と完成度を期待される命題になっています．そんなプロを相手に，オートルータだけで一級の仕上がりを期待するというのは無謀で失礼な話です．オートルータには必要以上の期待をしないで使っていただきたいです．

手でする必要があります．

　部品の配置はとても重要です．信号の流れで性能が変わりますし，プリント基板が広すぎるとコストアップや性能低下，狭すぎると未配線が出て，まいった，おしまいということになります．

　実際にプロの基板屋さんは，部品配置して配線して，部品をちょっと移動させて配線して，基板サイズを変えて配線して，配線層の数を変えて配線して，ワイヤの太さを変えて配線して…というように，何回もトライ&エラーをやってみて（やや大げさ），部品配置と配線の最適点にデザインを落とし込んでいます．

　プロの多大な労力と熟練のスキルに対して，EAGLEのオートルータだけで同じ品質を望むのはやや期待しすぎです．

　それにオートルータの配線はあまり上手ではありません．ただ，プログラムは疲れませんから，人間が頑張ればたぶん4層でできるだろうという基板を，基板面積を2倍ぐらいにして，部品をすかすかに配置して，おまけに配線層を6層とか8層にしてオートルータにお任せ…という使いかたはあるかもしれません．恐ろしく時間がかかります，半日とか．

　試作品はできても，量産時には全部作り直しになります．

　アマチュアが作るような簡単な基板では手で配線したほうがいいみたいです．オートルータには期待しすぎないようにしてください．

　昔話．2002年に，米国のラボと日本で共同研究をしていたときの話．米国のラボで16層の極めて複雑な基板だというものを，日本で作ったら4S2P（信号4層，電源2層）で収まり，試作品が動き出したころに16層の巨大な基板が届いて，そのままお蔵入り．日本は手作業で配線をしていて，米国はオートルータで設計していたんだ，と思う．使いたいCADはPADSでした．

5　ほかのCADとの相違点

● 安いけど全部自分で用意しなければならない

　それでは，EAGLE以外のCADはいったいどうなっているのかというと，Mentor Graphic，CADENCE，図研といった大手のCADは最新部品のライブラリを提供してくれます．

　CADメーカにとっても部品登録やメンテナンスは面倒な仕事です．部品を完備するためには常時ライブラリのアップデートが必要であり，そのためには絶え間なく市場調査をして，部品登録担当に働いてもらわないといけません．ユーザのニー

ズに合わせて使用する可能性がある部品すべてを登録する必要があります．
　そして，回路図に描かれた部品が正しく実装されることを保証しています．これは責任重大です．
　回路設計者としては，プリント基板の製造技術による回路の性能差は認めたくないところです．が，実際にはプリント基板の製造技術によって回路の性能もコストも決定的に変わってしまいます．
　ここのところをそこそこに，いやそれ以上に保証してくれるのが他社の高価なCADであり，全部自分でやらないといけないのがEAGLEなのです．
　つまり，EAGLEのユーザは高機能のCADを安価に使える代償として，ライブラリの責任は自分で取らないといけないのです．

● 部品登録して回路図を描かないとパターンを作り始められない
　EAGLEは，部品を登録して回路図を描いて，そこからパターン設計をするソフトウェアです．この辺は，PCBEのようないきなりパターンが描けるソフトウェアとは違います．
　部品登録して回路図を描かないとパターンが作れませんが，そのかわりパターンが正しいかどうかのチェックができます．ピンが中途半端な座標にあっても，ROUTEコマンドでピンにまっすぐ配線が引けます．メリットのほうが大きいので，不便なお絵かきソフトと思わず，便利な回路CADとして使ってください．

〈小林　芳直〉

Appendix2-D

基板データ作りは落とし穴だらけ
部品マクロを作るためのルール

1　部品マクロはミリ・スケールで作る

　EAGLEの標準ライブラリの不備を補うために，ボランティアが作ったライブラリが公開されています．

　ところが，公開されているEAGLEのライブラリのなかには，そのままでは基板発注に使えないものもあります．公開されているライブラリの傾向として，穴径に対するランド径が(不適切に)大きいものがあります．

　ランドは八角形(オクタゴン)が多く，しばしば標準外のドリルが使われています．
　ドリル径はもちろん，
　　0.5mm　0.6mm　0.7mm　0.8mm　0.9mm
　　1.0mm　1.1mm　1.2mm　1.3mm
というように，0.1mm刻みの径にしないといけません．ところが，そうなっていないものがあります．

　どこかで入手してきたEAGLEのライブラリについて，怪しいか正しいかを簡単に見分ける方法があります．ライブラリを見て，**図1**の左側のようにパッドの部分に斜め線が入っているものは使わないほうがいいです．そこに使われているドリル径は標準セットにはないものなので，そのライブラリを使ったプリント基板は発注できません．

　EAGLEを使ってOLIMEX社[注1]に発注する気なら，ドリル・セットはもう少し厳密に守らないといけません．

[図1]
不適切なドリルが使われているとすぐわかる
左側のパッドは斜め線が入っているので基準外のドリル径(0.81mm)，右側のパッドは◇なので正しいドリル径(0.8mm)

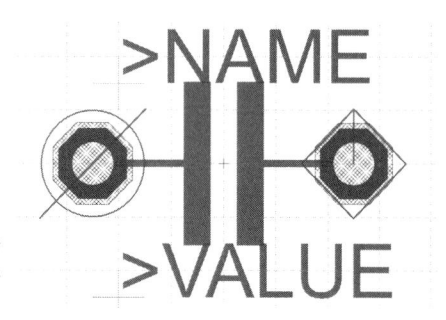

(注1) OLIMEX社は2012年夏から基板製造サービスを停止しています．

部品マクロを作るためのルール　155

ちなみにOlimex[注1]というのは，EAGLEなどのプリント基板CADで使った設計データから，激安で基板を作ってくれるブルガリアの基板メーカです．
　http://www.olimex.com/
　OLIMEX社のドリル・セットは，
(1) 0.7mm (28mil = 0.7112mm)
(2) 0.9mm (35mil = 0.889mm)
(3) 1.0mm (39mil = 0.9906mm)
(4) 1.1mm (43mil = 1.0922mm)
(5) 1.3mm (51mil = 1.2954mm)
(6) 1.5mm (59mil = 1.4986mm)
(7) 2.1mm (83mil = 2.1082mm)
(8) 3.3mm (130mil = 3.302mm)
です．これ以外のドリル径でも0.1mm刻みなら使えますが，エクストラ・コストの1.05ユーロがかかります．0.8mmのドリルがないことに注意してください．何気なく0.8mmを使って1.05ユーロを取られるというのは，よくある事故です．

　EAGLEの公開されているライブラリには，しばしば0.1mm刻みではないドリルが使われています．これは意図的にやったものではなくて，ライブラリを作るときにインチ・スケールで設計しているからです．

　EAGLEはインチ・スケールでもミリ・スケールでも設計できますが，インチ・スケールを使っていると事故が多いようです．ライブラリはミリ・スケールで作業しましょう．

【ルール1】
● 部品マクロはミリ・スケールで作る
　(grid mm; grid 1; grid on;)
● ドリル径は0.1mm刻みのものを使う

● 隠し技
　インチ・スケールの画面，例えば回路図で，
　　grid mm; grid 2.54;
と入力すると，ミリ・スケールでインチ・スケールの部品が扱えます．
　グリッドが任意に設定できるというのは非常に便利ですが，やや便利すぎて，使いこなせない場合は事故につながります．

(注1) Olimexは2012年夏から基板製造サービスを停止しています．

個人的には常時，
```
   grid mm; grid 1; grid on;
```
に固定してくれるほうがありがたいです．

2　ランド径は両面では AUTO の丸穴，片面では穴径＋ 0.8 〜 1mm のランドでオクタゴン

ドリル穴の周囲はランドになります．この大きさは片面基板と両面基板では違います．

● 片面基板

片面基板では，ドリル穴というのは基板に穴が開いているだけなので，基板の穴に入れたリード線と銅パターンははんだでつなぐ必要があります．そのため，ある程度のランドの大きさが必要なので，ランドの形を図2のように八角形(オクタゴン)にするのが有効です．

なぜオクタゴンがよいかというと，EAGLEは斜め45°の線が引ける(ほかの角度も実は任意に引ける)ので，ランドを縦横斜めに削って，パターンに干渉しない最大のランドにすれば，それは八角形になります(ウィグナー・ザイツ・セルだな…

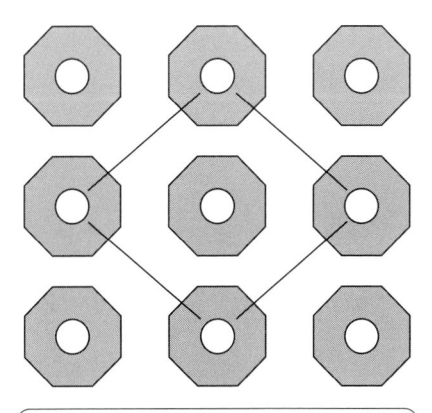

配線が縦横斜めに走る状態で，ランドの面積を最大にするにはオクタゴンが最適．
ゼビウスみたいでかっこいい．古！

[図2] 片面基板でよく使われる8角形のランド
縦横斜めの配線があるときにランドの面積を最大にできる．ゲームをやっているみたいで設計が楽しくなる?!

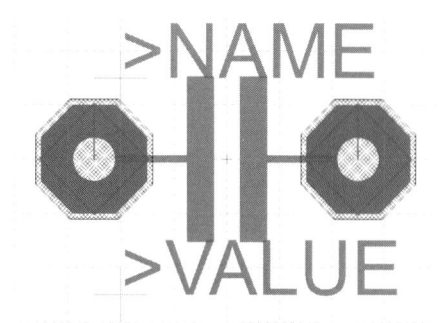

[図3] 片面基板のパッドの例
片面基板の場合はスルー・ホールにならないので，ランドは大きめの8角形にするのが流行．この場合は穴径0.8mmに対して2.5倍のランド径にしている(PAD 0.8mm；Diameter 2mm；Octagon)

独り言).

EAGLEのライブラリで，ランド形状にオクタゴンがよく使われるのはこれが理由です．つまり，公開ライブラリを作った人はEAGLEで片面基板を作るつもりですね．

EAGLEで作った片面基板用のパッドの例を図3に示します．

● **両面基板**

これに対して両面基板のドリル穴はスルー・ホールなので，リード線はスルー・ホールに包み込まれるように面接触し，接続は確実になります．

ランドの目的は，スルー・ホールの周囲の電位を一定にして，電流を均一に流すためだけなので，ランドの径は穴径の$\sqrt{2}$倍～2倍程度で十分です．

EAGLEではランド径にAUTOを指定しておくと，穴径に応じたランド径を作ってくれます(図4)．AUTOでは穴径の5/3倍(1.667倍)程度のランド径になります．

CadSoft社がAUTOの径をどうやって選んでいるかは知りませんが，この径が配線とビア，スルー・ホールのインピーダンス・マッチングを考慮した値であることは容易に想像できます．

つまり，両面基板のランド径はAUTOを選んでおくのが無難です．そこでルール2です．

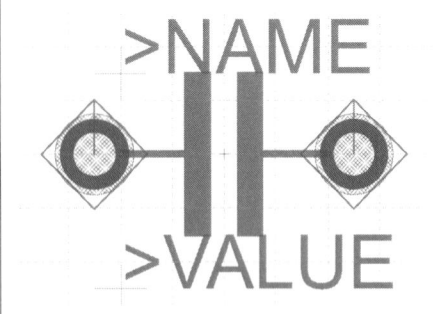

[図4] 両面基板のパッドの例
パッドが小さくて不安だが，スルー・ホールで接続は確実．パッドが小さいので配線面積が増え，実装密度を上げられる．基板と部品がしっかり接続されるので，部品交換は大変．部品が壊れるとかランドがはがれるとか事故多し．交換しないなら問題なし(PAD 0.8mm；Diameter auto；Round)

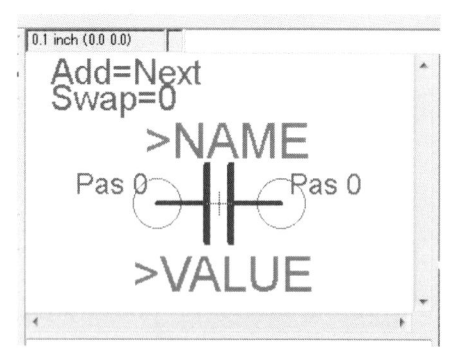

[図5] 部品の真ん中にある照準(＋マーク)が部品のセンタ(デバイス画面)
この＋をセンタにして回路図で部品が回転する．両者を一致させると部品を回転させても位置が変わらない

【ルール2】
- 両面基板のランド径はAUTOの丸穴
- 片面基板のランド径は穴径+0.8～1mm(以上)でオクタゴン

3　部品の原点は部品の中心に，基板端面に取り付ける部品の原点は端面に

　ここまでは絶対に守ってほしいルールなのですが，世の中に出回っているEAGLEのライブラリには，これに違反したものが多々あります．

　少なくとも，そのライブラリは基板発注の実績がないものです．そのまま発注すると，ドリル径に手直しが入るか，つっぱれば特注のドリルを使うことになります（やめてください．ありえません）．

　パッケージのセンタに原点がきていないものは，パターン設計のときに部品を回転させると部品の位置が動いてしまい，苦労することになります．

　部品はボード上で自由に回転できます．この回転中心がパッケージの原点です（図5）．部品の回転には，部品のプロパティを開いてAngleを指定する方法と，move命令でマウスを右クリックする方法があります．

　部品をその場で回転するためには，パッケージのセンタと原点を一致させるしかありません．そうなっていないライブラリがあるので，これは編集して部品のセンタと原点を合わせておくことをお勧めします．

● デバイスの原点とパッケージの原点

　回路図で部品を回転させるときの中心はデバイスの原点です．これもシンボルの中心とずれているといろいろ不便です．シンボルの中心をデバイスの原点に合わせるのは回路図のため，パッケージの中心を原点に合わせるのはボードのために必要な作業です．デバイスの原点を合わせるのは，ライブラリを開いてシンボルの位置を移動させる簡単な作業です．くどくなりますが，部品の1番ピンを原点にするのではなくて，部品の中心を原点にします（図6，図7）．

　しかし，QFPのパッケージで1辺のピン数が偶数のものの場合は，部品のセンタと原点を一致させると，ピンのアドレスは半グリッド中心から外れるのでかえって不便ということもあります．そんな場合は中心を半グリッド離して，ピンをグリッド上に乗せるというのはかまわないでしょう．そう考えてピン数を数えてみると，1辺が奇数ピンというパッケージが多いのに気がつき，これは部品のセンタを出しやすくしているのだなと気がつきます．

部品によっては原点を部品の端にすることもあります．コネクタなどのように基板の端に付ける部品なら基板の端が原点のほうが便利で，プリント基板の設計が楽になります．つまり，一番制御したい位置を部品の原点に選べばいいのです(**図8**，**図9**).

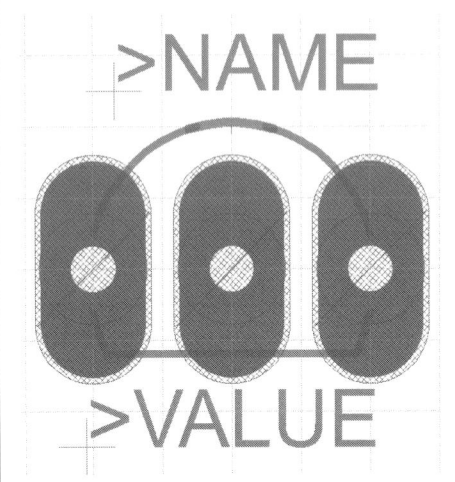

[図6] **パッケージの中心点が良くない例**
パッケージの中心は2番ピンだが，パッケージ画面の中心「＋」は円周の上端にある．両者が一致していないので部品を回転させるとトランジスタの位置が変わる

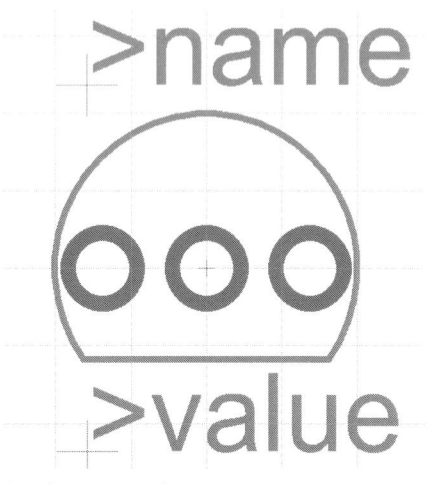

[図7] **パッケージの中心点が良い例**
パッケージの中心は2番ピンで，パッケージ画面の中心「＋」と一致している．部品を回転させても位置が変わらない

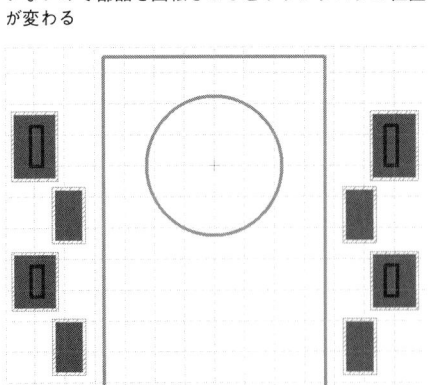

[図8] **ジョグ・ダイアルの例**
位置を制御したいのはジョグ・ダイアルのセンタなので，パッケージの原点とジョグ・ダイアルのセンタを一致させている

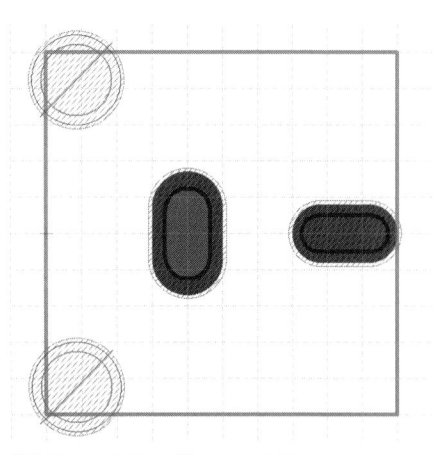

[図9] **RCAピン・ジャックの例**
パッケージの原点を基板端にしている

【ルール3】
- 部品の原点は部品の中心にする
- 基板端面に取り付ける部品の原点は端面にする

4　べたグラウンドは部品面側

　プリント基板のレイヤ1がトップで，表面で部品面です．レイヤ16がボトムで，裏面ではんだ面といいます．

　EAGLEを使いながら片面基板しか作らないというのはもったいないです．片面基板ではスルー・ホールが使えません．両面基板ならスルー・ホールが使えるし，スルー・ホールというのは非常に優れた技術なので，ぜひとも使ってほしいのです（**図10**，**図11**）．

　配線が少ないので片面で十分というときでも，部品面をべたグラウンドにして裏面だけで配線すれば，ノイズは減るし接続も確実になります．片面基板でたまにあるジャンパをなくすことができます．

　部品面がべたグラウンドというのはセオリです．部品面側にべたグラウンドがあれば，部品と配線の間をシールドすることができて，信号の干渉を減らすことができます．つまり信号インテグリティが良くなります．**図12**に示すように，リード線とパターンの間にスルー・ホールが入るので，リード線とパターンの接続が確実

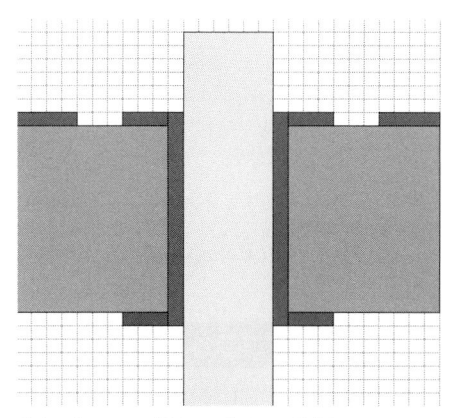

[図10] 1.6mm厚さのプリント基板に0.8mmスルー・ホール，0.6mmのリード線が入った両面基板（断面図）
スルー・ホールの接触面積の広さがよくわかる

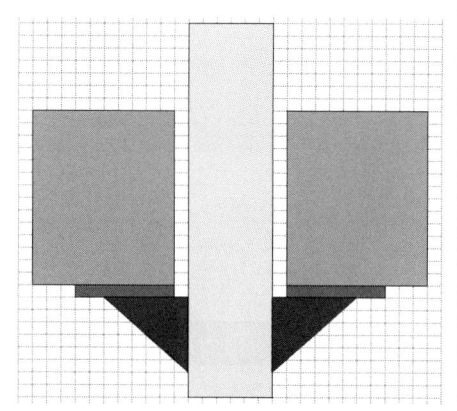

[図11] こちらは片面基板の接続（断面図）
ランドを大きくしてはんだを盛らないと接続されない

になります．

　それに比べて，べたグラウンドを裏面にするのはいいことがありません．グラウンド・プレーンの片側に部品と配線があるので，部品と配線は干渉してしまい，信号インテグリティがやや劣ります．

　このほうが部品と配線がやや近くなって良さそうですが，問題があります．図13に示すように，配線が

　　リード線→パターン→スルー・ホール

という順番になります．電流は表皮効果によって導体の表面しか流れないので，電流はリード線からランドにいきなり流れようとして，電流集中が起きてしまいます．つまり，スルー・ホールなのに片面基板のような電流の流れかたをしてしまいます．

【ルール4】

　べたグラウンドは部品面側にする

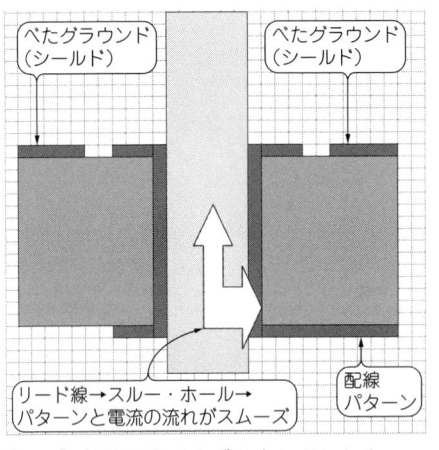

[図12] 部品面をべたグラウンドにしたスルー・ホール（断面図）

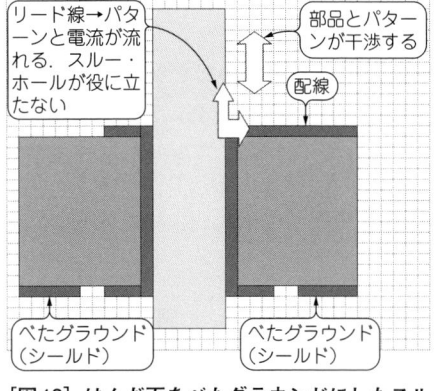

[図13] はんだ面をべたグラウンドにしたスルー・ホール（断面図）
部品面に配線するのは良くない．電気的にも実装もデバッグも不便

アドバイス❶…貰ったEAGLEの回路図から部品ライブラリを作る方法

　EAGLEの回路図を貰ったんだけれど，部品の修正をしたいというときに使う技です．
　回路図を開いておいて，
```
run exp-project-lbr
```
と入力すれば，回路図に使われているすべての部品を含んだ，回路図と同じ名前のライブラリが作れます．

● べたグラウンドの良し悪し

　このルール4は，使う部品がリード線付きの場合は守ったほうが好ましいです．
　使う部品が表面実装(SMD)の場合は，配線パターンも部品面になるので，これをわざわざ裏面に移す必要はありません．どうせ裏面は空いているので，ここに電源パターンを這わせて，電源が基板を貫通して表面の部品面に現れるようにすれば，ただのパスコンも雰囲気的に貫通コンデンサとして働いてくれて効果的になります．
　べたグラウンドを使うとまずいという場合もあります．微小信号を扱うアナログ回路では，信号のグラウンド側をいきなりべたグラウンドにつなぐと，そこに共通インピーダンスができて，ほかの回路からの信号が混入するかもしれません．高周波回路でLCを使ったフィルタ回路などの周辺は，べたグラウンドで周囲の回路と意図せぬ結合が起きて特性が変わる可能性があります．そんな場所はべたグラウン

アドバイス❷…表面実装は良いことづくめ

　抵抗でもトランジスタでも表面実装部品が揃っています．表面実装部品は，コンパクトで性能が良くて安価です．それに加えて，電極とパターンが面接触になるので接続が確実です．基板に直接取り付けるので放熱がよく，温度が均一になりやすいです．はんだをリフローで基板全体で溶かすので，はんだが一様になり基板にストレスが残らない…と良いことづくめです．

　私の経験をひとつ紹介します．RFIDのアンテナを銅パイプで作っていて，CRをいくつか使ったマッチング回路で50Ωに整合させていました．マッチング回路だけがプリント基板で，マッチング回路からアンテナへは普通の配線です．ネットワーク・アナライザで観測すると，このアンテナは使用する周波数(13.56MHz)ではマッチングが取れていますが，使用帯域外では複雑な共振カーブが観測されます．これ全部をプリント基板にして，マッチング回路を内蔵してしまうと，インピーダンス特性が単純な円になって感激です．

　もちろん，銅の厚みを調整するとか，パターンの太さを調整するとかいろいろ試行錯誤がありました．表面実装部品はESL(等価直列インダクタンス)が決定的に小さいので，余分な共振がなくなるためです．マッチング回路からアンテナへの配線で損失があったらしく，性能も10％程度向上しました．

　表面実装のCR部品は場所をとらないのもいいですね．E24系列の抵抗で1Ωから10MΩぐらい揃えるとキャビネットをひとつ占拠してしまいますが，表面実装部品ならバインダ1冊ですみます．私の好みで言うなら，KOAの2012の抵抗はサイズも適度で手はんだもできて，1.2mmという幅も高周波回路のパターン幅とぴったりです．

　P板.comに基板発注すると，実装費用だけで標準のCRは搭載してくれます．つまり部品代がただになります．

　表面実装のトランジスタはやや敷居が高くて，何度も部品を取り換えるといった用途には不向きです．アマチュアで片面基板を使っている人は，なんとなく部品にはリード線が付いていないと安心できないみたいですが，表面実装部品もいいですよ．

部品マクロを作るためのルール

ドを外したほうがいいです．

　べたグラウンドで問題が発生したら，べたグラウンドにスリットを入れて，グラウンド電流が流れないようにすれば問題が解決することがあります．

　アナログとディジタルが混在した回路では，二つのグラウンドは完全に切り離すべきだとか，隙間なくつなぐべきだとかいろいろ意見がありますが，私はアナログ・グラウンドとディジタル・グラウンドはとりあえず離して設計して，最後にA-D/D-Aコンバータのところで1箇所だけでつなぐのがよいと思います．

　アナログ回路では，信号の流れと逆の向きに電源電流が流れるようにするとSN比がよくなります．信号が左から右なら，電源は右側から供給して左端でアースを取ります．アースだけでなく，電源についても同じ注意をするのが好ましいです．

〈小林　芳直〉

Appendix2-E

リード付きの OS コンデンサを例に
部品マクロを作る

1　EAGLE の部品マクロ・ライブラリの構造

　EAGLEのライブラリはデバイス，パッケージ，シンボルの三つから構成されています．これらの関係を，**図1**で説明しておきます．

● パッケージ（package）

　部品（デバイス）の物理的なデータが入っているのがパッケージです．

　パッケージはデバイスの電極の形状，名前，配置，シルク・パターンを記述した

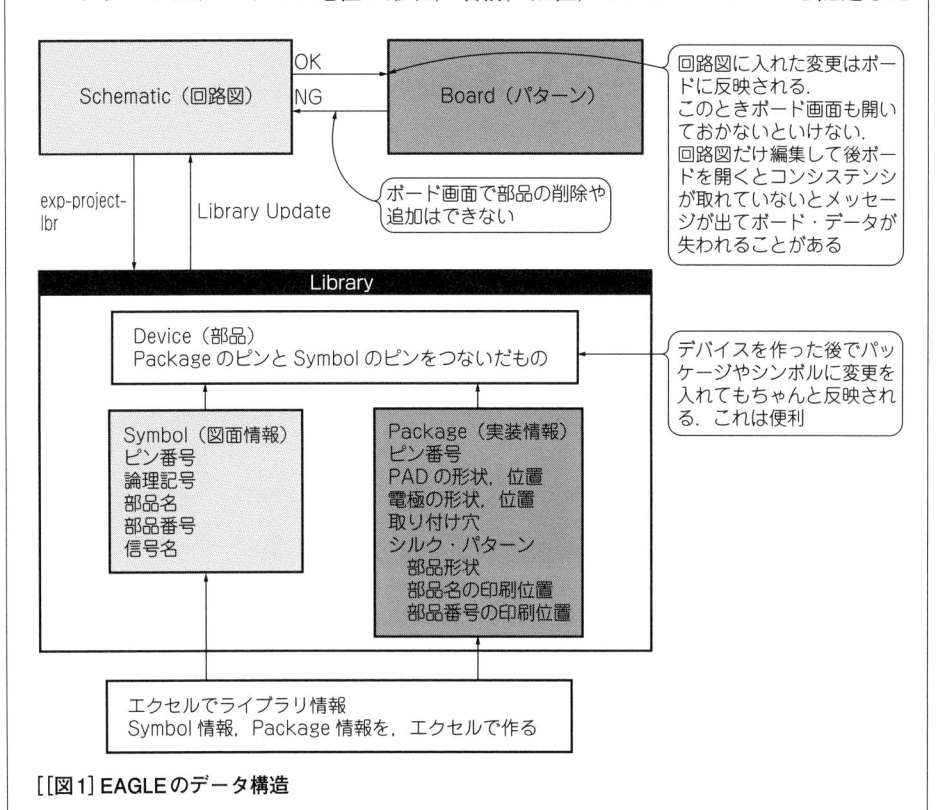

[[図1] EAGLEのデータ構造

ものです．つまりボードに置くとき必要なデータがパッケージです．

● シンボル(symbol)

　シンボルは部品(デバイス)を回路図に描くときに使います．

　回路図は他の人も見るので，できるだけわかりやすい表現にすることが必要です．でもEAGLEが必要としているのはピンの数と名前だけなので，ブロックを描いてピンを並べただけでもシンボルとして使えます．

　シンボルのピン数とパッケージのピン数は同じでなくてはいけません．また，電源ピンに関してはシンボルの外に記述して別途配線することも可能です．

　シンボルの形状が変更になってもピン位置が移動してもプリント基板には影響がありませんので，パッケージと違う順序でピンを配置してもかまいません．

● デバイス(device)

　パッケージとシンボルをつないだものがデバイスになります．

　パッケージとシンボルができると，これをつないでデバイスを作ります．デバイスでは，シンボルの論理ピンとパッケージの物理ピンをconnectしていきます．

　デバイスが完成すると回路図で使えるようになります．つまり，シンボルやパッケージを登録しただけでは部品としては使うことができません．ボード設計をやっていると，パッケージをいきなり使いたくなることがありますが，それはできません．いったん回路図に戻って，部品を追加してからでないと，部品の追加はできません．

　また，connectが終わっていないデバイスは部品として使えません．デバイスを作ったつもりでも，connectしていなくてデバイスが使えないというのは，慌てているときにときどきある事故です．

　EAGLEは使いにくいという人の多くは，この作業をとても面倒だと感じているようです．

　部品の名前が違っても，同じ外形なら同じパッケージが使えます．また，部品の大きさが違っても，機能が同じなら同じシンボルを使ってかまいません．

　同じ形状で型番だけ違う部品なら，パッケージとシンボルを同じにして，違うデバイスが作れます．

　デバイスのディスクリプションのところには部品のメーカ，入手経路，Digi-Keyの番号，秋葉原のお店の名前などを記述しておくと部品管理に便利です．ディスクリプションは重要なので，必ず記入しておいたほうがいいでしょう．ディスクリプ

> **アドバイス❸…パッケージ画面に移るたびにミリ・スケールになっているかどうかを必ず確認する**
>
> 　デバイスをパソコンの画面上で移動させるときに，部品の座標がグリッドから外れるというのはよくある事故です．これは部品のプロパティを開いて，部品の座標が整数になるように入れ直して対応します(MOVE アイコンをクリックしてから，CTRL キーを押しながら部品の原点をクリックすると，部品をグリッドに乗せることができます)．
>
> 　なぜこんな面倒なことになるかというと，ボード設計のデフォルトでは画面がインチ・スケールになっているので，新しく現れる部品はインチ・スケールのグリッド上に現れます．これをミリ・スケールのボードに移動させると，ミリ・スケールの端数を保ったままグリッド単位で(1mm 単位で)移動するので，部品は常に中途半端な座標をもち，ミリ・スケールのグリッドからずれてしまうという不便な仕組みです．
>
> 　この面倒さを軽減したかったら，回路図を描いているときにミリ・スケールで仕事をすることです．回路図の画面で，
>
> 　　grid mm; grid 1; grid on;
>
> とタイプします．これで回路図はミリ・スケールになったので，そこから呼び出されるボードもミリ・スケールになります．再び回路図画面に戻ったときに，
>
> 　　grid 2.54;
>
> または，
>
> 　　grid mil; grid 100;
>
> として仕事を続けます．
>
> 　新しく入力された部品は，ボード画面のミリ・スケールのグリッド上に現れるので，次にボード画面に移る(ゲジゲジ・ボタンを押す)ときに部品の移動が簡単になります．まあ，この作業がうまくいかなくても，ひたすら部品のプロパティを開いて座標を整数に書き直していけば，すべての部品をグリッド上に載せることができます．
>
> 　EAGLE はともすればインチ・スケールに戻りたがる傾向があるので，ボード画面に移動するたびに，パッケージ画面に移るたびに，ミリ・スケールになっているかどうかを確認したほうがいいでしょう．

ションを入れるだけでまっとうなライブラリの風格がでます．

　デバイスができあがったあとでも，パッケージを変更すると，デバイスが変更されます．同じように，シンボルを変更するとその変更はデバイスに反映されます．この性質はライブラリ管理にとても便利です．

　回路図で，すでに使ってしまった部品の変更をした場合には，ライブラリのUpdateというコマンドを使えば反映できます．

　同じ型番の部品で，パッケージが違う場合は，添字が違えば一つのデバイスで複数のパッケージを登録することができます．Device→edit→packageでパッケージを選んだときにVariant nameで添字部分を指定すれば，複数のパッケージを登録できます．この場合にパッケージごとに信号とピン番号のconnectが違っていてもかまいません．しかし信号名と使用するピン数は同じです．

● 回路図

　デバイスができあがると，それをADDすればSchematic（回路図）で使えるようになります．

　回路図の変更はボードに反映されます．

● ボード図

　Schematicができたら，それを元にボードを作ります．

　ボードで部品の変更をすることはできません．必ず回路図に戻ってから部品の変更をします．ちょっと面倒です．部品を取り換えるときは，回路図の画面でDelete＆ADDをすると，部品がボードの外に飛び出してしまいます．Replaceを使うと，ボードの同じ場所に新しい部品が現れます．

　回路図とボードは常時両方を開いておく習慣が必要です．回路図だけ編集して，ボードの変更を無視していると，次にEAGLEを開いたときに，回路図とボードのコンシステンシが取れていないと，作りかけのボードのデータがすべて失われることがあります．ときどきある大事故です．非常に注意深く回路図だけ一つ前に戻せば，1回ぶんの作業量を放棄するだけでリカバできることもあります．うまくいかないときは全部やり直しです．涙．

● ダミー・デバイス

　部品を置くつもりがなくても，パッドが欲しくて回路図にデバイスを置くことはあります．例えば，回路図に5025の抵抗を描いておいて，抵抗は実装しないでおけばパッドをはんだ付けのランドとして使えます．

　Excelはパッケージを作るときにもシンボルを作るときにも使えますが，やはりデータが多いのはパッケージです．Excelで長々とした命令を作っても，セミコロン（；）で区切っていけば一度に実行できます．

● PCBEではない

　PCBEならパターン設計の最中にいきなりパッドを付けることができますが，EAGLEでは回路図に存在しないパッドは使うことができません．これは不便だと言ってパッドだけの部品を作って登録する人もいますが，これは邪道です．

　まずデバイスを作り，回路図に記入します．するとボード画面の枠外に部品が現れるので，それをボードの中に移動して使います．

2 部品マクロができるまで

● **Step1**：パッケージを作る

さて，実際のパッケージやシンボルをExcelを使って作ってみましょう．やっと本題です．

OSコンのパッケージを作ります．オーディオでOSコンを使う人はラジアル・リードのSEQPシリーズあたりを使うことになるでしょう．このシリーズの部品外形と，取り付け穴ピッチの関係は次のような組み合わせになります．

- 外形5mmのときのピン間：2mm
- 外形6.3mmのときのピン間：2.5mm
- 外形8mmのときのピン間：3.5mm
- 外形10mmのときのピン間：5mm
- 外形12mmのときのピン間：5mm
- 外形16mmのときのピン間：7.5mm

リード線径はすべて0.6mmです．パッケージとして登録するのは，この組み合わせだけです．OSコンの外形はもう少しいろいろなものがありますが，高さが違っても，同じ径のものは同じパッケージが使えます．

　　［EAGLE］-［FILE］-［NEW］-［LIBRARY］

でライブラリ画面にします．ライブラリ画面でパッケージを選択します．

メニュー画面で"OSCON5"と入力し，

　New Package?（新しいパッケージ？）

と聞かれるので，［YES］を押します．

[図2]
OSコンのパッケージ
OSKON5，外形5mm，ピン間2mm，PAD 0.8mm

パッケージは，まず電極から入力します．リード線の取り付けにはパッドを使います．パッドの穴径はリード線径＋0.2mm くらいがいいでしょう．つまり，リード線がドリル穴に入ると0.1mm のクリアランスでスルー・ホールの銅パターンがあるくらいがいいです．

これが狭いとぶつかって部品が挿入できないかもしれませんし，広すぎると部品が固定できないだけでなく接触抵抗も大きくなります．よって，0.6mm のリード線には0.8mm のドリル穴を使います．ランドはAUTOを指定，外形線はCIRCLEで描きます（図2）．

作業の詳細はコラム「Excelを使ったパッケージ・データの楽ちん作成」を参照してください．

アドバイス❹…ライブラリの名前変更と削除

ライブラリを書き散らしていると，いらなくなったパッケージやシンボルを消したくなったり，名前の変更をしたくなることがあります．これはライブラリの画面で，
　　Library - Remove
でパッケージ，シンボル，デバイスのそれぞれの削除ができます．

ただし，デバイスで使われているパッケージとシンボルの削除はできませんので，デバイスで Disconnect してから Remove してください．

いったん入力したパッケージやシンボルの変更をすると，デバイスも変更されます．便利です．

名前の変更は，
　　Library - Rename
を使います．これは，使われているパッケージやシンボルにも使えます．

Schematic（回路図）の画面で，
　　Library - Update XX
または，
　　Library - Update All
で，ライブラリの変更された内容がSchematicに反映されます．

デバイスの名前を変更した場合は注意が必要です．回路図で使われてしまったデバイスの名前の変更は自動的にはできません．その場合は，回路図で古いデバイス名から新しいデバイス名にReplaceする必要があります．

パッケージやシンボルを変更しても名前を変えてもデバイスに直ちに反映されるのに，デバイスの変更は回路図に反映されないという非対称さがEAGLEです．慣れるしかありません．

また，Board 画面だけ開いておいてこの変更はできません．

Board 画面だけ開いて作業をしようとすると，ときどき，回路図とボードのコンシステンシが取れなくなったからと，ボードの内容がすべて破棄されるという大事故が起きることがあります．つまり全部入れ直しです．涙．EAGLE を操作するときは，常に回路図の画面を開いておきましょう．

まあ，回路図とボードを1回前のバージョンまで戻せばいいだけです．バックアップは電源OFFのたびに取れますし，意図的にSave してもバックアップ・ファイルが作られます．この話を何度も書いていますが，被害が大きい事故になり得るという話なので気をつけてください．

● **Step2**：＋マークを入れる

次はプラス電極を表す＋マークを入れます．縦線2本と横線2本の4本の線分を書けば"＋"マークの完成です．TEXTで「＋」を描いてもかまいません．

● **Step3**：シルク・パターンを入れる

シルク・パターンは部品面に入れます．つまり部品のトップ・ビューを書きます．ところが，部品のデータシートには部品のピン・サイド・ビュー（ボトム・ビュー）で書かれているものが多いのです．これは，その部品が片面基板で使われていたころの名残です．ピン・サイド・ビューならそのまま片面基板のパターン設計に使えます．

ところが，最近のプリント基板設計ソフトウェアはトップ・ビューで設計するのが普通です．つまり，シルク・パターンはデータシートに書かれている絵を裏返して記述する必要があります．

例えば，2SA1015のデータシートには**図3**のように上側が欠けた円が表示されていますが，これをEAGLEのパッケージにするときには，**図4**のようにシルク・パ

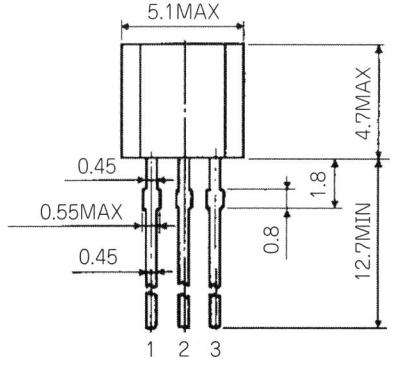

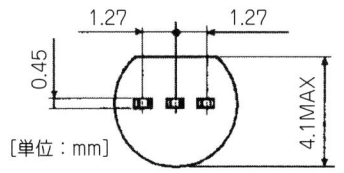

[図3] **2SA1015のデータシートでの形状記載**
ピン・サイド・ビューになっている．左からE，C，B

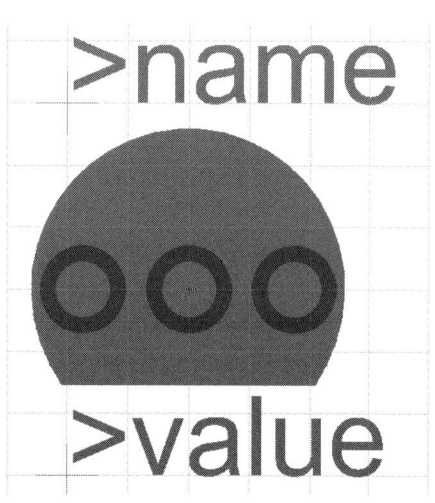

[図4] **2SA1015のパッケージ**
下側が欠けた円，ピンは左からE，C，B

部品マクロを作る | 171

ターンは下側が欠けた円にします．

　シルク・パターンの間違いは一番発生しやすい事故です．シルク・パターンを間違えても電極が直線状に並んでいるならば，1番ピンさえ間違えなければ正しく実装できます．

　2SA1015のリード線は0.45mmの正方形なので対角線の長さは0.63mm，よってパッドは0.8mm，AUTOの外形は1.33mm程度です．これはピン間の1.27mmより大きいのでぶつかります．ピン間を1.7mmに広げて，やや足を広げた形で基板に取り付けます．

　続いてデュアルFETの例を示します．

　2SK389は，**図5**のようにピンが千鳥に並んでいるので，トップ・ビューとボトム・ビューを間違えるとピンがうまく実装できません．

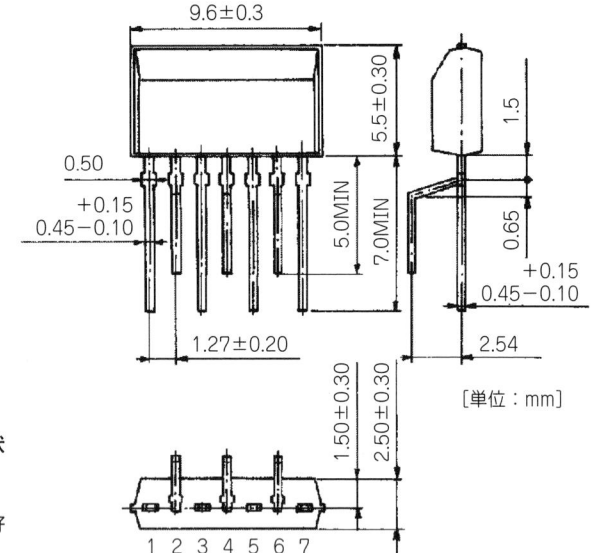

[図5]
2SK389のデータシートでの形状記載
やはりピン・サイド・ビュー．
2SK389はオーディオ・マニアが好んで使うデュアルFET

アドバイス❺…文字データは小さ目にする

　EAGLEの画面はWYSWIG(「ウィジウィグ」，What You See Is What You Get)ではありません．ボード設計で基板に文字を書いて，P板.comに送ると，文字がはみ出しています…というのはよくある事故です．

　文字を15％ほど小さめに入れるとぴったり収まるみたいです．TEXT以外でこの事故は発生しません．どうしてもWYSWYGにしたかったら，文字をWIREで描いてしまえばいいのですが，これは面倒ですね．

ところが2SK389の電極配置は左右対称なので，180°回転すると1番ピンと7番ピンが入れ替わりますが，実装できてしまいます．

　2SK2013なら電極がインラインなのでシルクを間違えても実装はできますが，放熱板の位置が反対になるので事件になります．これもプリント基板を裏返して使えば何とかなります．

　いやいや事故対策ではなくて，シルク・パターンはトップ・ビューで書きましょうという話でした．デュアルFETは足が千鳥になっているおかげで，ピン間を調整しなくてもランドがぶつかることはありません（図6）．

● Step4：シンボルを作る

　続いてOSコンのシンボルを作ります（図7）．シンボルというのは回路図で使う記号です．

　シンボルを選択し，"OSCON"と入力します．

　　New Symbol?（新しいシンボル？）

と聞かれるので，［YES］を押します．

　　DRAW

　　PIN

で2本のピンを描きます．描き終わると「；」で終了です．

　ピンの名前はデフォルトではP$1，P$2といった名前になっているので，これは1，2といった数字に変更しておいたほうがいいでしょう．

　コンデンサのシンボルの書き方は，RECTを使う方法とWIREを使う方法があり

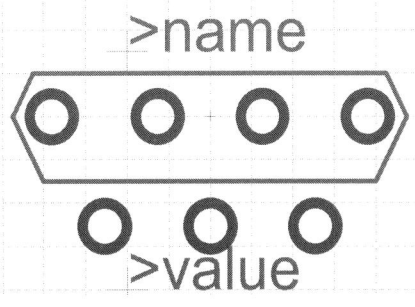

[図6] 2SK389のパッケージ
データシートで上側に千鳥になっている足を，下側に千鳥に修正している

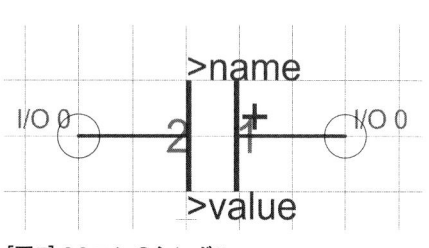

[図7] OSコンのシンボル

ます.
　RECT(rectabgular；矩形)なら必ずくっきりした四角形が描けます．WIREでもROUNDを0％にすれば矩形になります．
　シンボルはどんな絵を描いても，ピンさえ並んでいれば機能します．つまり恐ろしく急ぐときは，いい加減なシンボル，つまりすべて矩形といったシンボルを使って回路を書き，あとでシンボルを作って見栄えを良くするという手があります．

● **Step5**…デバイスを作る
　さて，パッケージとシンボルができたので，これを使ってデバイスを作ります．デバイスを選び，部品の名前を入れます．
　　　New Device?
と聞かれるので，[YES]を押します．
　[EDIT]-[ADD]でシンボルを入れます．シンボルのセンタがデバイスのセンタと一致するように注意深く置いてください．次に，[EDIT]-[Package]でパッケージを選びます．
　シンボルはADDで，パッケージはPackageという非対称さがEAGLEです．慣れるしかありません．
　シンボルのPROPERTYを開いて，NAMEが最初はG$1とかになっているのを，コンデンサならC，抵抗ならR，半導体ならUといったものに書き換えます．
　シンボルのピンとパッケージのピンをconnectでつないでいきます．こうして，

> **アドバイス❻**…電極パターンはフロー用は大きく，リフロー用は小さく
>
> 　電極の推奨取り付け寸法にはフロー用とリフロー用があります．
> 　フローは，溶けたはんだ槽の中にプリント基板をさらしてはんだ付けする方法です．リフローは，はんだペーストを塗って，全体に熱を加えてはんだを溶かす方法です．
> 　最近はリフローが主流であり，データシートにリフローの電極パターンしか掲載していない部品のほうが多いようです．
> 　フローは部品から電極がはみ出していないとはんだが浸み込まないので，電極は大きめになります．一方，リフローは最初からはんだが置いてあるので電極は小さくてよく，溶けたはんだの表面張力で部品のセンタを出したいという希望もあるので，電極は小さめになります．
> 　ときどきフローの電極パターンしか載っていない部品もあるので，そういう部品を使うときは(例えば双信のマイカ・コンデンサ)，電極を小さくして使ったほうがいいと思います．メーカから反論があるかもしれません．

回路図のシンボルとボードのパッケージがつながります．

シンボルやパッケージで使われていた＞name，＞valueは，実際の回路やボードでは，

＞name：Q1といった回路図で使われる部品の名前

＞value：2SC1815といった部品の名前

に置き換えられます． 〈小林 芳直〉

Column(2-E)

Excelを使ったパッケージ・データの楽ちん作成

ライブラリを作る過程で細かな操作が必要なのはパッケージだけです．パッケージは部品の形状や電極の位置を正確に記す必要があります．OSコンのパッケージをExcelを使って入力する方法を説明します．

さて，OSコンに戻って，Package画面で，

 PAD

と入力すると，パッドの入力画面になります．

セレクションのメニューから，形状を，

 ROUND Diameter auto Drill 0.8

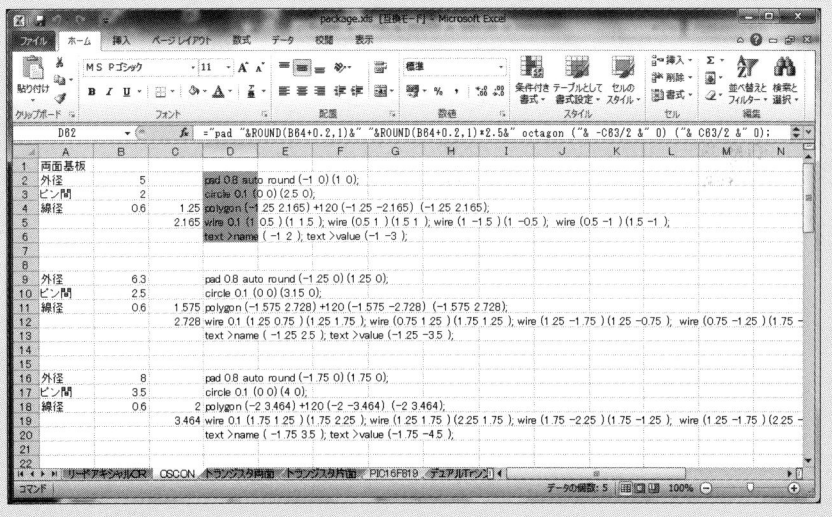

[図A] Excelの画面

にセットします．ここまではEAGLEの画面で行います．そして，ここでExcel画面にして図Aの灰色の部分をコピーします．これをEAGLEのコマンド・ラインにペーストすると，直径5mmのOSコンのパッケージが現れます．

ここで入力したコマンドは**リストA**のようなもので，これらを一気に実行できます．そしてパッケージが完成します．

● パッドの作成

リストAの最初の行から説明していくと，

(-1 0)(1 0);

これはパッドの座標です．ピン間が2mmなので，中心を原点(0 0)にすると，ピンの座標は原点を中心として±1mmになります．

この命令文を作る関数は，

"("&-B3/2&"0) ("&B3/2&"0);"

つまり，

(-ピン間/2 0)(ピン間/2 0);

というストリング命令です(**リストB**)．

● シルク・パターンの作成

次はシルク・パターンを作ります．パッドがレイヤ17で，表シルクがレイヤ21なので，本当はここでレイヤを移動しないといけないのですが，EAGLEはコマンドに合わせてけっこう自動的にレイヤ移動をしてくれます．しかもほとんど正しいですが，ときどき意図せぬレイヤに移動することがあるので，注意が必要です．

この場合はパッドの直後にCIRCLE命令がきたので，正しくレイヤ21に移動して

```
pad 0.8 auto round (-1 0) (1 0);
CIRCLE 0.1 (0 0) (2.5 0);
polygon (-1.25 2.165) +120 (-1.25 -2.165)  (-1.25 2.165);
wire 0.1 (1 0.5 ) (1 1.5 ); wire (0.5 1 ) (1.5 1 );
wire (1 -1.5 ) (1 -0.5 ); wire (0.5 -1 ) (1.5 -1 );
text >name ( -1 2 ); text >value ( -1 -3 );
```

[リストA] OSコンのパッケージのコマンド(外形5mm)

[リストB] リストAのコマンドを生成するExcelの関数

```
="pad "&ROUND(B4+0.2,1)&" auto round ("& -B3/2 &" 0) ("& B3/2 &" 0); "
="circle 0.1 (0 0) ("& B2/2 &" 0); "
="polygon ("& -C4 &" "& C5 &") +120 ("& -C4 &" "& -C5 &")   ("& -C4 &" "& C5 &");"
="wire 0.1 ("& B3/2 &" "&  B3/2-0.5 &" ) ("& B3/2 &" "& B3/2+0.5 &" );
  wire ("& (B3/2-0.5) &" "& B3/2 &" ) ("& (B3/2 +0.5) &" "& B3/2 &" );
  wire ("& B3/2 &" "& (-B3/2-0.5) &" ) ("& B3/2 &" "& (-B3/2+0.5) &" );
  wire ("& (B3/2-0.5) &" "& -B3/2 &" ) ("& (B3/2 +0.5) &" "& -B3/2 &" ); "
="text >name ( "& -B3/2 &" "&B3&" ); text >value ("& -B3/2 &" "& -B3-1&" ); "
```

います．シルク・パターンでは，OSコンの外形線である円を描いて，1番ピン側，GND側に半月状のべた塗りを入れます．これがGNDマークです．そして2番ピン側には「+」のマークを入れます．まずは円から，

    CIRCLE 0.1(0 0) (2.5 0);
CIRCLEで円を書きます．
　この命令を作っているExcelの関数は，
    ="circle 0.1(00) ("&B2/2&"0);"
という命令です．0.1は線の太さです．線の太さのデフォルトは5mil = 0.127mmになっているので，そのままでもかまいません．第1座標は円の中心で原点(0 0)，第2の座標は円弧のX軸の切片です．
　第2座標は円周上のどこか1点を入れれば，こまかな計算はEAGLEがやってくれます．
　次に半月状のGNDマークを入れます．これにはポリゴンというコマンドを使います．これもレイヤ21です．
    polygon(-1.25 2.165)+120
    (-1.25-2.165) (-1.25 2.165);
これを作っているExcelの関数は，
    ="polygon("&-C4&""&C5&")+120("&-C4&""&-C5&")("&-C4&""&C5&");"
です．C4とC5は，X座標とY座標です．この座標計算は，
    C4 = $X = r\cos 60°$
    C5 = $Y = r\sin 60°$
という計算をして点の座標を求めてから，(-C4　C5)で第2象限に移した点，(-C4 -C5)で第3象限に移した点の座標を求めています．
　さらにROUND関数を使って，座標の小数点以下3桁までにしています．つまり，C4は第1象限の点のX座標で，
    C4=ROUND(B2*COS(PI()/3)/2,3)
C5は第一象限の点のY座標で，
    C5=ROUND(B2*SIN(PI()/3)/2,3)
です．
　ROUND関数は使わなくても動作しますが，$1\mu m$以下の精度は無意味なので小数点以下3桁にそろえています．
　ポリゴンは多角形のことなので，多角形を描くためのコマンドと誤解されやすいのですが，実際には外形線という意味で使われています．整理すると，
    x0：円の直径×cos(pi()/3)/2
    y0：円の直径×sin(pi()/3)/2

pi()は π = 3.1416… = 180°
円弧の始点は(- 1.25 2.165)
円弧の終点は(- 1.25 - 2.165)

これを120°の円弧でつなぐので，2点の間に + 120を入れます．＋が左回りの円弧で，－は右回りの円弧を表します．この＋－の符号は必要です．符号がないとEAGLEは線の太さと解釈するので，角度と解釈してもらうために符号を入れます．もう一度始点の座標を入れれば，今度は直線の弦が引かれて半月の外形線になります．ポリゴンが外形線の中を埋めて，半円状のグラウンド・マークになります．

EAGLEがすごいなと思うのは，こんな計算を簡単にやってくれるからです．

座標の有効数字はあまり気にしなくていいようです．サイン関数で計算したまま入力してもかまいませんが，ここでは見やすくするために有効数字を小数点以下3桁にしています．

● レイヤの注意

パッケージを作っているときには，複数のレイヤを同時に編集する必要があります．ところが，EAGLEが極めてお利口にレイヤの切り替えをしてくれるので，ユーザはレイヤを気にせず設計を進めてしまうことがあります．

例えばPAD命令なら，これはパッケージ画面でレイヤ17(PADS)に移動します．

ところが複数のレイヤで使える命令もあります．Circleコマンドならレイヤ21(tPlace；トップのシルク・パターン)でもレイヤ22(裏面シルク・パターン)でも使えます．EAGLEはまずレイヤ21に切り替えてくれるので，それでいいならそのまま実行です．

裏面にシルク・パターンを入れる場合は，レイヤ22(裏シルク・パターン)に移動してからCircle命令を発行する必要があります．

レイヤを間違って作図しても，線のプロパティを開いて，レイヤを修正すれば正しくなります．

レイヤが正しいかどうかはプロパティを開けばわかりますが，使われている色からでもわかります．例えばTOPは赤，BOTTOMは青といった，マルチ・カラーの色がそのまま使われています．

基板に文字を入れるのはシルク・パターンでもできますが，銅パターンでも描けます．シルク・パターンはレイヤ21で，ボード画面では白く描かれます．銅パターンで書いた文字はレイヤ1(TOP)で赤か，レイヤ16(BOTTOM)で青になります．色は変更できるので，マニアックな回路では変更されていることもあるので注意が必要です．

〈小林　芳直〉

Column (2-F)

知っているとちょっぴりお得 EAGLE ミニ知識

● SMDの裏技

　高密度実装のICではSMD電極も小さくなりいろいろ細かな注文が入ります．例えば，MSP430では**図B**のように，ピンのピッチが0.5mmしかありません．

　電極のピッチが0.5mm，SMDが0.28mm，SMDの隙間が0.22mmしか空いていないので，ソルダ・ストップに0.07mm，レジストが0.08mm，隣のソルダ・ストップが0.07mmというように指定されています．

　ソルダ・ストップというのは，SMDの周辺で基板のFR4がむき出しになっているところです．レジストはソルダ・ストップの外側にあり，ソルダを跳ね返す働きをします．SMDの上にレジストが乗るとはんだ付けできなくなるので，ソルダ・ストップをSMDよりやや大きくしています．

　ところが，EAGLEの標準ではソルダ・ストップは0.1mmです．この標準のソルダ・ストップの0.1mmでは，隣のピンとの間に入るレジストが0.02mm [= 0.22（SM

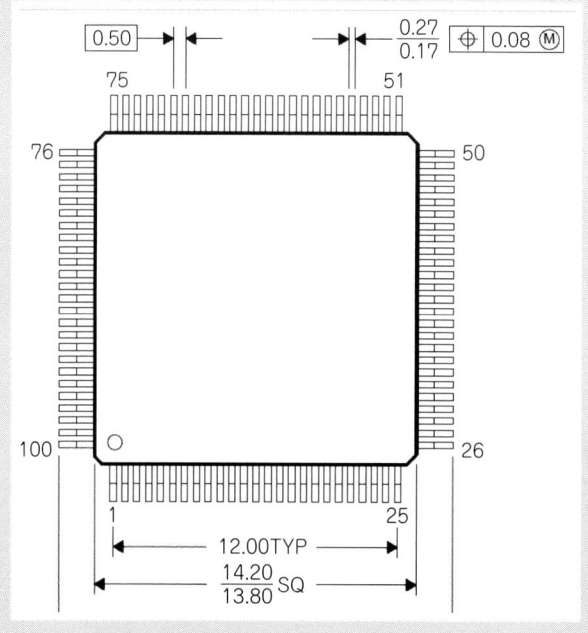

[図B] MSP430のパッケージ

Dの間隙) – 0.1(ソルダ・ストップ) – 0.1(ソルダ・ストップ)］になって，これではレジストとして機能してくれるかどうか，そもそも描画できるかどうか不安です．

こんなときはSMDのプロパティを開いて，ソルダ・ストップをなしにします(図C)．そしてレイヤ29(tSTOP)で，SMDより0.07mmだけ大きいパターンを描けばいいのです．

EAGLEのレイヤは最初は面倒なものですが，慣れてくるといろいろに使えて，しかもマニュアルに載っていないような使い方もけっこうできて楽しめます．

● ストップ

EAGLEのADD命令を実行すると，延々と同じADD命令が実行できます．確かに同じ部品を多数入れるには便利です．これを中止するためには［STOP］と書かれた赤いボタンを押してもいいのですが，キーボードから「；」(セミコロン)を入力して

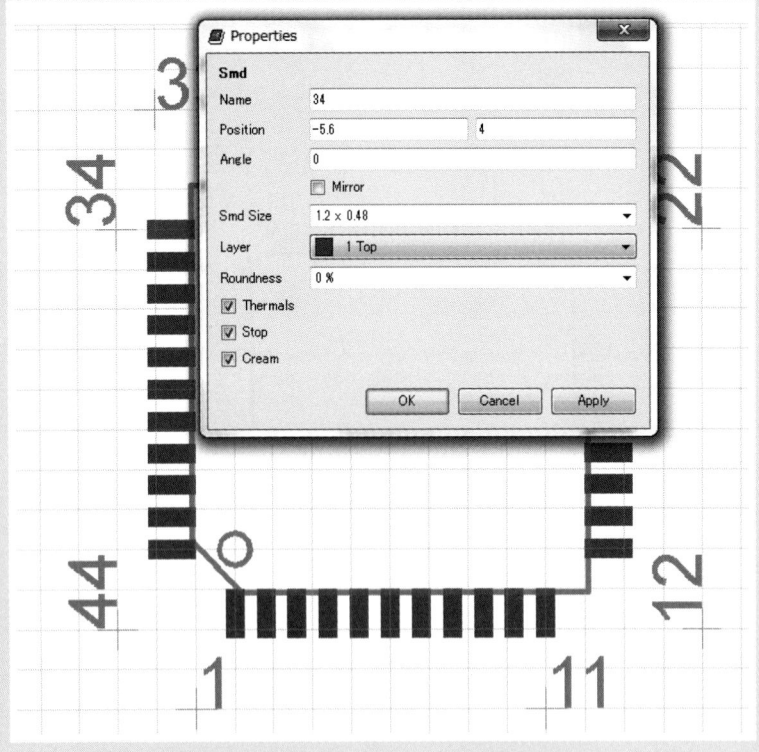

[図C] SMDのプロパティを開いてStopのチェックを外す

もかまいません．

「；」は命令と命令との間のデリミタになっていて，複数の命令を一度にタイプして，「；」で区切ると，左から実行してくれます．

キーボードから入れた命令は［↑］ボタンで呼び返せるので，同じ命令を実行するとか，命令を編集しながら実行するときに便利です．

● ワイヤとルート，ワイヤとネット

ボード設計で配線を張るのはルート・コマンドを使います．

ワイヤを使っても似たような配線はできますが，ワイヤはグリッド上に配線を置くだけ，ルートは部品と部品をつないでくれます．どちらで配線しても似たようなボードができますが，最後にDRCをかけてみると，どう見てもつながっている配線が未接続としてエラーになったりします．

これは，ルートを使わないで配線すると，ピンの近くまでは配線されても，論理的につながっていないからです．ルートならピンに近づけば，中途半端な座標にあるピンにもすっきり配線できます．

同じような話が回路図にもあります．回路図はネットでもワイヤでも似たような配線をすることができます．ところがワイヤで配線していると，見掛けはつながっていて，距離ゼロまで近づいているのに，実は論理的にはつながっていないという事件になります．

EAGLEの無償版で生半可な理解で作業していると，このような間抜けな事故が起きます．

さんざん恥をかいた私が，ここに明らかにしておきます．回路図はネットで，ボードはルートで配線してください．

● ポリゴンとRECT

ポリゴンを使ってもRECTを使っても4画のランドを作ることができます．ところが，ポリゴンが信号名をもっているのに対して，RECTは信号名をもっていません．RECTで描かれたランドは平気で信号線と交差してショートを起こし，しかもエラーになりません．大事故!!

ボード設計ではRECT命令は使わないのが無難です．

● EAGLEのサイズ制限

EAGLEの無償版では基板サイズが80mm×100mmに制限されていますが，この制限は部品が配置できる場所が(0，0)と(100，80)の矩形の中に入っているという制限です．配線はそこから溢れてかまわないし，外形線も溢れてかまわないのです．

つまり，部品が一箇所に固まっているが，配線は大きく広がっているという基板は

EAGLEの無償版で設計できます．

● 面付け

　20mm×20mmといった小さな基板をたくさん作るときは，ある程度の数の基板を1枚の大きな基板に面付けして，基板と基板の間にVカットを入れるほうがいいです．

　小さな基板をたくさん頼むより安価になるし，できあがった基板の管理も楽になります．2種類の基板を一度に頼むときは，別々の注文にするより，2種類の基板を1枚の基板に面付けして作ってもらうほうが安くなります．

　面付けは基板ベンダでやってくれるので，おのおののサイズがEAGLEのサイズ制限に入っていればいいのです．

● ガーバー・データ

　P板.comに発注するためには，EAGLEの設計データをガーバー・データ(Gerber data)に変換する必要があります．これにはCAMを使います．必要なCAMは，下記の二つです．

　　Gerb274x-2layer.cam
　　Excellon.cam

　CAMの出力ファイル名は%N.cmpというように，%Nです．%Nが回路図の名前に置き換えられます．この%Nを誤って書き直してしまうのが，ときどきある事故で

す．ここに固有の名前を入れてしまうと，回路図が変わっても出力ファイルの名前が変わらないという事故になります．

さいごに

EAGLEは多機能で安価なCADですが，その実力を十分に発揮されていないことが多いようです．その原因は，やや違和感のあるユーザ・インターフェースと，ライブラリによることが多いでしょう．

EAGLEの無償版はアマチュアが片面基板を作るときに使われていますが，その場合でも基板ベンダに発注できる品質を目指して，正しい方法で使ってやれば実力を発揮してくれます．ライブラリの管理にExcelを使えば，同じような部品を続けて登録するときに入力が簡単に正確にできるようになります．

EAGLEに対する注文もあります．

事故が多いインチ・スケールの動作は止めて，常時ミリ・スケールで動作してほしいです．基板サイズについても希望があります．無償版が扱える80mm×100mmという寸法はいかにも中途半端です．これがスタンダード版の160mm×100mmになればまあ十分です．サンハヤトの100mm×150mmの大きさのクイック・ポジ基板が使えるようになるからです．OLIMEX社のダブル・ユーロサイズも使えます．すごく優れたCADがアマチュアの片面基板の設計に使われているという状況を容認して，素人に使いやすいCADにしてほしいと思います． 〈小林 芳直〉

Appendix2-F
よそのライブラリをもってこよう
ライブラリの入手方法

　EAGLEのライブラリはいろいろなWebサイトで提供されています．ここではアールエスコンポーネンツ株式会社が提供しているライブラリを紹介します．

　このライブラリは，同社が提供している無償基板CAD「DESIGNSPARK」ではなくEAGLEをはじめとした有償や無償のいろいろなCADに対応しています．またライブラリは，同社が扱っている部品に限定されず約8万品種が準備されています．同社のライブラリは，ライブラリ全体をダウンロードするのではなく，必要なマクロだけを選択してダウンロードする形式になっています．このため膨大なマクロが入っているライブラリを入手してしまって，検索に手間がかかることがありません．

[図1] アールエスコンポーネンツのDESIGNSPARKのサイト．MODELSOURCEをクリック

● ライブラリの入手手順

　まず，次のURL（DESIGNSPARKのWebサイト）から左にある［MODELSOURCE］をクリックします（**図1**）．

http://www.designspark.com/jpn/

　次に**図2**のログイン画面が出るので，ここからログインします．初めてアクセスされる方は，まずユーザ登録の手続きをしてからログインします．ログインすると**図3**のように部品検索画面が出るので，まず使用するCAD（今回はEAGLE）をリスト・ボックスで選択します．今回はUSB-DACで定番になっているテキサス・インスツルメンツ社のPCM2704のマクロを入手します．

　部品名で検索するので［部品名で検索］のタブを選択し，部品名［PCM2704］を入力して［検索］ボタンを押します（**図4**）．すると，**図5**のように検索結果が表

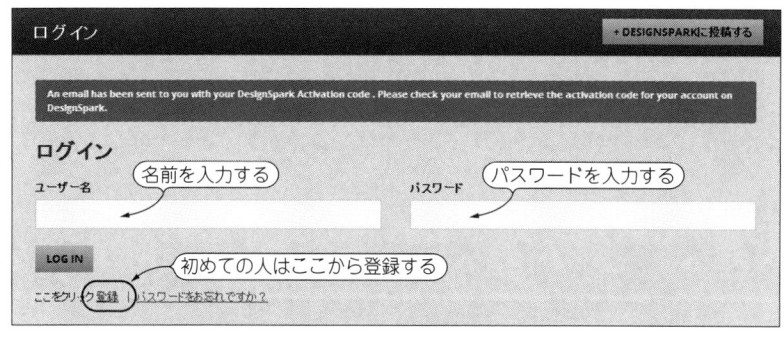

［図2］ログインする（初めての場合はまずユーザ登録をする）

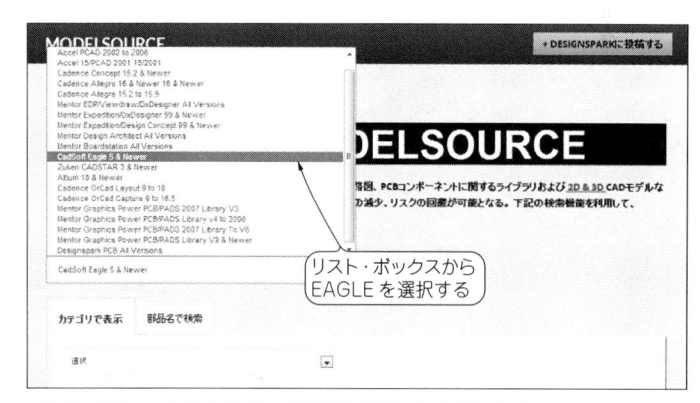

［図3］部品検索画面でCADの種類（EAGLE）を選択する

示されるので所望のデバイスであることを確認して［ADD TO COLLECTION］ボタンを押します．もし，データシートをまだ入手していない場合は，データシートもダウンロードできますが，データシートやアプリケーション・ノートそしてエラッタ・ノートはデバイス・メーカから最新のものを入手することをお勧めしま

［図4］ PCM2704のマクロを検索する例

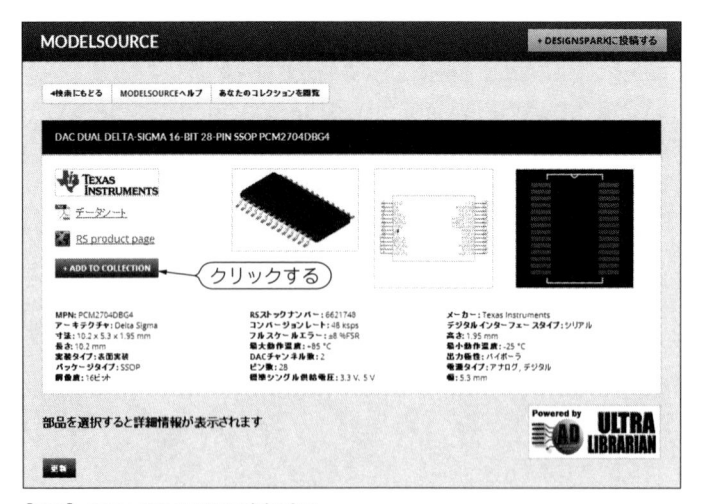

［図5］ COLLECTIONに追加する

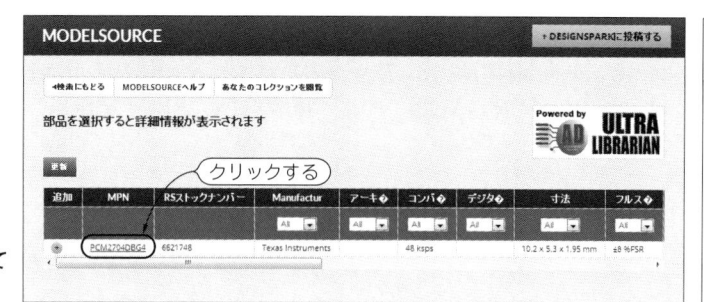

[図6]
部品名をクリックして詳細情報を見る

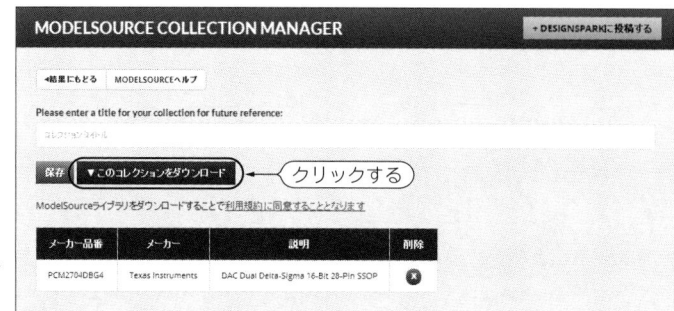

[図7]
圧縮されたマクロをダウンロードする

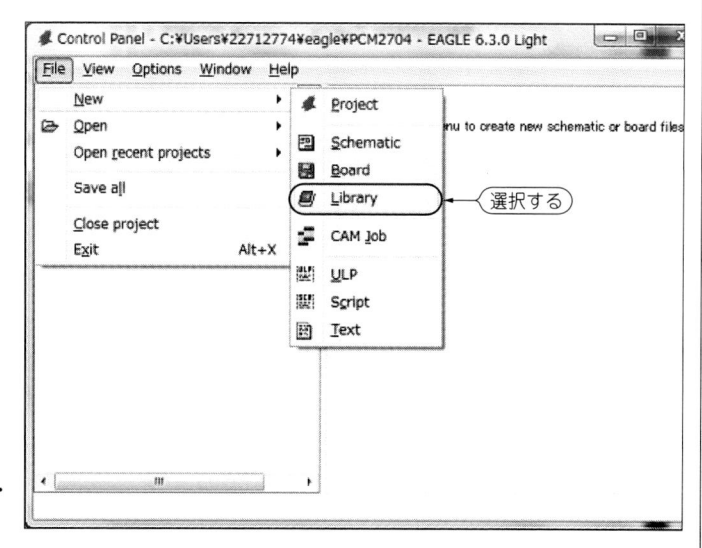

[図8]
EAGLEのライブラリ・エディタを開く

ライブラリの入手方法 | 187

す．概略を把握するのではなく実際に設計するタイミングでは，版を確認して英語版のほうが新しければ，そちらを再度確認する必要があります．

COLLECTIONに追加すると，現在のCOLLECTIONリストが表示されるので

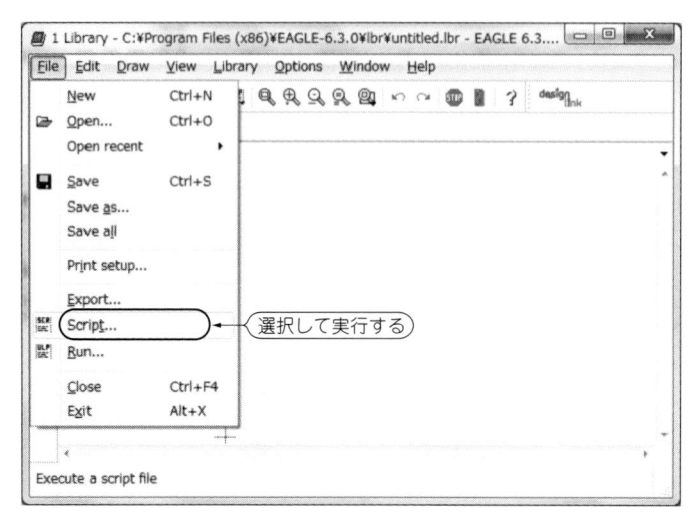

[図9] スクリプトを実行する

[図10] 実行するスクリプトを選択する

部品名をクリックします(**図6**).

　すると**図7**のような画面が出るので［このコレクションをダウンロード］ボタンを押して，ZIPで圧縮されたマクロをPC上の適当なフォルダにダウンロードして適当なツールで展開します．

　次に，EAGLEを立ち上げて，［NEW］-［Libraly］でライブラリ・エディタを開きます(**図8**)．そして**図9**のように［File］-［Script］でスクリプトを実行します．実行するスクリプトの選択の画面が出るので**図10**のように，先ほど解凍したZIPファイルの中のスクリプト・ファイルを選択します．　　　　　　　　〈森田 一〉

Appendix2-G

電子回路シミュレータと EAGLE のコラボ
LTspice との連携

　リニアテクノロジー社のSPICEシミュレータである「LTspiceIV」はフリーソフトでありながら，機能制約もなく使いやすいツールです．EagleVer.6.4.からは，このLTspiceとの連携が実現しました．この原稿を書いている時点(2013年1月現在)では，まだEAGLEからLTspiceへの回路図のエクスポートしかできませんが，近日中にLTspiceからの回路図のインポートも可能になるようです．現時点でのLTspiceへの回路図のエクスポートの方法について紹介します．
　回路の説明ではなく，LTspiceとの連携の説明なので極力単純にした**図1**の回路図を例にします．

● 回路図を描く

　通常の回路図を描くのと同じように回路図を描くだけですが，SPICEモデルがあるライブラリを使用する必要があります．このため使用するOPアンプなどの部品はすべて**図2**のように「LTspice library generated with:」と表示されたライブラリから選択します．今回はOPアンプはLT118Aを選びました［**図2(a)**］．また抵抗も同様に選択します．抵抗などのディスクリート部品は「SYM」というフォルダに入っています［**図2(b)**］．さらに，シミュレーションする場合には通常の回

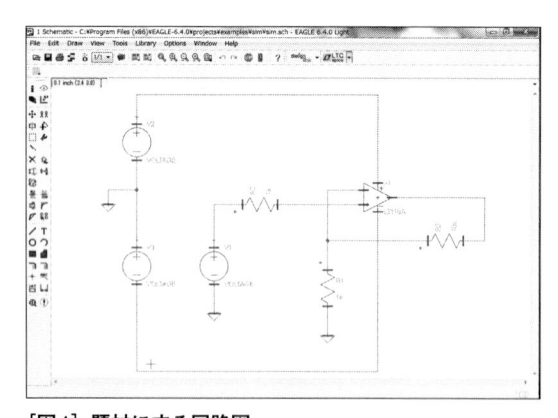

［図1］題材にする回路図

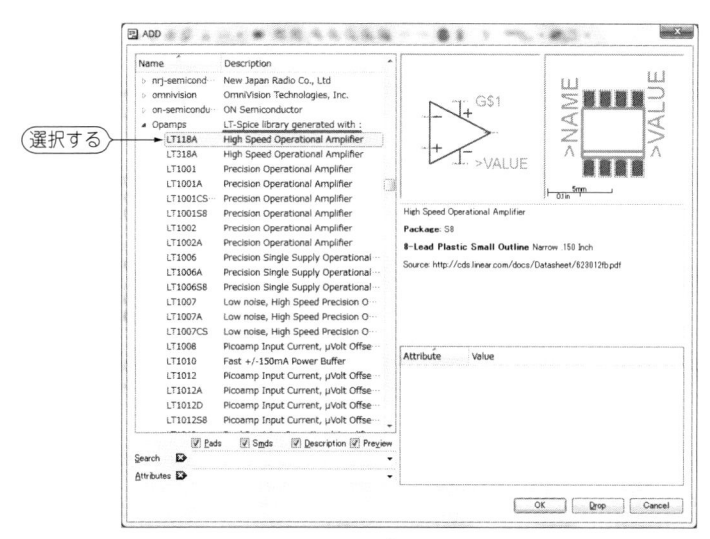

(a) OPアンプの選択

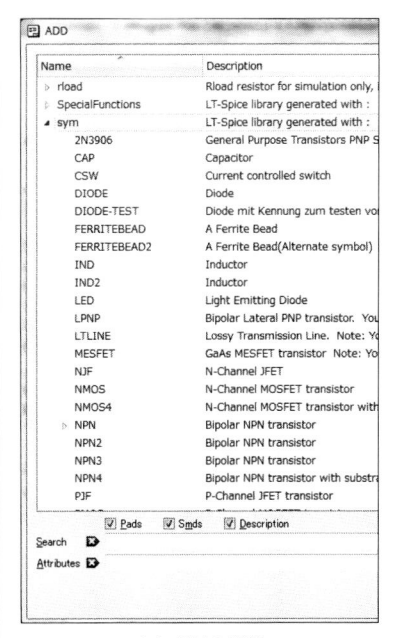

(b) 抵抗の選択

(c) GNDの選択

[図2] LTspice対応のライブラリから部品を選択する

LTspiceとの連携

路設計の場合のただのネット情報としてのGNDではなく，計算の電圧の原点となるリファレンス電位としてのGNDが必要なので図2(c)の「0」というシンボルを使用してGND電位を指定します．その後，シミュレーションに必要な電源や信号源を同様にライブラリから拾って回路図に書いていくことで図1を完成させます．

● **LTspiceへのエクスポート**

すでにLTspiceがインストールされているパソコンにEAGLE Ver.6.4をインストールした場合，自動的にLTspiceの環境は設定されているので，図3のように「LTC」-「Export」とするだけです．これだけの操作でLTspiceが自動的に立ち上がってLTspiceの回路図編集画面(図4)が開きます．

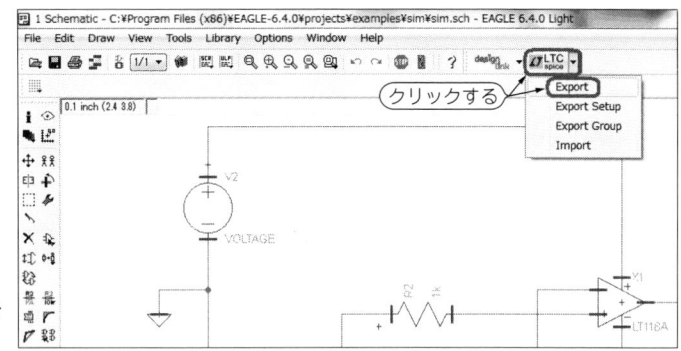

[図3]
LTspiceに回路図をExportする

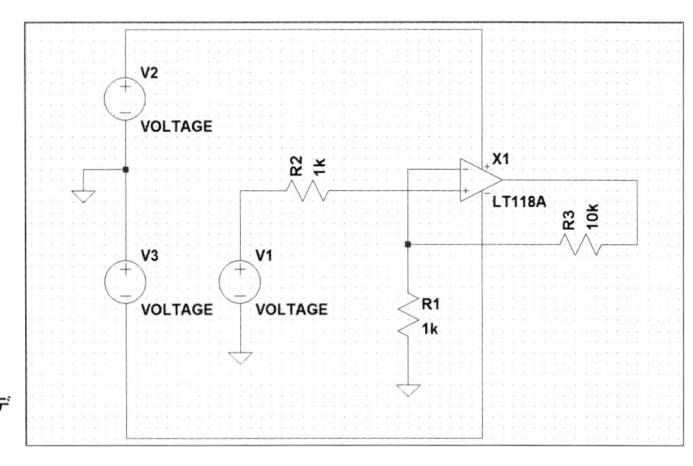

[図4]
LTspiceの回路図エディタが自動的に開く

192　第2章──Appendix2-G

● **LTspiceを実行する**

　図5のようにLTspiceの回路図エディタで信号源や電源の設定や，シミュレーションのディレクティブの設定をします．その後，シミュレーションを実行すれば図6のように結果が表示できます．

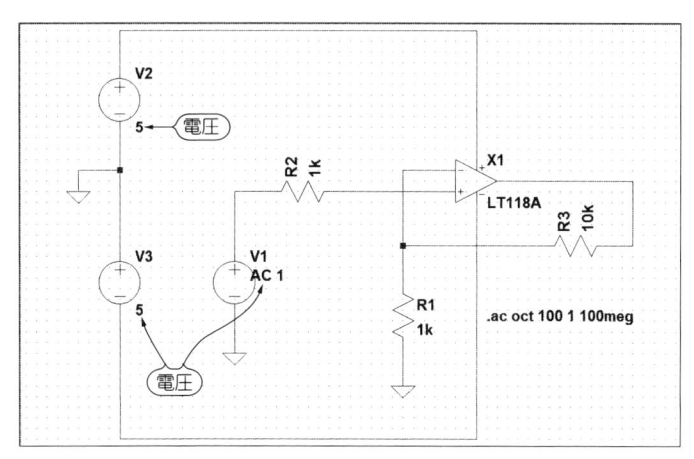

[図5] シミュレーションに必要な設定をする

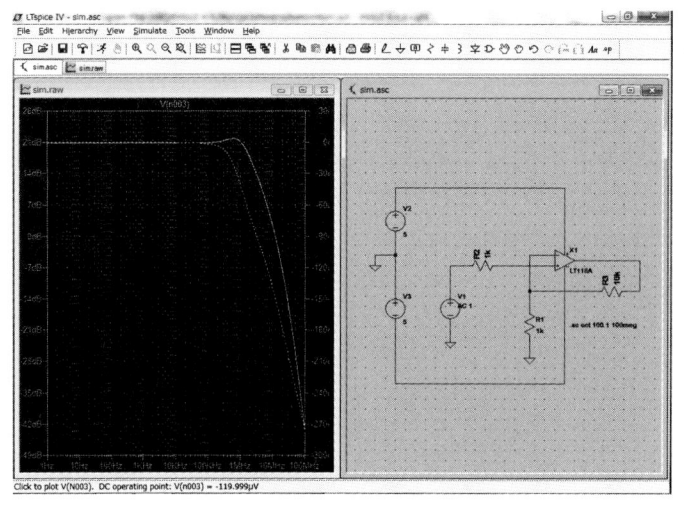

[図6] シミュレーションの結果

ちょこっとコラム

電源はラインでできるだけ細く

　一部では，ベタ電源という強い信仰がありますが，ベタ電源にはほとんどメリットがありません．もともと，ベタ電源は対向するベタGNDとの静電容量によるパスコンとしての効果を期待したものです．しかし，厚み1.6 mmのFR4（ε_r = 4.2）で□10 mmの対向面での静電容量は2.3 pFにしかならず，ほとんどパスコンとしての効果は期待できません．このため，電源ラインはシェイプ，つまりベタ面とするのではなくラインで引きます．

　では線の幅はどのようにするのが良いでしょうか？本書で扱うサイズの基板においては，インダクタンスより直流抵抗分のほうが大きなファクタとなります．したがって直流抵抗分だけを考慮すればよいと考えられます．銅の体積抵抗は約17 nΩ・m＠20℃ですから，厚さ36 μmの銅箔であれば，幅1 mmで長さ1 mmあたりが約0.47 mΩの直流抵抗になります．

　したがって，この抵抗値を元にトレース長やその系に流れるピーク電流を勘案してライン幅を決めればよいわけです．もちろん，定常的に大電流が流れる場合にはそこでの電圧降下自体よりもI^2Rによる発熱を考慮する必要がありますし，ディジタルICの電源などではピーク電流が流れた際の電圧降下が最重要項目になるでしょう．

　筆者らは，通常約2倍のマージンをみて（実は計算が面倒なため手を抜いているだけなのですが），厚さ36 μmの銅箔であれば，幅1 mm長さ1 mmあたり約1 mΩとしてアートワークを設計しています．

　また，必要以上に太いライン幅で電源ラインを引くことは，基板リソースを浪費して，ほかの配線への悪影響が出ますので必要最低限の太さにします．中には，それでも少しでも電源のインピーダンスを下げたいと考えられる方もいらっしゃるかもしれませんが，そうであればデバイス直近にパスコンを配置するほうが何倍も効果的です．

〈森田　一〉

第3章
回路図を描いて部品表を出力する
部品の種類や接続を示す神様的な仕様書

第3章では，第2章で用意した部品マクロを呼び出しながら回路図データを作ります．EAGLEに慣れると，USBオーディオ・デコード回路ぐらいの規模なら短時間で作業が終わります．付属CD-ROMに収録されているEAGLEの操作手順動画も参照してください．

STEP 1 回路図を描く
STEP 2 回路図の仕上げと部品表の出力

STEP 1── 回路図を描く
Symbolデータを呼び出しながら

図3-1に示すのは，このSTEP1のゴールであるEAGLEで作成したUSBオーデ

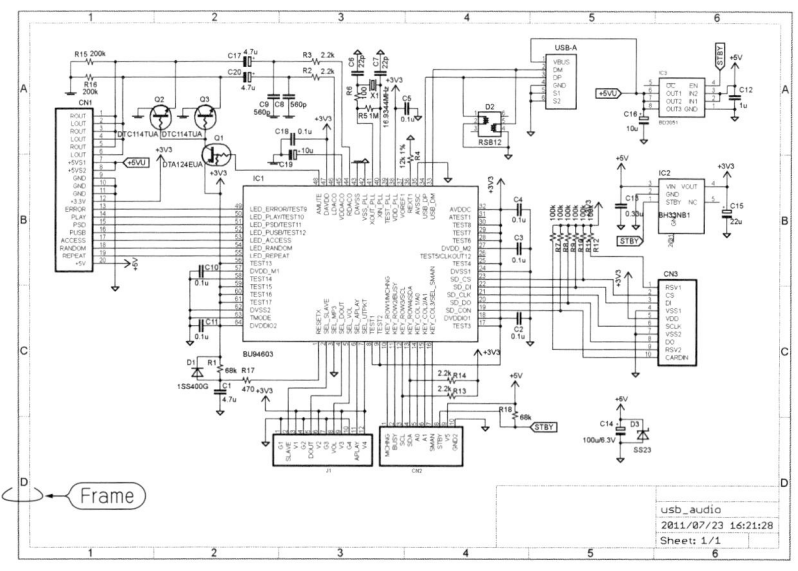

[図3-1] 完成後のUSBオーディオ・デコード基板の回路
この回路図データを作る

STEP 1 ── 回路図を描く

ィオ・デコード基板の回路図です．ここでは，回路図データを作る方法を順を追って説明しましょう．

● 手順1　エディタを起動してGridを指定する

Control Panelの［File］-［New］-［Schmatic］を選ぶと，図3-2に示す白紙のエディタ・ウィンドウが表示されます．

コマンドが増えていますが，操作方法は，部品マクロ作成用エディタ（Library）とほぼ同じです．

Schematicの標準Gridが0.1inchになっているかどうかを確認します．このGridにSymbolを配置しないと，Net（配線）がPinと接続されないことがあります．

部品のName（配線番号）とValue（値や型名）などの位置変更に使うAltグリッドは，0.01～0.05inchに設定します．AltグリッドでSymbolの位置を変更してはいけません．

● 手順2　Frameを呼び出す

Frame（フレーム）とは図3-1の最外周にある枠で，必須のものではありません．A～D，1～6などの座標や図面タイトル，作成日時などを記述できます．A4，A3など，標準図面サイズしか用意されていません．オリジナルのフレームを

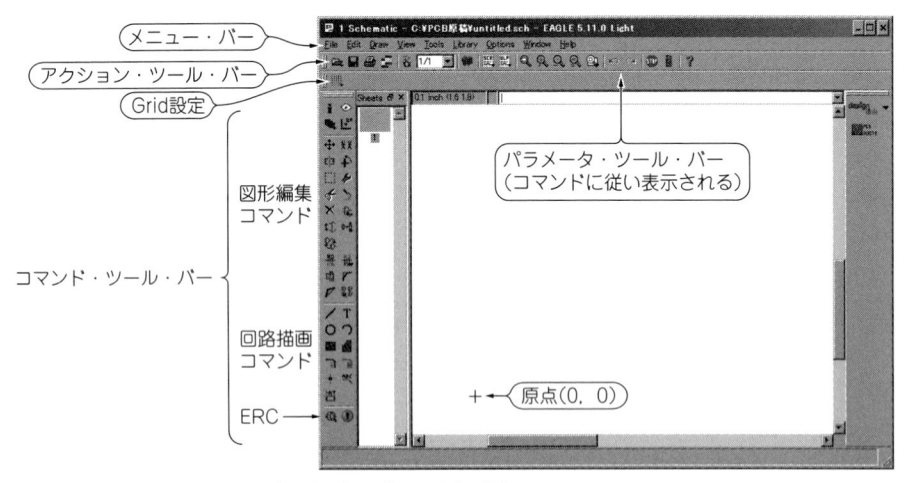

[図3-2] 手順1　Schematic（回路図）エディタを起動する

作ることも,ライブラリ(frames.lbr)から選んで利用することもできます.
▶EAGLEに登録されたFrameを呼び出して利用する方法
　ライブラリframes.lbrからでき合いのFrameを選ぶことができます.
　Addコマンドをクリックして,**図3-3**のsearch欄でframeと入力し,Enterキーを押します.またはName欄に表示されているライブラリの中からframesを探して+をクリックすると,frames.lbrに登録されているDeviceが一覧で表示されます.
　一覧から,例えばA4L-LOCをクリックすると,右側に概要が表示されます.問題なければ[OK]をクリックします.Frameがカーソルにくっついた状態で,エディタ・ウィンドに表示されるので,Frameの左下角が座標($x = 0$, $y = 0$)上に重なるようにして,左クリックで配置します.
　配置後,次のFrameはカーソルに付いた状態なので,ストップ・アイコンをクリックして,Addコマンドを終了させます.Frameをフルサイズ表示するにはAlt+F2を押すか,アクション・ツール・バーからズーム・フィット・アイコンをクリックします.
　Frameデータの原点は左下隅です.原点の位置を確定するときは,希望の位置でクリックします.Frameのタイトルには回路図のファイル名が,日付けには最

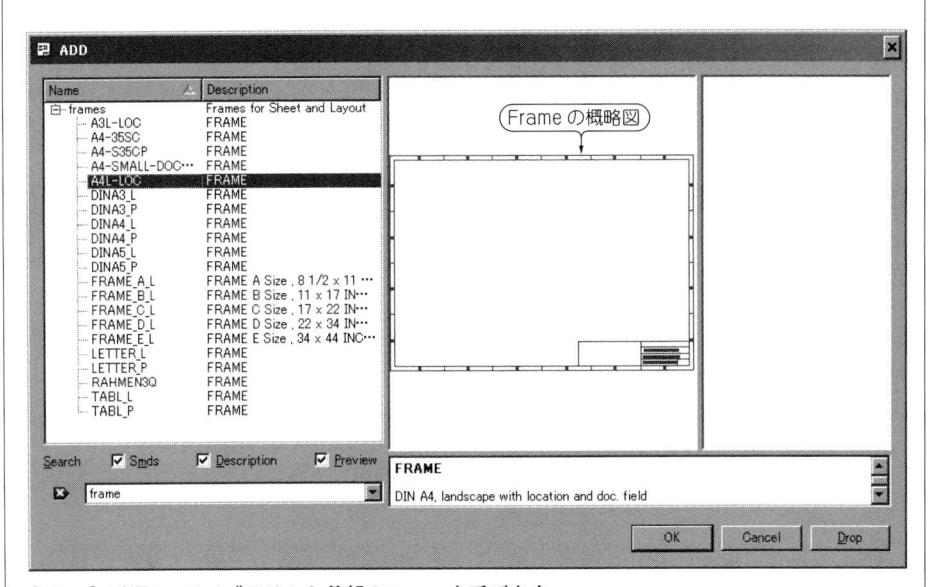

[図3-3] 手順2　ライブラリから希望のFrameを呼び出す

STEP 1 ── 回路図を描く

後に保存した日時が自動的に記入されます．

▶一から作る方法

EAGLEのライブラリを利用しないで，一からFrameを描く場合は，Frameコマンドを使います．メニュー・バーの［Draw］-［Frame］を選びます．カーソルを原点に移動し，左クリックするとFrameの片隅が確定します．この状態でカーソルを移動すると枠が描かれるので，希望する大きさまでカーソルを移動して左クリックで確定します．詳細はヘルプを見てください．

● 手順3　USBオーディオ・デコードIC BU94603を配置する

表3-1に示すのは，USBオーディオ・デコード基板に使うすべての部品のマクロ・ライブラリ名，Device名，そしてPackage名の一覧です．

Addコマンドをクリックすると開くAdd画面で，Framesライブラリの中身が一覧で表示されます．search欄のFrameを削除し，Framesの−をクリックして＋にすると，Framesだけの表示となり，登録されている他のライブラリがすべて一

[表3-1]　手順3　使用した部品のライブラリとDevice名

部　品	部品マクロ・ライブラリ名	Device	Package
C(0603チップ)	PCB	C0603	0603
C_{14}(100μ/6.3V)	rcl	CPOL-EU153CLV-0605	153CLV-0605
C_{15}(22μ)	rcl	CPOL-EU153CLV-0405	153CLV-0405
CN_1	PCB	BU_CN1	14-100
CN_2	PCB	BU_CN2	10-100
CN_3	PCB	BU_CN3	10-100
CN_5	PCB	CN_DC_IN	3S-100
D_1	PCB	1SS400G	VMD2
D_2	PCB	RSB12	SC75-6
D_3	PCB	SS23	DO214
IC_1	PCB	BU94603	VQFP64
IC_2	PCB	BH33NB1	HVSOF5
IC_3	PCB	BD2051	SOP8
J_1	PCB	BU_J1	4_3_J
Q_1	PCB	DTA124EUA	SC70
Q_2	PCB	DTC114TUA	SOT323
R(0603チップ)	PCB	R0603	0603
USB-A	PCB	USB_A	USB-AS
X_1	PCB	CX8045	CX8045

覧で表示されます.

　PCB.lbrが表示されない場合は，Cancelをクリックして Addコマンドを一旦終了します．メニュー・バーの［Library］-［Use］で，My Documentsに登録されているライブラリを一覧表示します．

　その中のPCB.lbrをダブルクリックし，今回の図面作成に使用するライブラリとして登録します．これで Addコマンドでも，PCB.lbrが表示されます．

　Device一覧からBU94603を探し出し，左クリックで選んで［OK］をクリックします．または，BU94603をダブルクリックします．すると，カーソルにSymbolの原点が貼りついた状態でエディタ画面に表示されます．Frameの中央から少し左よりの位置に左クリックして配置してください．

　部品名はPrefixと番号，つまりIC_1になります．Prefixが同じDeviceは，Addコマンドを使って配置すると，その都度，IC_2，IC_3…というふうに自動的に部品名が割りつけられます．

　配置が終わっても，BU94603のSymbolはカーソルにくっついたままです．ストップ・アイコンをクリックしてAddコマンドを終了させます．

● **手順4　その他の部品を回転させながら配置する**

　手順3を繰り返して，BU94603以外の部品を配置していきます．

　カーソルに部品がくっついた状態で右クリックすると左に90°回転します．

　図3-4のように，コネクタの端子の位置をミラー反転したい場合，コネクタを配置したあとに，Mirrorコマンドを起動して左クリックします．

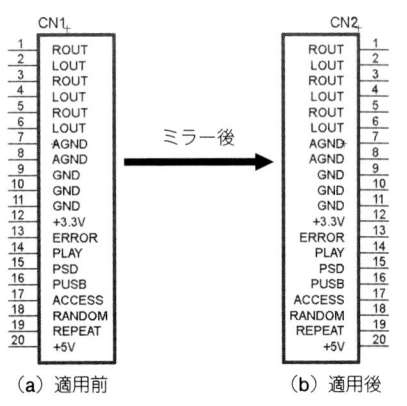

[図3-4] 手順4　Mirrorコマンドの動作　（a）適用前　　　　　　（b）適用後

STEP 1 ── 回路図を描く　199

同じ部品をいくつも使う抵抗やコンデンサは，カーソルにくっついた状態で左クリックを繰り返せば配置できます．不注意で同じ位置でクリックすると，部品が二重に配置されてトラブルの元になります．

● 手順5　部品どうしを配線する
　部品を配置し終えたら部品の端子間を接続します．配線のことをNetと呼びます．
▶通常の配線モード（Netコマンド）
　Netコマンドをクリックして，接続開始Pin上で左クリックすると，カーソルに緑のラインが貼りついて表示されます．
　デフォルト設定では，90°に折れ曲がる形で線が描かれる90°ベンド・モードになっています．パラメータ・ツール・バーのWire Bendを選ぶと，図3-5のように，任意の角度で折れ曲がった配線を描くことができます．
　Netモードを終了するときは，終端で左クリックします．終端がピンでない場合は左クリックしてもNetモードが終了しません．その場合は，次の点まで配線するか，もう一度左クリックする，またはその位置でダブルクリックします．
　Netには，N$n（n = 1 ～）というふうに自動的に番号が割り付けられます．EAGLEは，直接つながっていなくても，同じ番号のNetは電気的につながるものと認識します．

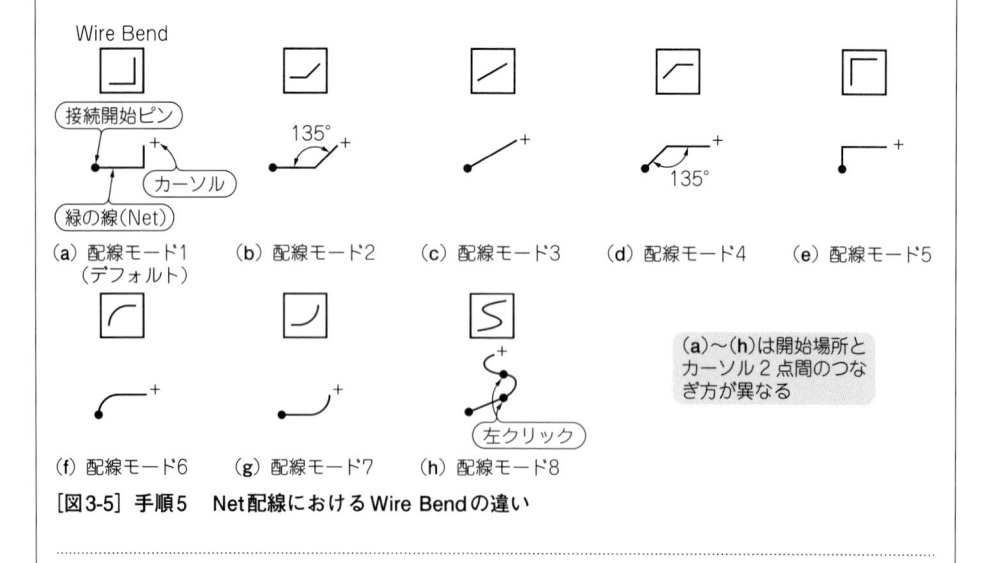

[図3-5] 手順5　Net配線におけるWire Bendの違い

Showコマンドをクリックして任意の箇所を左クリックすると，そのNet番号に接続されているすべてのNetと端子名がハイライト表示されます．

▶バス配線を利用する(Busコマンド)
　Busコマンドは，複数の配線で構成される配線(バス)を描くときに利用します．Busは複数の配線が束ねられているので，1本のNetより太く表示されます(第5章STEP3)．今回の回路ではBus配線は使いません．

● 手順6　接続点をつける(Junctionコマンド)
　図3-6(a)に示すように，カーソルを移動させて配線Aを描いているとき，配線Bの上で左クリックすると，EAGLEは配線どうしを接続したいのだろうと解釈して，緑色の丸(Junction)を自動的に配置します．同時に配線が終了します．
　図3-6(b)のように，配線Aと配線Bを交差させたときは，EAGLEはJunctionを配置しません．接続点を配置したいときは，Junctionコマンドをクリックして Junctionを呼び出し，接続したい箇所で左クリックします．するとJunctuionが描かれて接続状態になります．
　AとBの両配線に別々のNet番号が付けられている場合は，どちらかの番号に統一するように問いかけるダイアログが表示されます．選択したい番号を選択して[OK]をクリックします．一般に小さいほうのNet番号を選びます．

▶Labelコマンド
　Netコマンドで配線すると，配線にN$11，N$12などの番号が自動的に割り付けられます．Labelを使うと，この番号(N$12)を，例えば"STBY"などのわかりやすい名前に変えることができます．
　回路規模が大きい場合，配線が複数の図面間をまたがったり，配線が長くなったりします．このようなときは，Net機能よりもLabelコマンドで配線に名前を付け

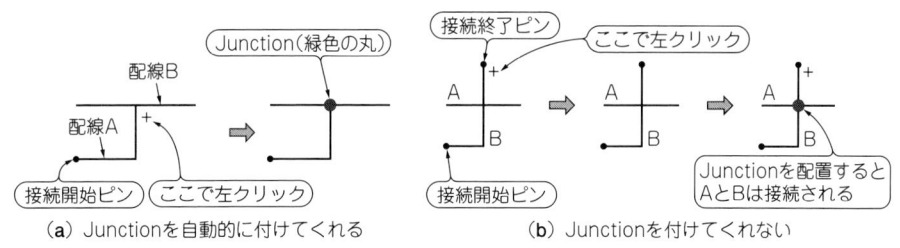

(a) Junctionを自動的に付けてくれる　　　(b) Junctionを付けてくれない

[図3-6] 手順6　配線どうしをつなぐJunctionの作り方

ると便利です．

● **手順7　GNDを追加する**

　USBオーディオ・デコード基板には，ディジタル・グラウンド（GND）とアナログ・グラウンド（AGND）があります．GNDとAGNDはどこかの一点で接続しなければなりません．実験の結果，GNDとAGNDは外部の電源コネクタの1か所で接続するのが最良とわかったので，基板上ではGNDとAGNDは未接続状態です．使用するときは外部で両者を必ず接続してください．その接続方法には次の二つがあり，今回は(2)を採用しました．

(1) 部品マクロは別だがNet名を同じにする．例えばAGNDをGNDという名称にする
(2) Net名を別々（GNDとAGND）にしたまま，レイアウト作業の最後にRouteコマンドを使って手動でGNDとAGNDを接続する．EAGLEはこれらのGNDを異なる信号と認識するので，オートルータでは自動配線されない

　ここでは，supply2.libに登録されているGNDを使います．Addコマンドを使って，GNDを選ぶと，図3-7(a)に示すように▽印で表示されます．GNDはたくさん配置するので，記号の下のGNDという文字は目ざわりです．Addコマンドで追加，配置したら，ValueコマンドをクリックしてGNDを左クリックします．すると「ユーザが設定できるValueではありません」という警告が表示されますが，無視してYesをクリックします．ValueダイアログにGNDが表示されたら，削除して［OK］をクリックします．

　二つの目のGNDはCopyコマンドで作ります．CopyコマンドをクリックしてからGNDをクリックすると，新たなGNDがカーソルにくっついてきます．カーソルを接続したいNetに移動させて左クリックして配置します．

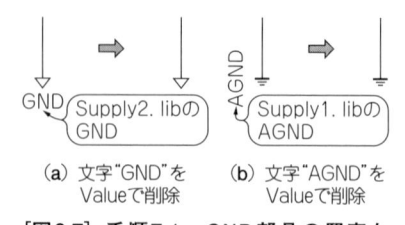

(a) 文字"GND"をValueで削除
(b) 文字"AGND"をValueで削除

［図3-7］**手順7-1　GND部品の邪魔な文字を削除**

NetにN$nという番号が付けられている場合は，「Netの名前 N$nを"GND"に変更していいですか？」という警告が出ます．Yesを選ぶと，Netの名前(N$n)がGNDに変わります［図3-8(a)］．

Noを選ぶと，Netの名前(N$n)はN$nのまま変わらず，GNDはNetになります．Net番号の異なるGNDが存在することになり，レイアウト・エディタ上でもこの二つのGNDは接続されません［図3-8(b)］．

AGNDは，Addコマンドを使い，supply1.libのAGNDを使用しました．GNDと同様にValueは削除し，二つ目からはCopyコマンドで作っていきます．

● 手順8　電源を追加する

USBオーディオ・デコード基板には，＋3.3Vと＋5Vの二つの電源が必要です．

Addコマンドを使って，supply1.libの＋3V3と＋5Vを追加します．Valueは表示させたままにします．二つ目からはCopyコマンドを利用して配置します．

● 手順9　Label機能を利用する

遠く離れた端子間の配線や複雑に入り組んだ配線は，NetコマンドではなくLabelを使うと，回路図がすっきりとします．図3-1からわかるように，STBY回

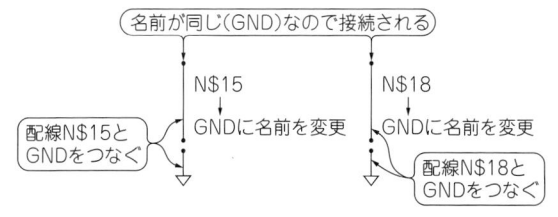

(a) GNDに名前を変えた二つのNetが接続されるケース

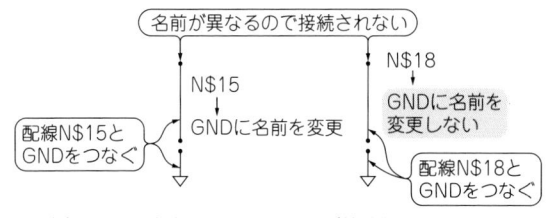

(b) GNDを接続しても二つのNetが接続されないケース

［図3-8］手順7-2　複数のGNDどうしを接続する方法

路の電源ラインにLabel機能を利用しています.

図3-9にLabelの表示例を示します.パラメータ・ツール・バーのOn, Offアイコンで,枠をつけるかどうかの表現方法を選べます.Labelコマンドで,パラメータ・ツール・バーのOnアイコンをクリックして,接続したいNetにカーソルを持って行って左ボタンをクリックすると,矢印の内側にNet番号が表示されます[**図3-10(b)**].

右クリックをするとLabelは90°左に回転します.**図3-11(a)**に示すように,Labelを配置したらNameコマンドを使って,Net番号に信号線名(例ではSTBY)を付けます.

続いて,Copyコマンドをクリックして,STBY Labelの原点を左クリックします.すると,STBY Labelのコピーがカーソルにくっつきます.そこで,STBYを接続したいNetまたは接続したい端子にカーソルを移動して左ボタンをクリックすると,そのNetまたは端子がSTBYに変わります.

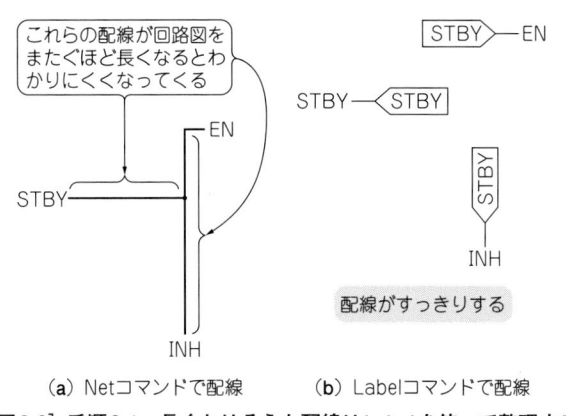

(a) Netコマンドで配線   (b) Labelコマンドで配線

[図3-9] 手順9-1 長くなりそうな配線はLabelを使って整理する

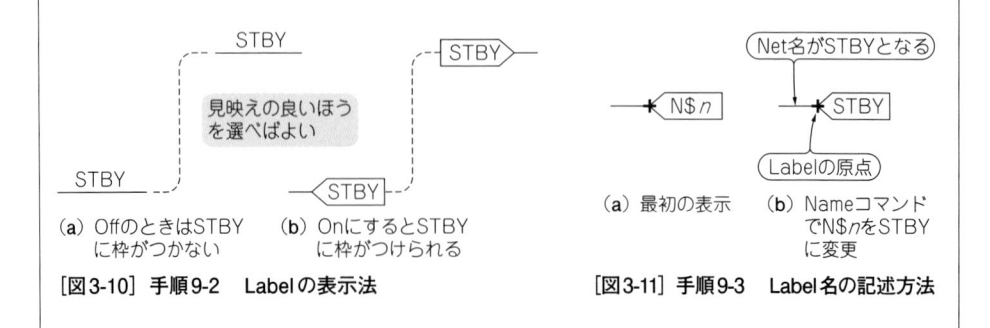

(a) OffのときはSTBYに枠がつかない　(b) OnにするとSTBYに枠がつけられる

[図3-10] 手順9-2　Labelの表示法

(a) 最初の表示　(b) NameコマンドでN$nをSTBYに変更

[図3-11] 手順9-3　Label名の記述方法

「Connect N$n and STBY ?」とダイアログが表示されたら［OK］をクリックします．Net番号がSTBYに変わらないときは，Nameコマンドを使って，Net番号をSTBYに変更します．するとこのNetは，別の箇所の同じ信号線名(STBY)のNetに接続されます．

Column(3-A)

配線ミスを見つけるテクニックその1

ネット・リストでNetの配線状態を調べる方法を紹介します．[File]-[Export]-[Netlist]で，**リストA**に示すネット・リストを出力します．
- 1～4行目：GNDにC3, C4, C5, C6が接続されている
- 5～16行目：N$1というネット名は，CN1-1とIC1-1を接続しているという意味

*

ICの端子とコネクタの端子は，たいてい1:1で配線されますが，もしN$1に三つのPadが配線されていたら配線ミスかもしれない，というふうにミスを見つけることができます． 〈渡辺 明禎〉

リストA　Netlistで配線の間違いを探す

```
Net     Part  Pad   Pin     Sheet

GND     C3    P$2   2       1
        C4    P$2   2       1
        C5    P$2   2       1
        C6    P$2   2       1

N$1     CN1   1     PIO2_6  1
        IC1   1     PIO2_6  1

N$2     CN1   2     PIO2_0  1
        IC1   2     PIO2_0/DTR/SSEL1 1

N$3     CN2   15    SWDIO   1
        IC1   39    SWDIO/PIO1_3/AD4/CT32B1_MAT2 1
        SWD   2     SWDIO   1

N$4     CN1   4     PIO0_1  1
        D2    A     A       1
        IC1   4     PIO0_1/CLKOUT/CT32B0_MAT2 1

N$5     CN1   6     XTALIN  1
        IC1   6     XTALIN  1
```

STEP 2 — 回路図の仕上げと部品表の出力
電気的な接続エラーをつぶして定数や型名の一覧を作る

● EAGLEを使って回路の電気的なエラーを割り出す

Net配線がすべて終了したら，回路図に間違いがないかを確認します．

IC_1は，1～64番端子まで問題なく配線されているかどうか，一つ一つ確認します．第4部で作るプリント基板のレイアウトは，ここで作る回路がベースになりますから，回路の間違いはプリント基板の間違いに直結します．

EAGLEは，ERC(Electrical Rule Check)という配線のチェック機能を備えています．ERCがチェックできるのは，電気的なエラーの有無だけです．例えば部品のOut端子が+5Vに接続されているとエラーで警告してくれます．

ERCはエラーの可能性のある発生源を見つけて知らせるだけです．詳しくはコマンド・ラインに"HELP ERC←"と入力してください．

● 手順1　ERCを起動する

コマンド・ツール・バーのERCアイコンをクリックすると，図3-12に示すERCウィンドウが開いて，エラー（違反，error）とワーニング（警告，warning）のメッ

[図3-12] 手順1-1　接続チェック(ERC)の結果

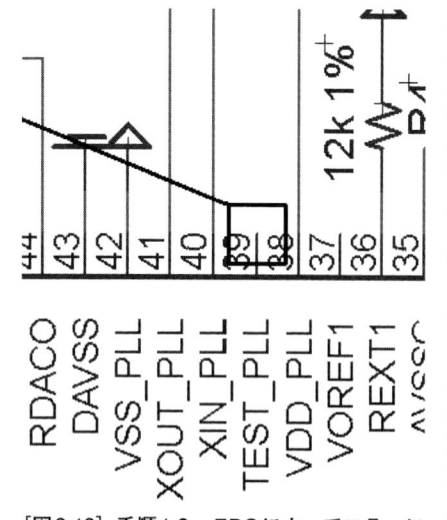

[図3-13] 手順1-2　ERCによってエラーになった箇所の例

セージが一覧で表示されます．実際に実行してみたところ，エラーが1個，ワーニングが16個でした．

▶エラー・メッセージの考察

　エラーの内容は「BU94603のTEST_PLL端子が入力に指定されているのに，何も配線されていない．配線忘れの可能性が高い」というものです．実際，ゲートの入力端子がオープン状態になっていると，IC内部のトランジスタのゲートの動作点が定まらなくなり，誤動作する可能性があります．このように入力端子の未接続は，常にエラー・メッセージの対象になります．

　エラー項目の上で左クリックすると，黒色の四角い線で端子がクローズアップされます（**図**3-13）．BU94603KVは，IC出荷前のTESTの際に入力端子になりますが，TESTを使わない場合は，未接続で問題ありません．

　［Approve（承認）］ボタンをクリックすると，エラー項目ではなく承認済み項目に表示されます．

▶ワーニング・メッセージの考察

　図3-12のワーニングは，次の二つに大別されます．

　　(1) POWER pin CN2 V33 connected to + 3V3
　　(2) SUPPLY pin AVSSC overwritten with GND

　(1)は「電源ピンCN_2のV33端子が，予想しない他の信号線（+3V3）に接続されている」と知らせています．この使い方は意図したものなので［Approve］をクリックし，ワーニング項目から除外します．

　(2)は「AVSSCがGNDに上書きされている」という警告です．意図したものなので，［Approve］をクリックします．

＊

　エラーもワーニングも表示されなくなればERCは終了です．

● 手順2　定数や型名を書く

　回路の接続の間違いが完全になくなったら，定数などを記述します．

▶Name（部品番号）とValue（型名と値）を別々に設定できるようにする

　Nameとは，IC_1，R_1，C_1などの部品番号です．Valueは，BU94603，10k，0.1μなどの型名や定数です．SmashコマンドをクリックしてGroupコマンドをクリックします．Smashという英語は「粉砕する」という意味です．

　すべての部品を指定して，右クリックで表示されるダイアログ内のSmash：

Groupを左クリックします．すると，すべての部品のNameとValueを分離することができます．

▶部品番号Nameを変更する

　部品番号であるNameは，IC$_1$というふうに「Prefix＋番号」という形式で，自動的に割り付けられます．Nameを変更するときは，Nameコマンドをクリックして，部品を左クリックします．ダイアログで新しい名前を記述します．名前がすでに登録されているとエラーが出ます．

▶型名Valueを変更する

　Valueとは，ICやトランジスタの型名や抵抗などの定数です．ICのValueは変更する必要がありません．

　抵抗などの定数は，Valueコマンドを左クリックして，部品を左クリックします．「ユーザが設定できるValueではない」という警告が表示されますが，無視して［Yes］をクリックします．Valueダイアログの値を希望の値に変更して［OK］をクリックします．

▶NameとValueの位置を変更する

　Smashした後NameとValueの隅にある＋記号を左クリックします．すると，NameとValueと部品の原点を結ぶ線が表示されます．NameとValueを適当な位置にドラッグして左クリックで配置します．この時Altキーを同時に押すと，Gridが細かくなり，小刻みに移動させることができます．

▶NameとValueの文字の大きさを変更する

　Infoコマンドを左クリックした後，Valueの隅にある＋記号を左クリックします．Size欄に希望の大きさを入力して［OK］をクリックします．

　複数の文字のサイズを続けて変えるときに，都度Infoコマンドを起動していたら時間がかかります．こんなときは，Changeコマンドを左クリックし，ポップアップ・メニューの一覧から［Size］を選びます．表示されたSize一覧から希望のサイズを選びます．さらに変更したい文字の原点の近くにカーソルを持っていって左クリックすると，文字の大きさが変わります．

● 手順3　各Netをクラス分けする

　電源ラインのプリント・パターンは太くしたい，高電圧が加わるラインは線間の距離を大きくしたいなど，プリント基板を作るときの要望はさまざまです．

　回路図エディタ上で，NetをClass分けして，属性（プロパティ）を設定すると，

パターンを作画するときの時間を短縮できます．設定したプロパティは，オートルータ時（第4章STEP5）にもその値が利用されます．

　Net Classの定義は，メニュー・バーの［Edit］-［Net classes］で，**図3-14**のように表示される一覧で設定します．項目の意味は次のとおりです．

- Width：Wireの幅の下限を定義
- Clearance：他のClassのNetとの距離の下限を定義
- Drill：ビアのドリル径の下限を定義

図3-14に示すように，Classを設定していないNet（0番）のプロパティ値は，デフォルト（0）になっています．プロパティ値はプリント基板を製造できるかどうかをチェックするデザイン・ルール・チェック（DRC）に利用されます（第4章で説明）．

　Net Class（**図3-14**）で配線幅を指定したとき，その値がDRCの最小線幅より大きければ，指定した配線幅が使われます．逆にDRCの最小線幅より小さい場合は，DRCの最小線幅が使われます．

　Net Classには配線幅だけでなく，クリアランスも設定します．Classごとに異なるクリアランス値を設定するときは，Clearance Matrix（**図3-15**）を利用します．Clearance Matrixは，NetClassウィンドウで［>>］ボタンでアクセスできます．これらのNetClassのプロパティは，そのままレイアウト・エディタ（Board）のNetClassに反映されます．

　Classの定義が終わったら，各NetをClassに登録していきます．Changeコマン

［図3-14］手順3-1　各配線の属性を指定するNet Classの設定画面

ドの一覧からClassを選びます．リストアップされた中のClass 1 powerを選びます．続いてNet上にマウスを移動させて左クリックすると，NetがpowerというClassに登録されます．クリックした直後，同じNet番号のNetが一瞬ハイライトされることから，同じNet名の配線がすべてPowerClassに登録されたことがわかります．元に戻したいときはClassとしてDefaultを選びます．

● **手順4　部品マクロ・ライブラリを更新する**

回路図を描いていると，コネクタの端子名など部品情報の変更が必要になるときがあります．

部品マクロ・ライブラリで変更した内容を，回路図エディタに反映するときは，メニュー・バーの［Library］-［Update］をクリックします．ライブラリ・ファイルを指定するダイアログが表示されたら，変更を加えたライブラリをダブルクリックします．もしくは［Library］-［Update all］とします．

これらの更新は，レイアウト・エディタにも反映されます．Packageデータを変更すると，レイアウト・エディタは新規のDeviceと認識して古いDeviceを削除します．すると，レイアウト・エディタ上のICに接続されているパターンが勝手に削除され，図面の左側に未接続の更新されたDeviceが表示されます（**図3-16**）．

● **手順5　部品表を出力する**

部品表は，使用する部品の一覧です．回路図と同じくらい重要な設計資料で，回路図に描かれている部品と1対1に対応します．

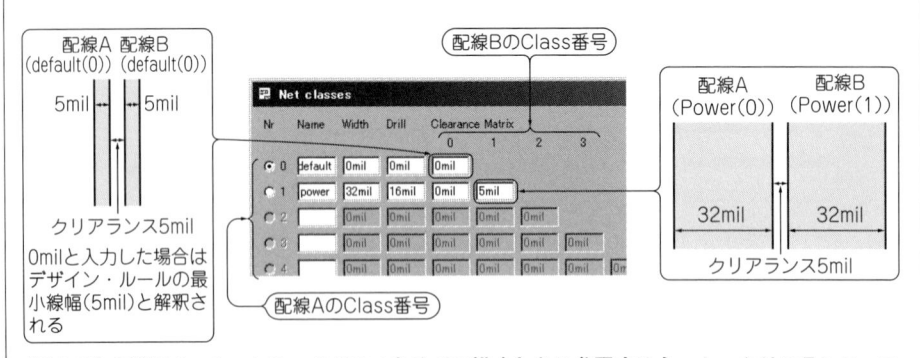

[図3-15]　手順3-2　オートルータがNetを並べて描くときに参照するネット・クリアランス・マトリックス設定画面

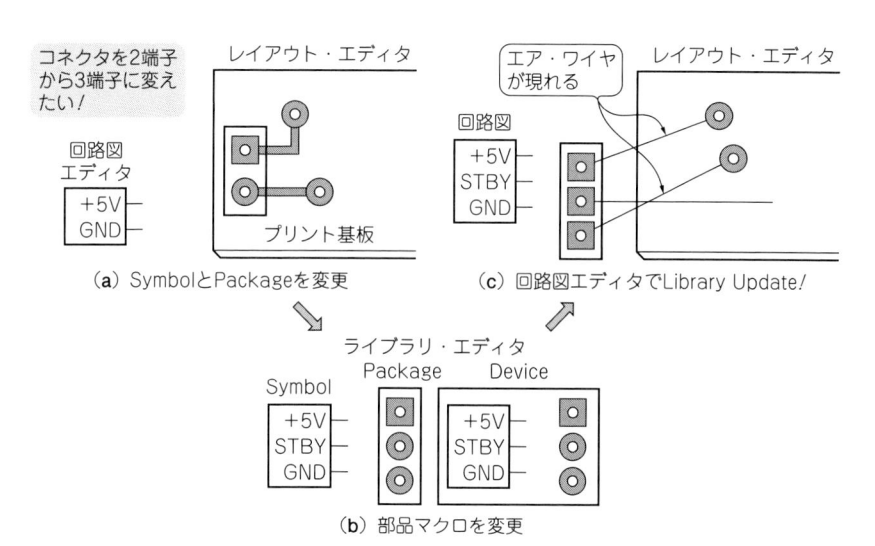

[図3-16] 手順4　端子数の違うコネクタに置き換える

(a) SymbolとPackageを変更
(b) 部品マクロを変更
(c) 回路図エディタでLibrary Update!

```
Partlist

Exported from usb_audio.sch at 2011/07/02 10:36:07

EAGLE Version 5.11.0 Copyright (c) 1988-2010 CadSoft
```

Part	Value	Device	Package	Library
C1	4.7u	C0603	0603	PCB
C2	0.1u	C0603	0603	PCB
C14	100u/6.3V	CPOL-EU153CLV-0605	153CLV-0605	rcl
C15	22u	CPOL-EU153CLV-0405	153CLV-0405	rcl
D1	1SS400G	1SS400G	VMD2	PCB
D2	RSB12	RSB12	SC75-6	PCB
D3	SS23	SS23	DO214	PCB
IC1	BU94603	BU94603	VQFP64	PCB
IC2	BH33NB1	BH33NB1	HVSOF5	PCB
IC3	BD2051	BD2051	SOP8	PCB
J1	BU_J1	BU_J1	4_3_J	PCB
Q1	DTA124EUA	DTA124EUA	SC70	PCB
Q2	DTC114TUA	DTC114TUA	SOT323	PCB
Q3	DTC114TUA	DTC114TUA	SOT323	PCB
R1	68k	R0603	0603	PCB
R2	2.2k	R0603	0603	PCB
USB-A	USB_A	USB_A	USB-AS	PCB
X1	16.9344MHz	CX8045	CX8045	PCB

[図3-17] 手順5-1　EAGLEが出力する部品表

STEP 2 ── 回路図の仕上げと部品表の出力

メニュー・バーの［File］-［Export］-［Partlist］でExport Partlistダイアログが表示されるので，保存したいフォルダを選択します．パーツ・リストのファイル名を記述して保存コマンドをクリックすると，図3-17に示す部品表が出力されます．

出力されるのは，Part，Value，Device名，Package名，Library名，Sheet番号です．部品マクロを作るときに，Device名とPackage名に適切な名前をつけると見やすい部品表ができます．

図3-17に示すようにEAGLEは詳細な型名を出力してくれません．出力されたPartlistを元に，メーカ名，部品の型名を入れて部品表を完成させます（表3-2）．

〈渡辺 明禎〉

[表3-2] 手順5-2　EAGLEが出力した部品表（図3-17）にメーカ名や詳細な型名を追加して完成させる

部品番号	定　数	メーカ名	型　名	形　状	数量	備　考
C_1	4.7 μ	太陽誘電	JMK107BJ475MA-T	0603	1	積層セラ
C_2	0.1 μ	村田製作所	GRM188B11E104KA01D	0603	1	積層セラ
C_{14}	100 μ /6.3V	日本ケミコン	EMVE250ADA101MF80G	－	1	アルミ
C_{15}	22 μ	日本ケミコン	EMVE250ADA220MF55G	5.3 × 5.3	1	アルミ
D_1	1SS400G	ローム	1SS400G	VMD2	1	－
D_2	RSB12	ローム	RSB12JS2	SC75-6	1	－
D_3	RB060L-40TE25	ローム	RB060L-40TE25	DO214	1	－
IC_1	BU94603	ローム	BU94603KV	VQFP64	1	－
IC_2	BH33NB1	ローム	BH33NB1	HVSOF5	1	－
IC_3	BD2051	ローム	BD2051	SOP8	1	－
Q_1	DTA124EUA	ローム	DTA124EUA	SC70	1	－
Q_2	DTC114TUA	ローム	DTC114TUA	SOT323	1	－
Q_3	DTC114TUA	ローム	DTC114TUA	SOT323	1	－
R_1	68k	KOA	RK73B1JTTD683J	0603	1	－
R_2	2.2k	KOA	RK73B1JTTD222J	0603	1	－
USB-A	USB_A	リンクマン	3210W1BCE	USB-AS	1	－
X_1	16.9344MHz	京セラ	CX8045GB16934H0PESZZ	CX8045	1	－

> ちょこっとコラム

回路設計・基板設計

　回路を設計してから基板を設計するまでの流れは大まかには次のようになります．
① 回路検討
　まず回路や使用する部品を決めます．場合によってはシミュレータも使うことになります．大まかなブロック図やレベルなども必要に応じて作成します．
② 回路設計
　詳細な回路図を作成します．これと同時にすべての回路定数も決定します．昔なら回路図は手書きでしたが，今は回路図CADで入力します．

　本来，この回路図CADへの入力が終わったところで回路設計は終了して，以降回路変更は行いません．つまり一つのマイルストンとなりますので通常「Net出し」などと呼びます．回路図CADからNetlistを基板CADに渡すことからの呼称です．
③ 基板設計
　回路図や設計指示書などの資料を参照しながらアートワークを行っていきます．アートワークが終了した後，ガーバーデータを基板メーカに送って実際の基板の製造が行われます．このため通常「ガーバーアウト」と呼びます．このガーバーアウト後の基板製造には日程調整の余地がほとんどないため，非常に厳しく守るべきマイルストンです．

　ここで「Net出し」の後は回路変更は行わないと書きましたが，実際には若干の変更が入る場合があります．回路が間違えていたための変更は基板設計の日程を狂わせる要因なので慎まねばなりませんが，アートワーク都合で部品のサイズ変更やピンの入れ替えなどでの回路変更はあります．例えば，チップ抵抗の下にパターンを通したいのでチップ・サイズを大きくしたいなどといった場合です．

　このような場合，回路図を修正して基板CADに反映させる方法とは逆に，基板CADで部品や回路を変更してそれを回路図に反映することもでき，これを「バックアノテーション」と呼びます．

　EAGLEでは，回路図と基板の両方を開いた状態で作業していれば「Net出し」や「バックアノテーション」は意図せず自動的に行われますが，うっかり片方だけ開いた状態で変更してしまうと回路図と基板の情報の同期が取れなくなるため注意が必要です．

〈森田 一〉

Appendix3-A

入手先や機能を徹底調査
プリント基板 CAD ツール 一覧

製品名	メーカ名	主な特徴
WinPCB	シーエスアイグローバルアライアンス㈱	ディジタル/アナログ設計用の高機能を実現．トリミング/図形分割/自動ベタ/自動シールド/ビルドアップ基板対応で設計者の意図通りの設計を可能にする．分割設計機能では設計作業を分担でき短納期を実現．他社CADからは，ASC/ガーバー・データをインポート可能
CADLUS	㈱ニソール	標準/拡張ガーバー・データ出力．NCドリル・データ出力．実装マウンタ・データ出力．領域DRC，特性インピーダンス表示，インピーダンス指定配線，HPGL/DXFの入出力．拡張ガーバー入力（オプション），バックアノテーション（CADLUSサーキットのみ），漢字抜き文字対応．Pro版は同時並行設計などを追加
CADLUS X	配布元：P板.com	片面～8層板設計，回路図ネット・リスト取込，P板.com製造仕様にあわせたDRC機能，自動ベタ生成機能，各種オプション・サービス(保守サポート込みのライセンス料金：月額1万円)，最大6人での同時並行設計機能，ガーバー・イン機能
Allegro PCB Design	ケイデンス・デザイン・システムズ	回路図入力，基板設計，自動配線ツールが含まれる．重要な信号を明示して管理・確認が可能．3Dビュー機能あり．設計途中で配線の状況を表示可能．片面基板用のジャンパ配線機能を搭載，バック・アノテーションあり
Altium Designer 拡張セット	Altium limited	ペア配線や等長配線機能や，伝送線路シミュレータなどの高速配線設計や3D表示機構や筐体設計との連携ができる．FPGA開発機能や回路図入力もできる．他のCADによる過去のデータ読み込める形式が多い．TrueTypeによる日本語文字入力，3D表示機能などがある
CADVANCE αⅢ-Design	㈱ワイ・ディ・シー	ネット付き/ネットなし混在での設計，同時並行設計などに対応．DRC機能，MRC機能あり．セミオートルータ，配線長自動制御，電気的ルール・チェック，ティアドロップなどが可能．設計業務全体を管理できるシステムの一部．現在はVersion5
CR-5000 Board Designer	㈱図研	量産までのすべてのプロセスに対応．製造データの作成/出力，高速回路設計環境，高周波回路設計，最先端パッケージ設計のオプション・ツールもある．同時並行設計対応(～5人)のConcurrent PCB Desingerと同一データ形式．国内大手家電メーカで標準的な基板CAD
DesignSpark PCB	配布元：RSコンポーネンツ	ボード・サイズや，ピン数，レイヤ数および出力タイプなどに制約なし．Schamaticは1プロジェクトで複数枚のページをサポート，PCBは拡張ガーバ出力可能．Eagleのデザイン・ファイルやライブラリのインポートをサポート．部品表にRSコンポーネンツの部品番号が併記される
DK Magic	㈱ユニテク	リアルタイムDRCなどDRCが充実，漢字対応，拡張ガーバ作成，ガーバ・イン，PDF出力，マウント・データ作成が可能．
Eagle	CadSoft Computer GmbH	基板CAD，回路図CAD，オートルータの組み合わせ，各連動可．標準ガーバー/拡張ガーバー/エクセロン/ユーザ定義フォーマットで出力可能．解説書籍あり．コンバータなどのツールも豊富．日本語パッチあり
GrainCAD システム	㈱竹下設計	GrainCADシステムはシステム全体の総称で，機能ごとのアプリケーションから構成される．一般的な機能のほか，拡張ガーバーやプロット・データからの取り込みに対応．拡張ガーバー，エクセロンで出力可能．図研PWSとの変換も可能．CADシステム・データのサイズが小さい

注▶順不同

入手先	動作環境	価　格	無償ビューア/試用版
http://www.csieda.co.jp/csieda/winpcb.html	–	WinPCB PRO：1,200,000円(税別) WinPCB ENT：1,490,000円(税別)	CSiEDA5ビューアあり．部品の移動作業ができ，結果を印刷できる
http://www.cadlus.com/	Windows 2000/XP/Vista/7 (64bit対応)	CADLUS One 2L：300,000円(税別) CADLUS One Pro：2,600,000円(税別) CADLUS One Lite：1,200,000円(税別)	無償ビューアあり．無償回路図CAD「サーキット」と「スクール」あり
http://www.p-ban.com/cadlus/x_merit.html	32ビット版のWindows(Vistaと7の64bit版は互換モードで動作可能)	無料	–
http://www.cybernet.co.jp/allegro/product/pcbdesign/	Windows 2003Server/2008Server/XP Pro/Vista (32bit/64bit，除Home Basic)	–	Allegro Free Viewerあり．AllegroとOrCAD PCB Editorで設計した基板ファイルやフットプリントをPCで表示できる
http://www.altium.com/ http://www.anvil.co.jp/altium/altium_designer_PCB.html	推奨：Windows 7(32bit/64bit) (XP/Vistaも可能)	Altium Designer拡張セット無期限ライセンス62万円(税抜)．12カ月ライセンス371,800円(税抜)	無償ビューアあり
http://www.ydc.co.jp/service/cad/design.html	Windows XP/7(Vista除く)	ネット2000ピンまで150万円，4000ピンまで250万円，無制限は350万円，部品内蔵版は880万円	EyeDesign試用版がビューアになる
http://www.zuken.co.jp/product/circuit/cr5000_board/	Windows XP/7(HomeEditionは除く)	500万円～（オプションによる）	無償ビューアあり
http://jp.rs-online.com/web/generalDisplay.html?id=pcb	–	無料	–
http://www.unitech-web.com/jyouhou/magic/	Windows 2000/XP/Vista	掲載なし	無償ビューアあり
http://www.cadsoftusa.com/	Windows 2000/XP/Vista/7 Linux Kernel 2.6, Mac OS X 10.4	無料(非商用/機能制限)，Light $69，Standard $315～$1890，Professional $625～$3700	–
http://www.ted-cad.co.jp/grain.html	Windows	学生限定で期間限定無償お試しあり	Viewerエディションが無償

プリント基板CADツール 一覧

製品名	メーカ名	主な特徴
K2CAD	作者：YAN	DRCの箔間チェック機能，部品番号のダブりのチェックが可能，各種回路図ネットリストの使用中でのラッツ表示が可能，逆ネット出力機能，ガーバー・データ入出力機能(拡張ガーバ対応)，自動実装機用の部品座標データ出力機能(画面操作などは電子回路エディタD2CADとコンパチで設計されている)
K4	㈱シーエィディプロダクト	MY-PCB ⅢのOEM商品．デジタル/アナログ基板に対応．特に電源基板，フレキシブル基板，バーンイン・ボード設計など，信号特性を重要視したアートワーク機能を実現．べた編集，インピーダンス計算，DXF I/Fなどのオプションもある
KiCad	Jean-Pierre Charras, Kicad Developers Team	回路図CADと基板アートワークCAD．回路図CAD，ボード・エディタ，ガーバー・ビューアなどから構成される．ガーバー出力，HPGL出力，DXF出力，3D表示などが可能．Mac OS X(Intel Base)用もビルド可能(http://8.ldblog.jp/archives/52052492.html)
mikan++	作者：ふな	PCBEの不便を解消するために開発された．Undo，Redoやベジェ曲線，PCBEファイルのインポートなどをサポートする
MY-PCB Ⅲ	日立ビジネスソリューション㈱	複雑な高周波配線や面を扱うアナログ基板に最適．標準システムでは，ガーバー入出力，ネットリスト入出力，DBL入出力をサポートし，ネットリストの入力からCAMデータ出力までをサポートする
NI Ultiboard	ナショナルインスツルメンツ	NI Multisim(回路図作成/SPICEシミュレーション)との統合環境．カスタマイズが容易．高機能なスプレッド・シート表示，ツール・ボックス，設計ウィザードにより，ボード・レイアウトを容易に管理，制御，定義することが可能．ガーバー/DXF出力対応
Opuser XP-7	ユニクラフト㈱	リアルタイム双方向自動アノテーション．シミュレータのリアルタイム・リンク，独立タイプ波形/ロジック・ビューア，ベタ面/ティアドロップの配置，基板外形DXFデータ利用，日本語社名/ロゴマークの基板への配置，3Dビューアの機能を持つ
OrCAD PCB Editor	ケイデンス・デザイン・システムズ	回路図設計ツールCaptureとのクロスプロービング機能やバックアノテーション機能あり．DXF，IDFファイルの入出力が可能．PADSやP-CADのデータ変換ツールを標準装備．標準/拡張ガーバ出力可能
PADS LS Suite PADS ES Sute	メンター・グラフィックス	対話型押し退け配線．自動配線．RF設計ツールなどの機能を持つ．オートメーション，Visual Basicスクリプト，ASCIIデータベースなどの業界標準を使用
PasS	作者：uaubn	ユニバーサル基板上の部品配置図や配線図が作成できる．アドイン・プログラムを組み合わせるとガーバ出力が可能
PCBE	作者：高戸谷 隆	NCデータを出力できる．ネットリストはサポートしない．デザイン・チェックやガーバー・データ変換も追加プログラムで可能．解説ウェブ・ページ，解説本など多数
Rimu PCB	Hutson Systems	英語版．低価格で，標準ガーバ，エクセロンのデータ出力が可能．ネットリストは七つの形式をインポート可能．32種類のDRCが可能
Stella Station Windows	ステラ㈱	同時並行設計対応．国内/海外拠点で並行作業が可能で，修正/確認/承認がリアルタイムに行える．オプションで各社CADソフトとの入出力が可能

注▶順不同

入手先	動作環境	価　格	無償ビューア/試用版
http://www.yansoft.com/k2cad/index.html	Windows 95/98/Me/NT/2000/XP	フリーウェア	−
http://www.cadpro.co.jp/products/k4/index.html	Windows 98/Me/NT4.0/2000/XP	掲載なし	無償ビューアあり
http://www.lis.inpg.fr/realise_au_lis/kicad/ http://kicad.jp/about/	Windows 2000/XP/Vista/7 Ubuntu	GPL(GNU General Public License)のオープン・ソース．利用は無料	なし
http://www.usamimi.info/~mikanplus/index.html	−	フリーウェア	−
http://www.hitachi-solutions-business.co.jp/products/package/print_cad/mypcb/	Windows 95/98/98SE/Me/NT/2000/XP/Vista	MY-PCB Ⅲ (Basicパック) 980,000円(税別)	無償ビューアあり
http://sine.ni.com/nips/cds/view/p/lang/ja/nid/201801	Windows	Ultiboard Education Single Seat, Include 1 Year SSP：63,000(税別) Ultiboard Education 10 User License, Include 1 Year SSP：364,000(税別)	学生・教員向け30日間の評価版あり
http://www.unicraft.co.jp/products/1_index_detail.html	Windows XP/Vista(32bit/64bit)/7(32bit/64bit)	NC版(FDライセンス) 49,800円(税別)〜 Biz Plus＋(10ユーザ)1,431,000円(税別)	−
http://www.cybernet.co.jp/orcad/product/substrate/	Windows XP Pro/2008 Server/Vista(除Starter Home Basic)/7 32/64bit(除Starter)	OrCAD PCB Designerのネットワーク・ライセンス：1,500,000円〜	ビューアはないがデモ版あり
http://www.mentorg.co.jp/products/pcb-system-design/design-flows/pads/index.html	Windows XP(SP2)/Vista/7	PADS LS Suite 980,000円 PADS ES Suite 1980,000円	30日評価版あり(無償ビューアはなし)
http://www.geocities.jp/uaubn/pass/	Windows 98SE/2000/XP	フリーウェア	−
http://www.vector.co.jp/soft/winnt/business/se056371.html	Windows 2000/XP/Vista/7	フリーウェア	−
http://www.hutson.co.nz/rimupcb.htm	Windows 95/98/NT4.0/2000/XP	Demo版(保存不可)：無料．Standard Edition：USD72.50	デモ版あり
http://www.stella.co.jp/system/windows/	−	−	無償版ビューアあり

〈武田　洋一〉

> **ちょこっとコラム**

回路図に込めるメッセージ

　基板のアートワークを行う場合は，回路図のほかにもレイアウト指図資料などの資料を作成します．特に，回路設計だけ行ってアートワークは別のエンジニアに依頼する場合は，このような資料は必須です．また，すべてを自分で行うにしても，数年後に自分の設計を見直す場合もありますので，できるだけ資料化しておくことが必要です．

　とはいえ，一番のよりどころになるのは回路図です．ですから，回路図にはできる限り設計の意図を込めるようにします．これは必ずしも文字だけではなく，Lineの引き方もメッセージとなります．回路図は多少のシンボルの差はありますがエンジニアの世界共通の言語ですから，ここに込めるメッセージは強烈です．

　もちろん，同じ回路ならばどのように回路図を描こうがネットリストは一致します．なのでアートワークの際に考慮すればよいと考えることもできますが，せっかく回路検討のときに考慮した内容がすべて消え去ってしまうのは非常に残念です．例えば，図①は，まったく同じ回路ですが，図①(a)のように描いた場合には，パワーGNDはどうなるのかわかりません．うっかりすると，SW_EとAGNDを表層で直結して，C1やC2のGNDとは離れ離れなどという悲しいアートワークになるかもしれません．一方，図①(b)のような回路図であれば，そのようなひどいことにはならないでしょう．

〈森田 一〉

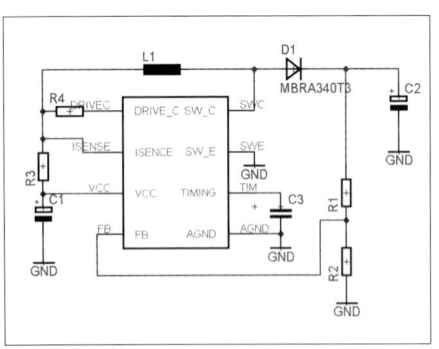

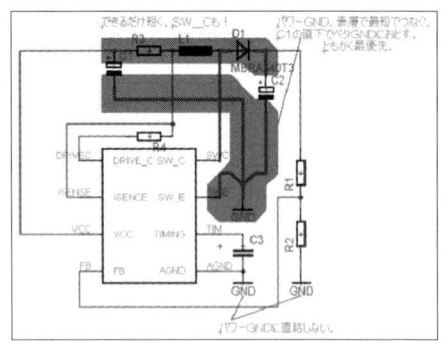

(a) 何も考えていない回路図　　　　(b) ノイズを考慮した回路図

図①　回路図に込めるメッセージ

第4章
プリント・パターンを作画する
レイアウト・エディタをフル活用

回路図が完成したら，レイアウト・エディタ(Layout)を起動して，プリント基板データを作りましょう．付属CD-ROMに収録されている操作手順動画も参考にしてください．

- **STEP 1** 基板の外形と取り付けの穴を描く
- **STEP 2** 部品を並べていく
- **STEP 3** ロゴやイラスト画像を置く
- **STEP 4** Packageデータと実物の形を照合する
- **STEP 5** 配線する
- **STEP 6** ベタ・パターンの作成とシルク位置の整頓
- **STEP 7** 配線エラーをつぶして最終仕上げ

STEP 1── 基板の外形と取り付けの穴を描く
レイアウト・データ作り はじめの一歩

● 手順1 レイアウト・エディタを起動する

USBオーディオ・デコード回路が開かれている回路図エディタ(Schematic)のアクション・ツール・バーのBoardアイコンを左クリックすると，「この回路図に対応する基板データが見つかりません．作りますか？」と尋ねるダイアログが表示されるので，[Yes]をクリックします．

すると図4-1に示すように基板ファイルが生成されます．ファイル名の拡張子がschからbrdに変更されています．

作画画面の左側に，USBオーディオ・デコード回路から生成された部品が現れます．部品は回路図の接続のとおりにつなげられた状態になっています．

レイアウト・エディタに表示されているデータは，実際の基板を部品面から見た状態になっています．はんだ面のテキスト・データなどは反転して表示されます．どちらの面に配置されているかを判別しやすいように，部品面とはんだ面の色を変

えてあります.

● **手順2　部品の移動量の最小ステップ(Grid)を設定する**

　評価版のサイズ制限から,USBオーディオ・デコード基板の大きさは2×1.75inchと決めました.すべての部品をこの大きさに収める必要があります.

　基板外形を描く前に,Gridを設定します.パラメータ・ツール・バーのグリッド・アイコンを左クリックしてGrid設定画面を開きます.

　デフォルトは,Sizeが0.05inch,Altが0.025inchですが,より細かい位置に部品を配置できるように,Altを0.01inchに変更します.

　Gridの単位はinchが多いようです.これは,コネクタなどの端子ピッチがinch単位で設計されているからです.

　SizeはデフォルトのGridサイズ,Altは[Alt]キーを押している間,有効になるGridサイズです.

● **手順3　外形を描く**

　基板の外形は,Layer 20 Dimensionにデータを収めます.またWireコマンドを使って描きます.

　図4-1に示すように,評価版のEAGLEは,Layoutを起動すると,許される基板外形の最大サイズ(3.95×3.15inch)が最初に表示されます.まずこの外形を変更し

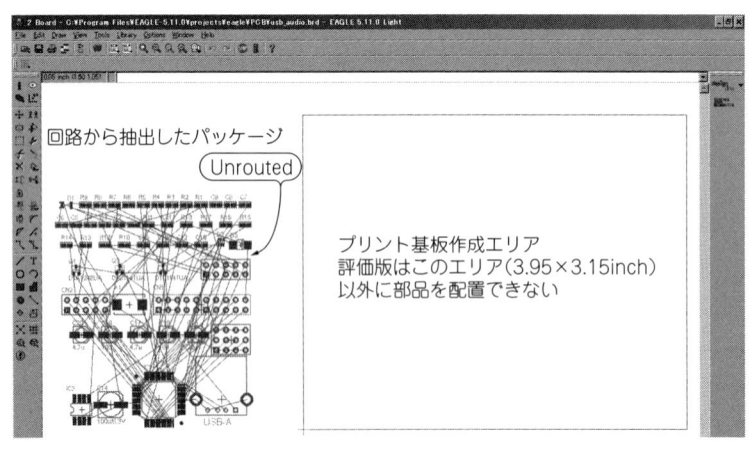

[図4-1] 手順1　プリント基板のデータを作るレイアウト・エディタの画面

220　第4章——プリント・パターンを作画する

ます．

　図4-2に示すように，Moveコマンドを左クリックし，カーソルを上の外形線の中央付近に移動して，左クリックすると，カーソルとともに上の外形線が移動します．座標を見ながら，Yの値が1.75inchになるまで移動させ，左クリックで上の外形線のY位置を1.75inchに確定します．同様に，右の外形線のX位置を2inchに確定します．

● **手順4　取り付け穴を配置して配線禁止域を指定する**

　通常，プリント基板はねじでシャーシに固定します．そこでねじ用の穴を配置します．

　Holeコマンドを選んで，パラメータ・ツール・バーのDrillでドリル径を選びます．一覧にない場合は，直接数値を入力し，Enterキーを押します．M3用のねじ穴は，0.125984inch（＝3.2mm）が一般的です．カーソルにくっついたHoleの記号を希望の位置に配置します．

▶配線禁止域を設定する

　ねじを締め付けて基板とシャーシを固定する過程で，プリント・パターンが短絡されたり，切断されたりする可能性がありますから，取り付け穴の周りは配線禁止領域に設定します．

　Circleコマンドを選んで，パラメータ・ツール・バーのLayerで，41 tRestrictを選びます．Widthは円の線幅で，デフォルトの0.016（16mil）とします．円の内側はすべて配線禁止領域になります．

　円を配置したい中央の座標にカーソルを持って行き，左クリックすると円の中心が確定し，中心からカーソルを動かすと円が描かれます．希望の円の大きさになっ

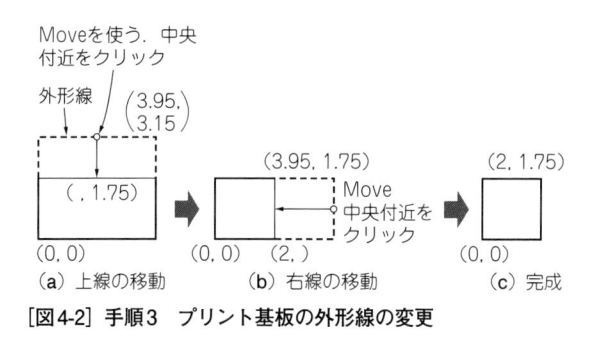

[図4-2] **手順3　プリント基板の外形線の変更**

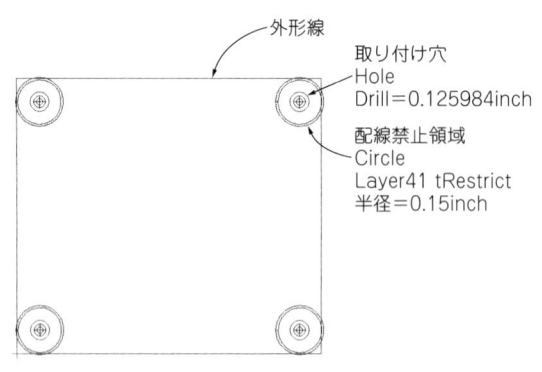

[図4-3] 手順4 基板の取り付け穴の設定

たら左クリックで確定します．これで，Top面の禁止領域の設定ができました（図4-3）．同様にして，42 bRestrictに，Bottom面における禁止領域の設定をします．配線禁止領域にはどんな部品も配置してはいけません．

STEP 2 — 部品を並べていく
くるくる回しながらパッパと

● 手順1 部品を配置する

　回路図を参照しながら，一つ一つ部品を配置していきます．
　図4-4に示すように，部品は回路図上の信号の流れを表現するように並べていくと，実験のときにとても効率よく検討が進みます．また，配線が最短になることも

（a）回路図　　　　　　　　　　　　　　（b）レイアウト図

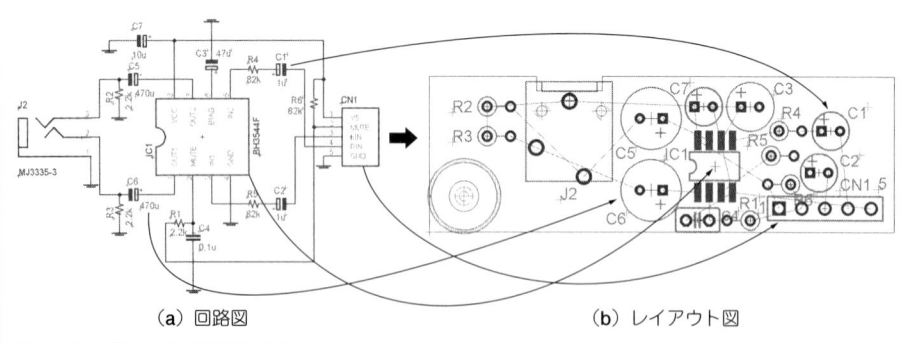

[図4-4] 手順1　部品配置の例
部品一つ一つを信号の流れを表現するように配置していく

多く，回路の動作が安定します．

　Moveコマンドを左クリックして選びます．配置したい部品の座標原点付近にカーソルを移動させて左クリックすると，部品がカーソルにくっついた状態になります．配置したい座標に部品を移動して左クリックすると，部品がその位置にセットされます．

▶回転させる

　部品がカーソルにくっついた状態で右クリックすると，部品が左側に90°回転します．任意の角度で配置したいときは，部品がカーソルについた状態で，パラメータ・ツール・バーのAngle欄に任意の数値を入力してEnterキーを押します．値は0～360°まで設定できます．

　配置済みの部品の角度を変えるときは，Rotateコマンドを使います．左クリックすると部品が左方向に90°ずつ回転します．任意の角度で部品を回転させるには，コマンドが有効であるときにパラメータ・ツール・バーのAngle欄に希望の値を入力します．左クリックすると部品が設定角度だけ左に回転します．

▶はんだ面に置く

　Mirrorコマンドを左クリックして，部品の座標原点にカーソルを移動して左クリックすると，部品が反転して銅箔面の色が裏面の色に変わります．これははんだ面に配置できたことを示しています．はんだ面に配置した部品を左クリックすると，部品面に配置されます．

▶セットした部品が動かないようにロックをかける

　配置した部品を固定するには，Lockコマンドを選択して，部品の座標原点にカーソルを移動して左クリックします．

　部品の位置がロックされると，原点のマークが"＋"から"x"に変わります．Lockコマンドを選択した状態で，Shiftキーを押しながら，部品の原点を左クリックすると，Lockが解除されます．

● 手順2　部品を配置し終えたらRatsnest機能をONする

　配線前は，部品どうしを結ぶオリーブ色のライン（Layer19）が表示されています．この未配線の配線をAirWire（エア・ワイヤ）と呼びます．AirWireを引きずりながら部品を配置する作業をしていると，図4-5(a)に示すように，AirWireが無駄に長く表示されることがあります．これでは，C_2がIC$_3$のどの端子に接続されているのかも，部品をどう回転すべきかもパッとわかりません．

(a) Ratsnestコマンド起動前　(b) Ratsnestコマンド起動後

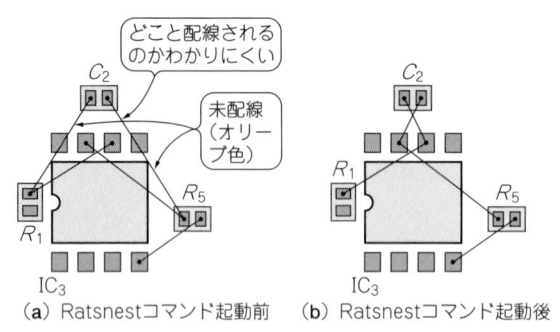

[図4-5] 手順2　Ratsnestコマンドにより，未配線の配線を最短化する

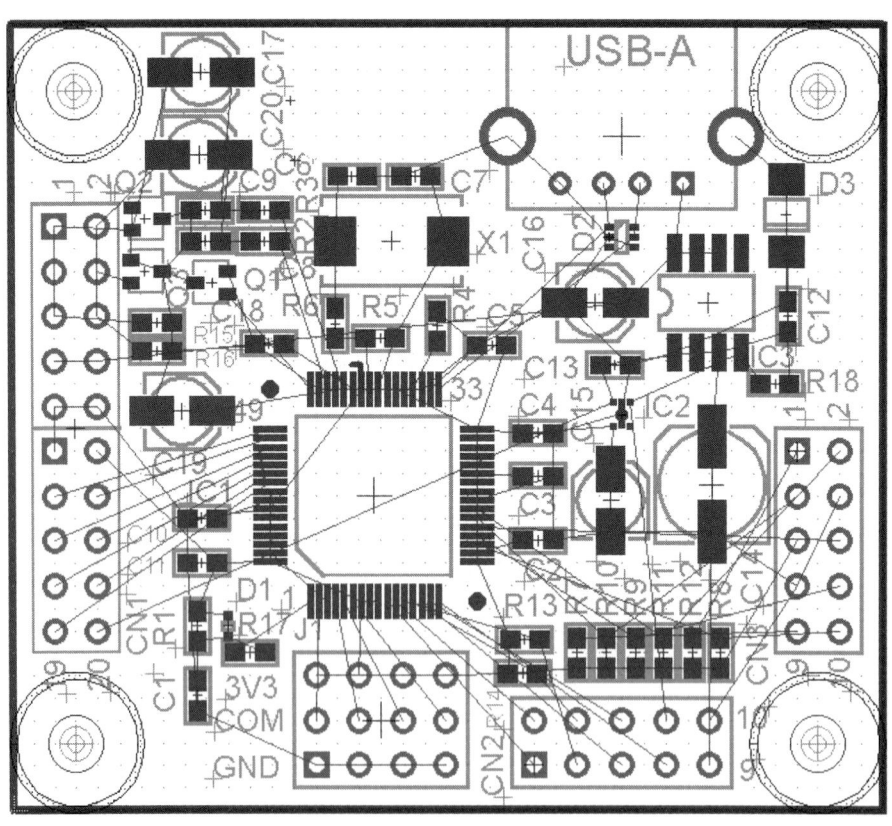

[図4-6] USBオーディオ・デコード基板の全部品を配置し終えたレイアウト・データ

そこで部品をある程度配置し終えたら，Ratsnestコマンドを左クリックして起動します．すると，端子間のAirWireが最短で結ばれて見やすくなります．

＊

全部の部品を配置し終えたレイアウト・データを**図4-6**に示します．

STEP 3 — ロゴやイラスト画像を置く
ビットマップ・データを読み込んで

プリント基板に記号やロゴなどの画像データ（ビットマップ・ファイル，BMPファイル）を貼り付けます．GIFやJPEGなど他の画像ファイルの取り扱い方は，付属CD-ROMに収録されたEAGLEのマニュアル（日本語）を参考にしてください．画像の大きさは実際の基板サイズに合わせて拡大したり縮小したりします．

ここで紹介するのは，画像データ（**図4-7**）をライブラリに登録して，部品として呼び出して利用できるようにする方法です．

● 手順1　登録用の箱「ライブラリ」を用意する

ライブラリ・ファイルとして，lbrフォルダ内にあるlogo.lbrを使います．オリジナルのライブラリを作ることもできます．

メニュー・バーの［Package］ボタンをクリックして，Newテキスト・ボックス

Column (4-A)

配線ミスを見つけるテクニックその2

Pinlistを利用することでも，配線を確認することができます．Pinlistは，[File]-[Export]-[Pinlist]で出力できます．**リストA**に示すように，各部品がどのネットに接続されているかを部品ごとに確認できます．このリストは，パスコンC_3が電源とGNDの間に接続されていることを示しています．　　　　　　　　　　　　〈渡辺 明禎〉

リストA　Netlistだけでは心配なときはPinlistでも配線ミスを探す

```
Part    Pad    Pin    Dir    Net
C3      P$1    1      Pas    +3V3
        P$2    2      Pas    GND
```

この辺にファイル名が表示されるので削除する

[図4-7] 基板上に描き込みたい画像データ（ROHM_R38）
プリント基板上にロゴやマークを入れたい

に作りたい画像の名前を記述します．筆者は「元ファイル名_倍率」というふうに命名しています．

ここでは名前を「ROHM_R38」とします．画像元ファイル名がROHM.bmp，倍率が0.38のパッケージであることを示しています．

● 手順2　ULPを実行する

　ULP(User Language Program)は，部品表の出力，実装データの出力，BMPファイルの取り込みなど，回路図やレイアウト作成に利用する補助的な機能プログラムをまとめたプログラム群です．

▶import-bmp.ulpを開く

　メニュー・バーの［File］-［Run］を選ぶと，図4-8に示すようにULP(User Language Program)の一覧が表示されます．¥Program Files¥EAGLE-6.3.0¥ulpにあるULPの一覧からimport-bmp.ulpを選んで，［開く］ボタンをクリックして実行します．import-bmp.ulpの説明画面が表示されたら［OK］をクリックします．

▶画像ファイルを選ぶ

　Select a bmp fileダイアログで画像ファイルを指定します．

　256色以上の画像ファイルを読み込もうとすると，減色を指示する表示が出てULPの実行が停止します．プリント基板では，たいてい1色のシルク印刷になるの

[図4-8] 手順2-1　部品表を出力したりする補助的な機能プログラム群(ULP)
今回は画像データを取り込むimport-bmp.ulpを開く

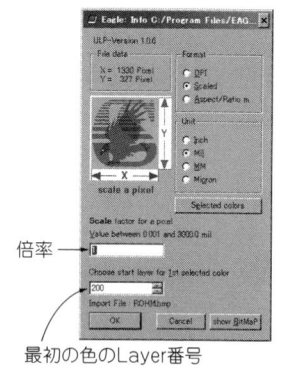

[図4-9]　手順2-2　bmpをライブラリに取り込むULPを起動した画面

で，元のBMPファイルは2色に減色します(1色は印刷あり，1色はなしを示す)．

カラーを指定する画面で，パターン化したい色を選びます．白を選択すると，画像の周りがシルク・パターンとなり，中のロゴは抜けた状態になります．今回はロゴの部分をシルク印刷したいので黒を選びます．

▶サイズを設定する

図4-9に示すように，BMPファイルの情報が表示されたら，倍率を設定します．

ROHM.bmpの大きさは1330×327ピクセルです．ピクセル値に倍率を掛けた値が画像の横幅になります．倍率を0.38とすると，

$1330 \times 0.38 = 505.4\text{mil} = 12.8\text{mm}$

になります．同様に，高さは次のようになります．

$327 \times 0.38 = 124.3\text{mil} = 3.2\text{mm}$

▶Layerを指定する

Choose start layerで最初の選択色のLayer番号を設定します．デフォルト(200)のまま変更は不要です．複数の色を選択すると，色ごとにLayer番号が割り振られます．例えば，白，赤，黄と選ぶと，白 200，赤 201，黄 202というふうに，Layer番号が割り振られます．

▶仕上がりを確認する

倍率とLayer番号を設定して［OK］をクリックします．

import-bmp.ulpは，BMPファイルをラスタ・スキャン形式のデータに変換する

STEP 3── ロゴやイラスト画像を置く

実行スクリプトを出力します．このスクリプトを実行すると，各ラスタ・データが指定のLayerに書き込まれていきます．すべて終了すると，BMPファイルがラスタ・スキャン・データとして画像表示されます．

［Run script］ボタンをクリックすると，図4-7に示す画像データがPackageデータの一つとして取り込まれます．画像の左下隅にあるファイル名は消します．Deleteコマンドで左クリックし，カーソルをファイル名の原点付近に移動して左クリックすると，ファイル名だけを削除できます．

Logo.lbrをSaveすると，他のレイアウト・データ（brdファイル）からもこのPackageデータを使うことができます．

● **手順3　できた画像データを呼び出して基板に置く**

続いて，画像データを呼び出してプリント基板に貼りつけます．

レイアウト・エディタ（Board）画面で，Addコマンドを選びます．表示されるライブラリ一覧からlogoを選びます．一覧にROHM_R38があるので選ぶと，画像がカーソルにくっついて表示されます．希望の位置に画像を移動して左クリックで位置を確定します．この画像は一つの部品になっているので，左下の原点をクリックすると，丸ごと移動，削除，コピーが可能です．

● **手順4　オートルータが画像の下に配線を描かないように禁止域を設定する**

画像の下側に，配線やビア・ホールがあると見にくくなります．制限をかけておかないとオートルータが勝手に画像の下部に配線を描いてしまいます．

制限をかける方法は次の二つがあります．
（1）ライブラリの状態で制限領域を設ける
（2）レイアウト・エディタ画面で制限領域を設定する

オートルータを走らせて未配線が残った場合，禁止領域を再設定することがあります．

（1）の方法は，ライブラリ側で変更を加える必要があります．この作業はかなり手間なので，（2）の方法を採用しました．

配線の禁止領域は，Layer41，tRestrict（部品面）とLayer42，bRestrict（はんだ面）に，RectコマンドまたはPolygonコマンドを使って設定します．オートルータは，これらの図形で囲まれた領域には配線することがありません．ただしGNDなどのべた状の銅箔面もその領域には作れなくなります．

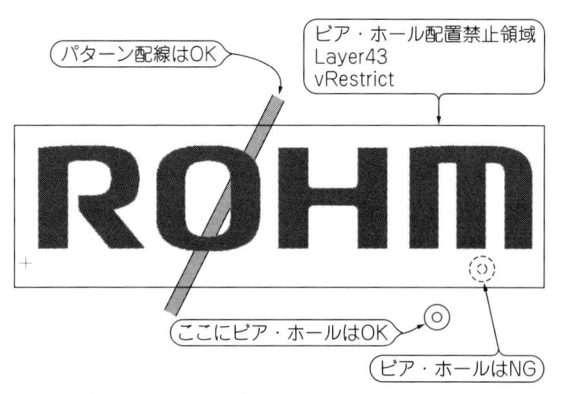

[図4-10] 手順4　画像データを取り込むときには配線などの禁止領域を設定できる

　「画像の下側に配線があるのはOKだけど，ビア・ホールはNG」というときは，Layer43，vRestrictに制限領域を設けます．これで，画像の下にはビア・ホールは配置されませんが，配線は許されているので，GNDの銅箔ベタ面も配置できます（**図4-10**）．

STEP 4 ── Packageデータと実物の形状を照合する
プリントアウトした用紙の上に部品を置いて

● レイアウト・データを印刷して部品の実物と比べる

　部品とBMP画像を配置したら，Packageデータの大きさが実際の部品と一致しているかどうか，ここで確認します．プリント基板ができてしまってから，表面実装タイプのICが実装できなかったらたいへんです．

　そこで，部品配置の結果をプリンタで出力して，実際の部品とずれがないかを確認します．

　ICは静電気に非常に弱いので，ICをプリントアウトした用紙の上に直接置くと，特に湿度が低いときなど，紙が帯電していてICを壊すことがあります．コネクタなどは，実際の部品をプリントアウトした用紙に置いて隣の部品との距離などを確認します．

● 印刷の方法

　メニュー・バーの［File］-［Print］，またはツール・バーのPrintコマンドを左クリックすると図4-11に示す印刷用ダイアログが表示されます．デフォルトは印刷先がPDFファイルになっています．Printer欄でパソコンに接続されているプリンタを選びます．Scale factorは必ず1にします．大きさに関係なく図形を確認したいのならば，1以外のScale factorを設定します．プレビュー画面に印刷される図の概要が表示されます．

　私の動作環境はWindows XP，プリンタはLBP3310(キヤノン)です．Scale factor = 1の場合，実寸で印刷できます．他のプリンタでも実寸で印刷されると思いますが，異なる場合はその変換係数をScale factorにかければよいでしょう．

　印刷できるのは，回路図エディタで表示されているオブジェクトだけです．印刷するLayerを指定するときは，Displayコマンドを左クリックして印刷したいLayer以外の表示をOFFにします．

　オートルータの終了後，配線を見直したり，シルク印刷面の文字の大きさや配置

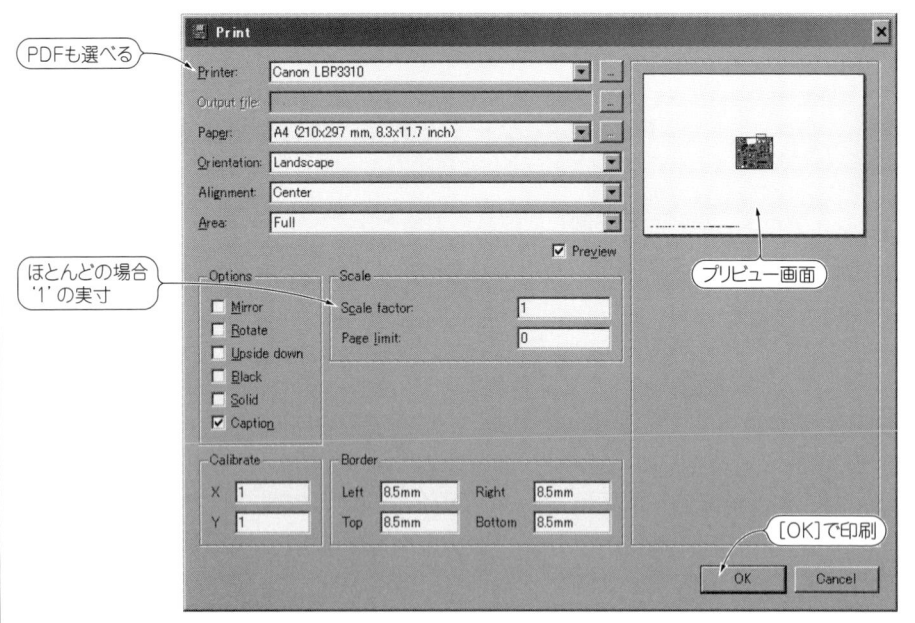

[図4-11] EAGLEの印刷設定画面
Scale factorを1にすれば実寸で印刷できて実物と照合しやすい

を確認する場合は，PDFファイルでもよいでしょう．

STEP 5——配線する 自動配線機能を活用して手早く確実に

● 手順1　デザイン・ルールの初期値を設定する

配線の太さ，配線間の最小距離，ビア・ホールのドリル径などの初期値を設定します．メニュー・バーの［Edit］-［Design rules］を選ぶと，**図4-12**に示すデザイン・ルールを設定する画面が表示されます．タグを選びながら設定していきます．

▶ Fileタグ

デザイン・ルールの初期設定用ファイルを保存するときに利用します．このファイルはLoadコマンドで呼び出します．

▶ Clearanceタグ

配線，パッド，ビア間の最小間隔を設定します．注文予定のプリント基板メーカに聞くと，最小間隔を教えてくれます．例えばプリント基板メーカのインフロー社(P板.com)の場合は5mil(0.127mm)です．一般に単位はmilが使われます．

▶ Distanceタグ

ホールからパターンまでの最小間隔や，Dimensionで示される領域(外形や配線したくない領域)を設定します．例えばP板.comは，基板の外形枠から30mil以上開けるように指示しています．

▶ Sizesタグ

最小線幅や最小ドリル径を設定します．P板.comでは5milまたは16milに指示しています．

▶ Supplyタグ

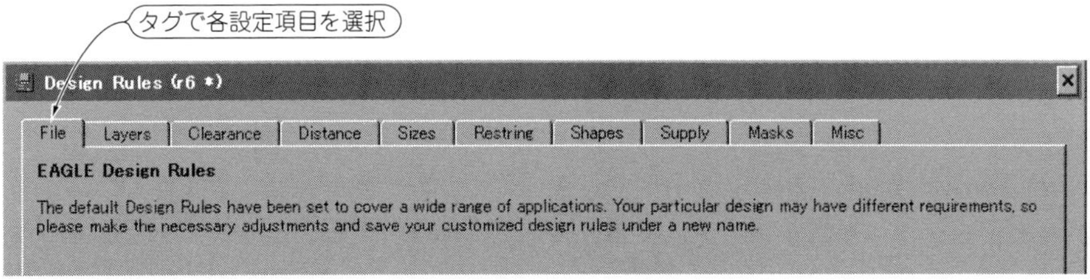

［図4-12］手順1-1　EAGLEのデザイン・ルール設定画面
配線の最小間隔などを設定する

図4-13に示すように，パワー・アンプICの放熱用のサーマル・パッドは，サーマル・シンボルと呼ばれる十字形状のパターンで，GNDのベタ面とICの端子を接続します．

図4-13(a)に示すように，サーマル・シンボルがなく，べた面にもろにICのサーマル・パッドを接続するパターンを作ると，はんだごての熱がグラウンド・プレーンに逃げてPadの温度が十分に上がらず，はんだが乗りません．図4-13(b)のパターンなら熱抵抗が大きいのではんだが確実に付きます．

▶ Masksタグ

表面実装部品のパッドやスルー・ホールの銅箔部は，はんだを乗せる部分ですから，ソルダ・レジストを覆ってはいけません．

ソルダ・レジストの開口部をパッドより大きくしておくと，ソルダ・レジストLayerの銅箔層に対する位置合わせ精度がシビアに要求されません．開口部の直径は一般的に4mil程度です．ビア・ホールで銅箔部をソルダ・レジストで覆いたい場合は，Limit欄にドリル径を設定します．設定したドリル径より小さいビア・ホールはレジストで覆われ，それ以上の大きさのビア・ホールはレジストで覆われません．

● 手順2　手動で配線する

コマンド・ツール・バーのRouteコマンドをクリックします．

適当なAirWireを選び出して，その始点上で左クリックします．始点に複数のAirWireが接続されている場合は，すべてのAirWireがハイライトされます．右ク

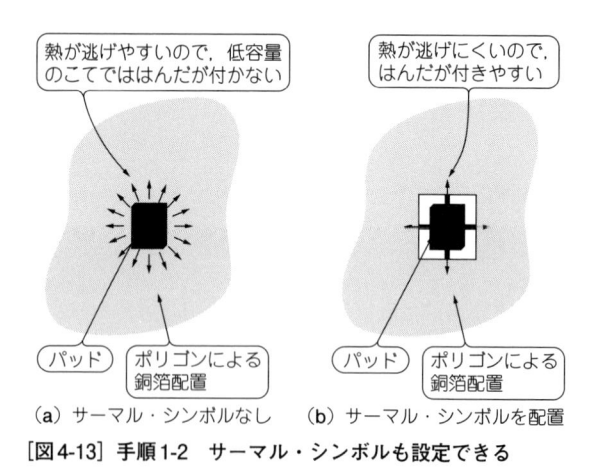

(a) サーマル・シンボルなし　　(b) サーマル・シンボルを配置

[図4-13] 手順1-2　サーマル・シンボルも設定できる

リックをして一つだけを選び出し，左クリックで確定します．

　カーソルを移動させて左クリックすると，その点までのSegment（図4-14）が確定します．Pad上で左クリックすると，いったん配線は終了します．配線の途中で左ダブル・クリックすると，Segmentが確定して配線が終了します．Routeコマンドが有効な状態で右クリックすると，二つのSegment間のBendを変更できます（図4-14）．

　配線の途中，パラメータ・ツール・バーのコンボ・ボックスからLayerを選んで変更すると，それ以降のSegmentは新しいLayerに描かれます（図4-15）．このときビアが自動的に生成されます．2層の場合，Layer1 Topにおける配線の途中で，Layer16 Bottomを選ぶと，配線はビア・ホールを介してはんだ面に移ります．

　二つの配線のLayerが違う場合（LayerAとLayerB）は，LayerAの配線をLayerB

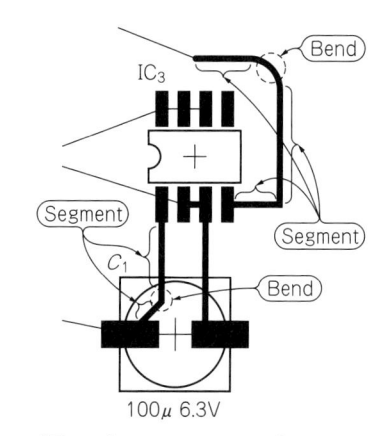

[図4-14] WireのSegmentとBend

(a) 1 Top(Route)で
　　セグメント確定

(b) 16 Bottomに
　　Layerを変更

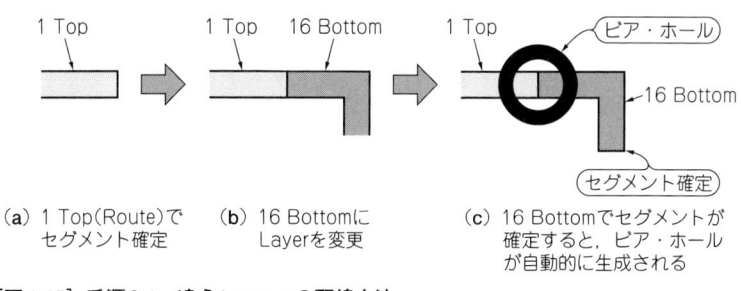

(c) 16 Bottomでセグメントが
　　確定すると，ピア・ホール
　　が自動的に生成される

[図4-15] 手順2-1　違うLayerへの配線方法

の配線の上で終了させても，自動的にはビア・ホールは設定されず，部品面とはんだ面の同一信号線は接続されません．

　意識的にLayerAとLayerBの配線をビア・ホールを介して接続したい場合は，Shiftキーを押して配線を終了すれば，ビア・ホールが自動的に配置されます．

　EAGLEは，配線作業をしている間は，同じ信号名を持つ次の地点への最短接続を常に計算し，表示し続けてくれます．また，同じ信号名のPadはすべてハイライト表示するので，手動配線もスムーズに短時間でできます．

　Wireの角を斜めにするにはMiterコマンドを使います．角の部分は直線または円弧になります．直線にするか円弧にするかについては，MiterコマンドのRadiusで決定されます．

● **手順3**　○○とはさみは使いよう…オートルータによる自動配線
▶オートルータとは
　EAGLEは，自動的に配線する「オートルータ」という機能を備えています．この機能を使うと作業時間が短くなりそうですが，理想とかけ離れたパターンを作ることもよくありますから，手動と組み合わせるのが一般的です．

▶EAGLEのオートルータ機能
　EAGLEは，手動配線と自動配線を組み合わせて使うことができます．
　付属CD-ROMに収録されているEAGLEチュートリアルには「通常，オートルータを使う前に，電源線と重要な信号パスは手動で配線してください」と書いてありますが，まったく未配線の状態でいきなりオートルータを使っても問題はなさそうでした．

▶自分で設定したルールに従順に動く道具
　オートルータは，デザイン・ルールで指定された線幅を配線に使います．デザイン・ルールは，メニュー・バーの［Edit］-［Design Rules］のSizes tabとMinimum widthで確認できます．
　NetのClassが定義されており，Classコマンドで決めた値があるならば，そのClassの配線幅をオートルータは優先します．したがってデフォルトの線幅より大きな値をとることができます．

▶オートルータが配線してほしくない領域には禁止定義をしておく
　Top LayerとしてLayer41, tRestrictを，Bottom LayerとしてLayer42, bRestrictを使用します．Layer43, vRestrictはビアの設定を禁止します．

▶オートルータの動き方を決める

コマンド・ツール・バーのAutoコマンドをクリックすると，オートルータが起動します．

図4-16に示す個別設定用のダイアログが表示されたら，GeneralタブのRouting Grid（自動配線時のグリッド）を変更します．この値は最小配線幅に合わせるのが一般的ですが，回路規模が大きいとオートルータの計算時間が大幅に長くなることがあります．その場合は，Routing Gridを大きい値にしてもよいでしょう．未配線が残ったり，よりきれいに配線したいときは小さな値に設定します．私は，時間に余裕があるとき，最後の段階で1milに設定することがあります．

Preferred Directionsは，オートルータにどの方向の配線を優先させるかを設定します（**表**4-1）．回路規模が大きく未配線が残る場合，この方向を変えながら再試行すると，未配線がゼロになることがあります．ビア・ホールの数もこの設定で変わります．

オートルータの設定を変更する必要がない場合は，コマンド・ラインから

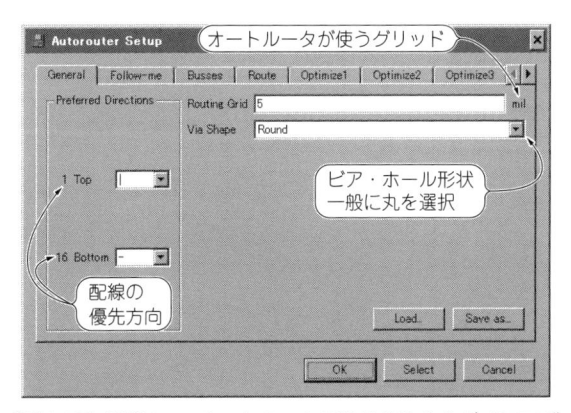

［図4-16］ 手順3-1　オートルータの動きを決めるダイアログ

［表4-1］
手順3-2　オートルータが優先する配線の方向

—	水平
|	垂直
/	斜め45°
\(¥)	斜め135°
*	なし
N/A	層は無効

"AUTO；←"，と入力することでオートルータを開始できます．この場合，メニューは省略され，いきなりオートルータが開始されます．

▶オートルータ・スタート

　［OK］をクリックすると，オートルータが計算を開始します．ステータス・バーには，配線できた数や配置されたビアの数が表示されます．

　オートルータを中断するときは，STOPアイコンをクリックします．Autoコマンドを再びクリックすると中断した状態から，再びオートルータを始められます．

▶オートルータ終了

　レイアウト・エディタ画面の左下隅に「Optimized：100.0% finished」と表示されたら，作業は完了しています．

▶経緯を確認

　最適化の経緯やビア・ホールの数は，.proという拡張子のファイル(**図4-17**)で確認できます．**図4-17**から「オートルータで100%配線できたけれども，ビア・ホールの数が219個ととても多かった．4回最適化したところ，89個までビア・ホールの数が減り配線もすっきりした」ということがわかります．最適化の方法や設定は，付属CD-ROMに収録されているEAGLEのマニュアルを参考にしてください．

```
EAGLE AutoRouter Statistics:

Job            : C:/Program Files/EAGLE-5.11.0/projects/eagle/PCB/usb_audio.brd

Start at       : 06:31:48 (2011/06/06)
End at         : 06:46:45 (2011/06/06)
Elapsed time   : 00:14:57

Signals        :      49   RoutingGrid: 1 mil  Layers: 2
Connections    :     163   predefined:  0 ( 0 Vias )

Router memory  :  14405900

Passname       :     Busses    Route  Optimize1  Optimize2  Optimize3  Optimize4
Time per pass  :   00:00:12  00:03:51  00:02:46  00:02:39  00:02:34  00:02:55
Number of Ripups :        0         4         0         0         0         0
max. Level     :          0         1         0         0         0         0
max. Total     :          0        38         0         0         0         0

Routed         :         33       163       163       163       163       163
Vias           :          0       219       103        91        89        89
Resolution     :     20.2 %   100.0 %   100.0 %   100.0 %   100.0 %   100.0 %

Final          : 100.0% finished
```

[**図4-17**] 手順3-3　オートルータの実行結果

● 手順4　オートルータを繰り返す

　原則，オートルータはデフォルト設定で走らせますが，100%配線が達成されなかったときは，部品の配置やGridの大きさ，最小線幅，線間隔を変更してオートルータを繰り返します．

▶すべての配線をAirWireにもどすには

　オートルータで再配線するには，Ripupコマンドを使ってすでにある配線をAirWireにもどします．Ripupコマンドを選択し，コマンド・ラインに＊を入力し，[Enter]キーを押します．＊は「すべての配線を対象とする」という意味で，すべての配線がAirWireになります．手動による配線もAirWireに変わります．

　油断すると今までの苦労が水の泡になりますが，Undo(CTRL＋Z)機能を使えば，Ripupする前の状態に戻ることができます．

▶一部の配線をAirWireにしたくないときは

　手で細かく描いた配線はAirWireにしたくありません．例えばN$9とN$8を残したいとします．コマンド・ラインに"ripup！N$9 N$8←"と入力すると，N$9とN$8がハイライトされます．さらに"ripup；←"と入力すると残りのすべての配線がAirWireになります．"ripup＊←"と入力する代わりに"ripup；←"と入力すると「Ripup all signals ?」という確認ダイアログが表示され，間違いが減るかもしれません．

　再配線したいNetだけをAirWireに変えたら，Autoコマンドでオートルータを開始します．それでも未配線が残るようなら，「Optimized：100.0% finished」になるまで，部品の配置，Gridの大きさ，最小線幅，線間隔などを変更し，何度もオートルータを繰り返します．

STEP 6── ベタ・パターンの作成とシルク位置の整頓
グラウンドを敷き詰めたり，部品番号を見やすくしたり

● 手順1　配線の太さを調整する

　オートルータは，デザイン・ルールで設定した太さにしたがって，機械的に配線していきます．しかし，確実に動作するプリント基板に仕上げるためには，電源やGNDのパターン幅などを調整しなければなりません．

　オートルータが描いた配線の太さを変更するときは，Changeコマンドをクリックして，その中からWidthを選びます．希望の線幅がないときはリストの一番下を選ぶと，線幅を記入するダイアログが表示されるので，希望の線幅を入力します．

続いて線幅を変更したいパターンにカーソルを移動して，左クリックします．「パターン全体を変更しますか？それとも選択したセグメントだけを変更しますか？」と聞いてくるので選びます．

　一部分に注目して配線を太くしてしまうと，隣りのパターンとショートするかもしれません．でも安心してください．もしショートしている個所ができてしまっても，オートルータに任せて再配線すればよいのです．ショート個所ができてしまったときは，STEP7で説明するDRCで検出できます．

▶各配線をクラス分けしてからオートルータにかける

　繰り返しになりますが，配線をClass（クラス）と呼ばれるもので分類して，配線の太さなどを登録しておけば，オートルータはその線幅を使って配線してくれます．

● 手順2　部品面とはんだ面をGNDのベタ・パターンで埋めつくす

　Polygonコマンドを使うと，面状の銅箔（ベタ・パターン）を作ることができ，電源やGNDなどの信号の種類を指定できます．Polygonで作った多角形のパターンをGNDに指定すると，自動的に内側が銅箔で埋まり，信号名がGNDになります．

　GNDなどのベタ面と表面実装部品の端子がはんだ付けされる部分（パッド）は，STEP5の図4-13(b)に示すサーマル・シンボルによって接続されます．

　Polygonコマンドで作ったベタ・パターンは，他の信号パターンと一定の距離を保ちます．この一定の距離は，デザイン・ルールで定義できます．

▶部品面のすき間をGNDで埋める

　コマンド・ツール・バーのPolygonコマンドをクリックして，パラメータ・ツール・バーのコンボ・ボックスからLayer1 Topを選びます．コマンド・ボックスに"GND←"と入力し，Polygonの信号をGNDと定義します．

　続いて次の手順で操作すると，波線で領域が囲われて，Polygonコマンドが終了します．

（1）基板外形の左上を左クリック
（2）右下を左クリック
（3）左上を左クリック

　始点と終点が一致しないときは，ダブルクリックでPolygonコマンドを終了します．

▶はんだ面のすき間をGNDで埋める

　部品面と同様に次の手順で操作します．

（1）Polygonコマンドを左クリック

(2) Layer16 Bottomを選択
(3) "GND←"と入力
(4) 領域を囲み，波線で囲われたかを確認

▶描画の計算をスタートさせる

　Ratsnestコマンドを実行すると，EAGLEは，図形の描画を「計算」します．ガーバー・データを観察してみたところ「まずベタ面の外周を線がなぞり，その中を細い線で埋めていく」という感じで計算が行われていました．ベタ面の計算は複雑なので，結果が出るまでに時間がかかることがあります．

　前述のとおり，GNDのPadはサーマル・シンボル（形状）で接続されるので，コマンド・ラインに"SHOW GND←"と入力して，サーマル・シンボルの形状が狙い通りかどうかを確認します．

　Polygonコマンドで作られたベタ面は，常にRatsnestで再計算できます．例えばGND以外の信号線を移動させた結果，ベタ面とその信号線が重なってしまっても，Ratsnestコマンドを左クリックすると，ちゃんと一定の距離でベタ面が計算されます．

　オートルータで自動配線しようとするとうまくいかない場合があるようです．そのときは，次の方法でPolygon領域を削除してから，オートルータを開始したほうがよい場合もあります．

▶Polygon領域の削除

　Deleteコマンドを左クリックします．Polygonの外形線は次の三つの線が重なっています（図4-18）．
(1) 基板の外形線
(2) 部品面のPolygon線
(3) はんだ面のPolygon線

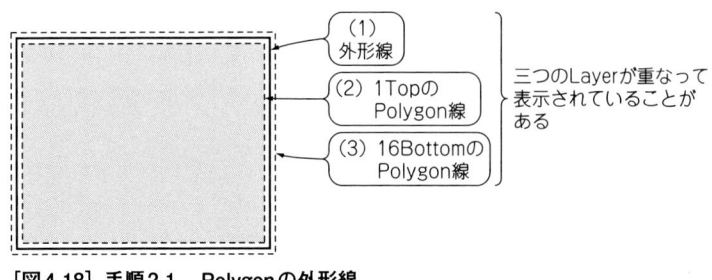

[図4-18] 手順2-1　Polygonの外形線

削除したい線の上にカーソルを移動させて左クリックすると，前述の三つの外形線のいずれかがハイライトされます．ハイライトされた線が希望のものではないときは，右クリックして他の線を選びます．
　希望の線がハイライトされたら左クリックします．その線が削除されて図4-19のように三角形で領域が囲われます．三角形の一辺にカーソルを移動させて左クリックすると，Polygonパターンが削除されます．

● **Polygonパターンの銅箔部を表示させる方法**
　レイアウト・エディタで基板データを呼び出した直後，Polygonパターンの外形だけが波線で表示されます．銅箔領域を表示したいときは，Ratsnestコマンドを実行します．銅箔を表示したくないときは，Ripupコマンドをクリックして，Polygonの計算結果(銅箔面)の端をクリックします．

● **手順3　基板の全面をGNDで覆う**
　部品面やはんだ面の部品や信号パターンのないスペースを無駄にしないように，ベタのGNDで埋め尽くします．このようにすることで，放射ノイズが減ったり，回路の動作が安定になったりします．
　基板の全面をベタGNDで覆うには，信号名がGNDのビア・ホールで，基板の部品面とはんだ面をつなぎます．
　ビア・コマンドを起動して丸ランドを選びます．ドリル径も任意に選べます．今回は0.6mm(23.6mil)としました．

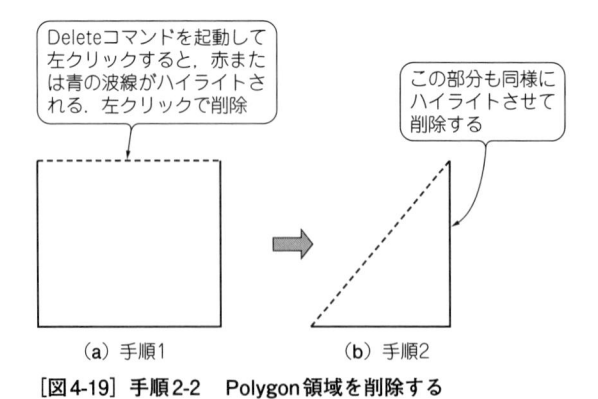

(a) 手順1　　(b) 手順2

[図4-19] 手順2-2　Polygon領域を削除する

カーソルにビア・ホールが貼り付いて動くので，希望の位置に移動して，マウスの左クリックで配置します．ビア・ホールには，N$38というふうにNET番号が付きます．

　ビア・ホールの機能をGNDに指定しましょう．Nameコマンドを選んで，ビア・ホールの位置で左クリックすると，新しい名前(New Name)を入力するダイアログが表示されるので，"GND"と入力して［OK］をクリックします．Connect Signalsダイアログが表示されて，GNDが青色の帯になります．ここで［OK］をクリックすると，ビア・ホールがGNDになります．以降はこのビア・ホールをコピーで配置していきます．

Column (4-B)

回路図やレイアウト図を画像データで出力する方法

　回路図エディタとレイアウト・エディタで作成した回路図やレイアウト図は，プリンタによる印刷，PDFファイル以外に，画像データでも出力できます．

　［File］-［Export］-［Image］と選ぶと表示されるExpot Imageダイアログ(**図A**)で，解像度(Resolution)を設定します．200 dpiに設定すると，FAXぐらいの品質が得られます．

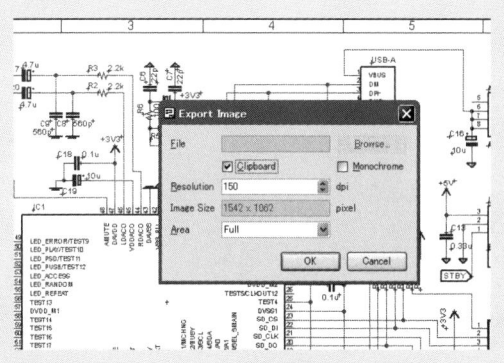

　［Browse］を押して，ファイル名と画像のフォーマットを指定します．選択できるフォーマットは，BMP，PNG，TIFFなどさまざまです．Clipboardにチェックを入れると，ペーストで，他のアプリケーションに貼り付けることができます．AreaでFullを選ぶと，外形線とその中の画像が出力されます． 〈渡辺　明禎〉

図A　回路図やレイアウトを画像データで保存する

部品面とはんだ面にあるベタ面とGNDを接続したい位置に，ビア・ホールを置いていきます．ベタ面近傍にGND信号線がないときは，ベタ面は，どこにも接続されていない，いわゆる浮島になります．浮島は未配線を表すオリーブ色のAir Wire(Layer19)で表示されます．

浮島が一つも残らないようにGNDのビア・ホールを置いても，浮島をなくせないことがあります．浮島上のビア・ホールはすべて削除しなければなりませんが，消そうとすると，回路とパターンの整合性を管理しているバックアノテーション機能が「削除できません」と言ってきます．その場合は，ビア・ホールを移動します．

● **手順4　シルクの位置を整頓して見やすくきれいにする**

部品番号や値のシルクが重なっていると，部品の実装作業や実験の効率が悪くなります．すべての部品の配置を終えたら，これらのシルクの位置を整頓します．

▶ PackageデータからNameとValueを切り離す

ピン配置データ，銅箔面用データ，レジスト用データ，シルク印刷用データ(NameとValueを含む)は一体化しています［図4-20(a)］．この一体化したデータからName(部品番号)とValue(型名)を分離するには，Smashコマンドを使います．

Smashコマンドを選んでPackageを左クリックしてください．PackageとNameとValueが切り離されて，独立して移動できるようになります［図4-20(b)］．

図4-20(c)に示すように，SmashコマンドによってNameとValueを単独で位置を動かせるようになった後でも，これらのデータはPackageに属しています．その結びつきはラインで表わされます．Smashした後でもPackageといっしょにNameとValueも移動します．

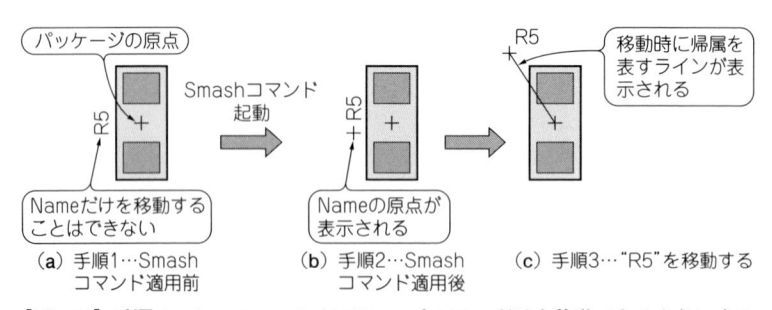

[図4-20] 手順4　SmashコマンドでNameとValueだけを移動できるようにする
一体化していたNameを分離することで単独で移動可能にできる

▶ Smashコマンドはデータ完成直前に基板全体にかける

　NameとValueの再配置は基板データが完成した後に作業するとよいでしょう．具体的には，Smashコマンド→左クリック→Groupコマンド→左クリックという手順で基板全体を指定して，右クリックで［Smash：Group］を選びます．

● 手順5　実装や実験の補助用テキストを追加する

　コネクタやICのピン番号，基板の名称，シリアル番号は，シルクで印刷されます．対象となるLayerは主に次の通りです．

- Layer1 Top；部品面の銅文字（シルクが部品面にない場合は，代わりに銅箔を使うことがある）
- Layer16 Bottom；はんだ面の銅文字
- Layer21 tPlace；部品面のシルク印刷文字
- Layer22 bPlace；はんだ面のシルク印刷文字

　これらは，Textコマンドで，記述対象Layerを上記のように設定します．Textコマンドをクリックすると現れる入力画面に，希望のテキストを入力して［OK］をクリックします．カーソルにテキストがくっつくので，印字したい位置で左クリックします．

STEP 7 — 配線エラーをつぶして最終仕上げ
自分でルールを決めて完成データをチェック

配線エラーをあぶり出す

■ デザイン・ルール・チェック機能を使う

　EAGLEには，完成した基板データが問題ないかどうかチェックする，DRC（Design Rule Check）と呼ばれる機能が備わっています．主なチェック項目は次の通りです．

- 異なる信号線の短絡
- 同じ信号線の接続（未配線の確認）
- 信号線間の距離
- 信号線の太さ
- ドリルの穴径
- 基板端から部品，配線，ビア・ホールなどの距離

EAGLEは，ユーザが設定したデザイン・ルールの値を参照しながら，上記の項目をすべてチェックして，問題があればその箇所を一覧で表示してくれます．

■ 手順
● 手順1　自分で作ったレイアウト・データを検査するルールを自分で設定する

DRCコマンドをクリックすると，図4-21に示すDRC(Default)画面が表示されます．検査のルールを変更したいときはこの画面で自分で入力します．各タブをクリックすれば変更できます．問題なければ［Apply］ボタンをクリックします．

● 手順2　チェック開始

図4-21の［Check］ボタンを押すと，基板データ全体とデザイン・ルールとの照合が始まります．検査したい場所をマウスでドラッグして［Select］ボタンを押すと，基板の一部だけを検査することもできます．

● 手順3　検査結果を分析する

DRCは，自分で定義したデザイン・ルールと作成した基板データを照合する機

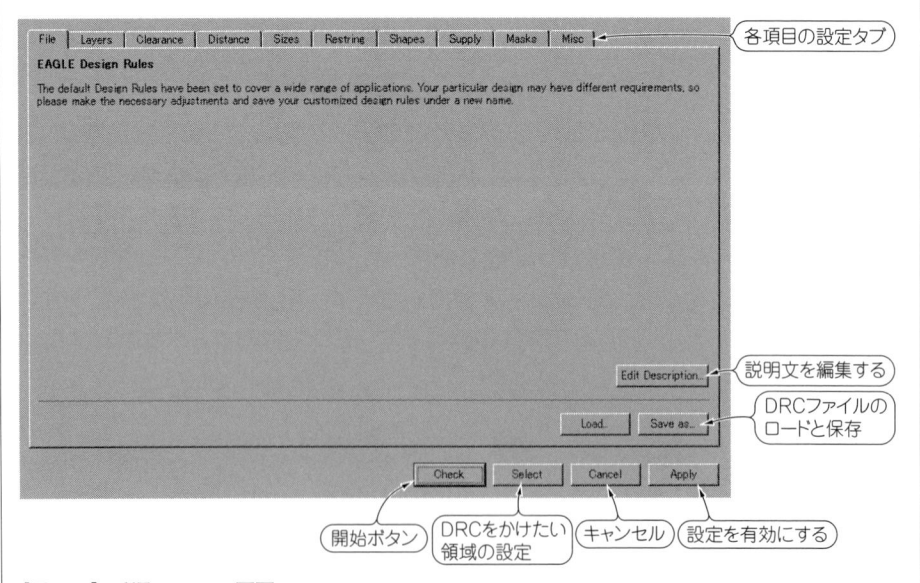

[図4-21] 手順1　DRC画面
検査のルールは自分で設定する

第4章──プリント・パターンを作画する

能です.

　チェックが終了して,ステータス・バーに"No errors"と表示されたら,作成した基板データは,デザイン・ルールに適合しているということです.

　適合していない箇所があると,ステータス・バーにエラーの数が表示され,図4-22に示すようにエラーの一覧(DRC Errorsウィンドウ)が開きます.エントリの一つを選ぶと,基板上のエラーの箇所がPolygonでマークされます.エラーを許容できると判断する場合は,[Approve]ボタンを押します.エラーを示すPolygonは削除されます.

　図4-22を見てください.電源レギュレータIC BH33NB1(HVSOF5パッケージ)のPackageデータを作る際,異形のパッドを作りました.その際二つのPadを重ねたためエラー (Overlap)が発生しました.これは意図したことなので[Approve]を押して回避しました.

発注する

■ **基礎知識**
● **基板メーカが必要とするデータ**

　EAGLEで作った基板データそのものでは,基板メーカは取りあってくれません.基板メーカは次のデータを必要とします.

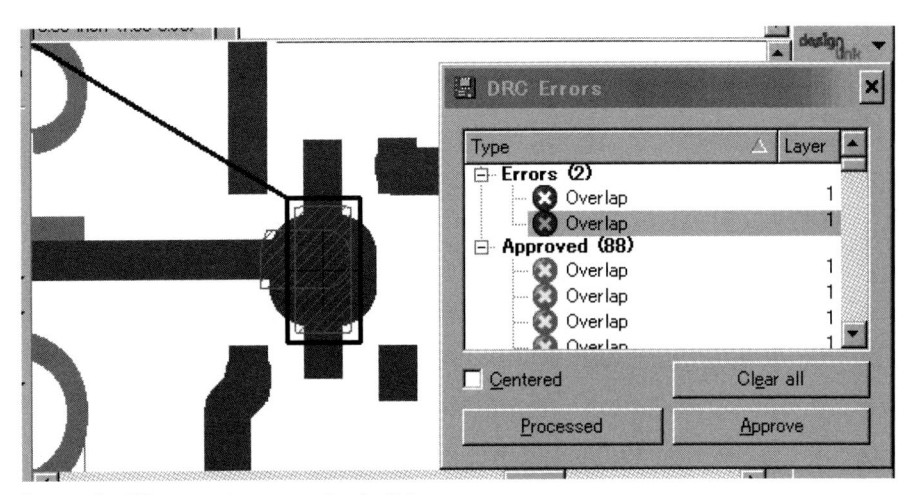

[図4-22] 手順3　DRC Errors　ウィンドウ
エラーを選択すると基板上のエラー箇所がPolygonでマークされる

STEP 7――配線エラーをつぶして最終仕上げ

(1) ガーバー・データ
(2) 部品表
(3) メタル・マスクの製作指示書
(4) 部品位置などのマウント用データ
(5) 部品の実装指示

　少しでも不安があるときは必要なデータの種類を基板メーカに問い合わせます．多くの基板メーカは，ウェブサイトで必要なデータを公開しています．(3)〜(5)の部品の実装は，本書では触れません．

● 基板製造用データを出力するCAMプロセッサ

　ガーバー・データを出力するときは，CAM(Computer Aided Manufacturing)プロセッサと呼ばれるデータ変換ソフトウェアを利用します．EAGLEにもCAMプロセッサが備わっています．基板発注するときは必ず同じ処理(バッチ処理)をすることになるので，その手順を"CAMprocessor job"と呼ばれるデータ・ファイルに入力しておきます．

　初期設定時は，CAMプロセッサ(gerb274x.cam)は，CAM jobsのサブディレクトリにあり，両面プリント基板用の最も一般的な拡張ガーバー・データを出力してくれます．

● 手順1　CAMプロセッサを設定する

　コントロール・パネルのCAM Jobsフォルダをダブルクリックすると，登録されているバッチ処理ファイルCAMprocessor jobの一覧が表示されるので，gerb274x.camをダブルクリックします．

　図4-23に示すダイアログが表示されるので，メニュー・バーから[File]-[Open]-[Board]でusb_audio.brdを選びます．

　pos.Coordにチェックがあると，図4-24(a)に示すように出力されるガーバー・データにオフセットが加わります．オフセットが入ると，後述の面付け作業が面倒になるので，pos.Coordのチェックは外しておいてください．そうすれば，確実にガーバー・データが原点(0, 0)を基準に出力されるようになります．

● 手順2　ガーバー・データを出力する
① 基本データ

図4-23の [Process Job] をクリックします．必要なファイルが基板データが置かれた同じディレクトリに書き込まれます．各ファイルは次のような意味です．

(1) usb_audio.cmp：部品面パターン
(2) usb_audio.sol：はんだ面パターン
(3) usb_audio.plc：部品面シルク・スクリーン
(4) usb_audio.stc：部品面ソルダリング・マスク
(5) usb_audio.sts：はんだ面ソルダリング・マスク
(6) usb_audio.gpi：情報ファイル，ここでは関連なし

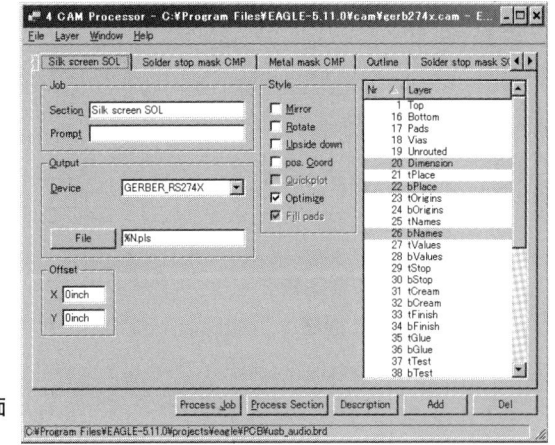

[図4-23]
手順1　CAMプロセッサの実行画面
必要な基板製造用データを出力する

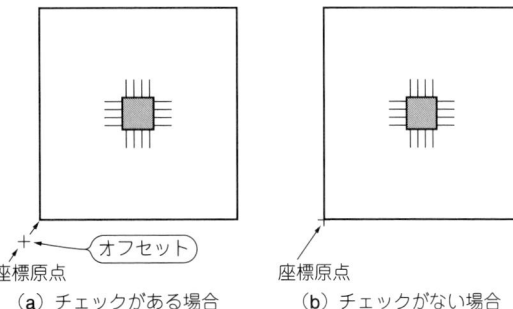

[図4-24]
手順1-2　pos.Coord設定
ガーバー・データにオフセットを設定することも可能

（a）チェックがある場合　　　（b）チェックがない場合

STEP 7——配線エラーをつぶして最終仕上げ　247

(1)〜(5)は，基板メーカが必要とするファイルです．

● 手順3　外形データと裏面のシルク印刷データを生成する
② 外形データ

上記データ以外のデータを要求されることもよくあります．

外形データと裏面のシルク印刷データの出力をgerb274x.camに追加します．

図4-23のCAM Processor画面で，Solder stop mask SOLタブをクリックして［Add］をクリックすると，Solder stop mask SOLタブがもう一つ現れます．後ろのSolder stop mask SOLタブをクリックして，JobのSectionをOutlineに書き換えます．続いて，File名を%N.stsから%N.outに変更します．pos.Coordにチェックが入っていたら外します．

Layer一覧で，Layer 30 bStopの選択を外し，Layer 20 Dimensionを選びます．Layer 20には外形線が描かれているので，それがガーバー・データとして出力されます．

Process Sectionコマンドをクリックして，出力された外形データ*.outが正しいかどうかを確認します．

外形データがシルクで描かれていれば，基板メーカによっては，外形データは不要です．

③ はんだ面のシルク印刷データ

CAM Processor画面で，Silk screen CMPタブをクリックして，［Add］をクリックすると，Silk screen CMPタブがもう一つ現れます．後ろのSilk screen CMPタブをクリックして，JobのSectionをSilk screen SOLに書き換えます．次に，File名を%N.plcから%N.plsに変更します．pos.Coordにチェックが入っていたら外します．Layerの一覧で，Layer 21 tPlace，Layer 25 tNamesの選択を外し，Layer 22 bPlace，Layer 26 bNamesを選びます．

Process Sectionコマンドをクリックし，出力されたはんだ面用シルク印刷データ(*.pls)が正しいかどうかを確認します．

▶すべてのシルク文字の太さを揃える

図4-25に示すように，EAGLEでは，文字の太さを高さに対するRatioで決めています．例えば，標準的な文字高さが50milでRatioが8%の場合，文字の太さは4milになります．私がよく使うシルク印刷用文字の太さは7milです．

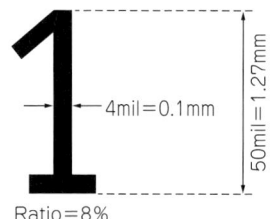

[図4-25]
手順3-1 Ratioによるシルク文字の太さの設定
文字の高さに対する割合で太さを決める
4mil＝0.1mm
50mil＝1.27mm
Ratio＝8%

```
            %ADD10C,0.0160*%         %ADD10C,0.0160*%
            %ADD11C,0.0000*%         %ADD11C,0.0000*%
            %ADD12C,0.0080*%         %ADD12C,0.0080*%
    4mil    %ADD13C,0.0040*%         %ADD13C,0.0070*% 7mil
    5.7mil  %ADD14C,0.0057*%    ⇒    %ADD14C,0.0077*% 7.7mil
            %ADD15C,0.0070*%         %ADD15C,0.0070*%
    5mil    %ADD16C,0.0050*%         %ADD16C,0.0070*% 7mil
            %ADD17C,0.0071*%         %ADD17C,0.0071*%
    3mil    %ADD18C,0.0030*%         %ADD18C,0.0070*% 7mil
    6mil    %ADD19C,0.0060*%         %ADD19C,0.0070*% 7mil
               (a)変更前                    (b)変更後
```

[図4-26] **手順3-2 ガーバー・データで文字の太さを変更**
7mil未満をすべて7milに揃える

文字の太さを変更する方法には2通りあります．
- Ratioを変更する
- ガーバー・データを変更する

前者は，文字一つ一つの高さをRatioを設定し直す必要があるので，非常に手間なのでRATIOを変更するスクリプトを作り，それを実行して，RATIOを一気に変更します．後者は，**図4-26**に示すように，ガーバー・データですべての太さを一度に設定する方法です．図では7mil未満をすべて7milに指定しています．

④ ドリル・データ

ドリル・データは，基板に穴をあけるマシン（ドリル）に装着するドリルの太さ（直径）と穴の位置を示すデータです．excellon.cam.を使って出力します．出力ファイルは，.drdの拡張子を持っています．

コントロール・パネルで，excellon.cam.をダブルクリックします．もし，pos. Coordにチェックが入っていたら外します．メニュー・バーから［File］-［Open］-［Board］-［usb_audio.brd］を選択します．［Process Job］ボタンをクリックすると，

ドリル・データ（usb_audio.drd）が出力されます．
　ドリル・データは必ず基板メーカに提出しなければなりません．ドリル・データは，ガーバー・データではないので，EAGLEでは別のCAMプロセッサを使っています．

● **手順4　出力したガーバー・データをもう一度チェック**
　基板メーカにガーバー・データを送る前に，今一度確認をします．ガーバー・ビューワ（Appendix 4-A参照）を使って，自分のイメージ通りのものがちゃんと出力されているか確認します．基板メーカは，シルク印刷文字が逆転していないか，メーカが定めるデザイン・ルールに合致しているかなどをガーバー・ビューワを使って確認しています．
〈渡辺　明禎〉

Column（4-C）
自分で作ったデータは自分で決めたルールでチェックする

　デザイン・ルールとは，パターンを描くときの線の幅，線の最小間隔，ビア・ホールのドリル径，基板端からのパターンの最小距離などを決めたルールで，すべて自分で決めるものです．
　EAGLEで標準に設定されているデザイン・ルールでは，希望のプリント基板が作れないこともあります．あくまでもデザイン・ルールは自分で決めるものなのです．
　部品密度が大きいときは，基板メーカが指定する最小線幅，線間隔以下にします（5milが多い）．ビア・ホールのドリル径も同様です．余裕があるときは，線幅を8mil，12milというように太くすることもできます．
▶ オートルータとデザイン・ルール
　オートルータは，デザイン・ルールに設定された値を参照しながら，勝手に配線を進めていきます．自分で，基板端から配線までの距離を0milに設定すると，基板端まで配線が行われて，使える基板には仕上がりません．
▶ DRCとデザイン・ルール
　DRC（Design Rule Check）は，配線や部品配置などが，デザイン・ルールの設定値に違反していないかを調べる機能のことです．自分で線幅を許されない値に設定したりすると，DRCでエラーになります．
　自分で線幅を4milに設定すれば，4milの配線はOKになります．しかし基板メーカが線幅として5mil以上を要求するなら，製作を引き受けてはくれません．
　DRCは，デザイン・ルールの設定値が適切かどうかまでは判断してくれません．デザイン・ルールはあくまで自分で決めるものです．
〈渡辺　明禎〉

Appendix4-A
すべての基板メーカが頼りにしているデファクト・スタンダード
ガーバー・データを覗いてみる

プリント基板CADの多くは,専用のフォーマットでデータを保存しているため,業者にそのデータを送っても基板を作ってくれません.プリント基板業界のデファクト・スタンダードであるガーバー・データに変換する必要があります.ガーバー・フォーマットには,
(1) 拡張ガーバー・フォーマット(RS-274X)
(2) 従来のガーバー・フォーマット(RS-274-D)
の二つがあります.EAGLEはRS-274Xに対応しています.
表1に示すのは,EAGLEの描画データの入力形式や描画形式などを定義するコマンドです.

表1 描画データの入力形式や描画形式などを定義するコマンド(EAGLEの場合)

コマンド	定義など
G75*	360°円弧の補完を有効にする.始点と終点の座標が同じ場合は円.異なる場合は円弧
G70*	inch単位に指定する
%OFA0B0*%	描画全体のオフセット指定.A0B0でゼロ・オフセット(デフォルト)
%FSLAX24Y24*%	数値の桁数など入力形式の指定.Aは絶対座標であることを示す
%IPPOS*%	IP(Image Polarity)イメージの描画極性の指定.POSまたはNEG
%LPD*%	LP(Layer Polarity).描画層の描画極性指定.D(Dark)またはC(Clear)
%AMOC8*5,1,8,0,0,1.08239x$1,22.5*%	AM(Aperture Macro).アパーチャ・マクロの定義.OCがマクロ名.5,1,8,00…がアパーチャ・データ
%ADD10C,0.0160*%	AD(Aperture Definition).D10はDコード(10〜999).円(C),四角形(R),長円(O),正多角形(P).0.0160は円の直径16 mil

図1に示すのは，描画データです．太さや形状（アパーチャ）は，%ADとD10，D11，という番号で定義されます．D10*に続けて描画するデータが並びます．

　D02は描画始点を表しており，その座標は$(X, Y) = (0, 0)$と指定されています．D01は次の点の座標$(1, 0)$を示しています．

　座標データの終わりに，M02*と記述します．　　　　　　　　　　〈渡辺 明禎〉

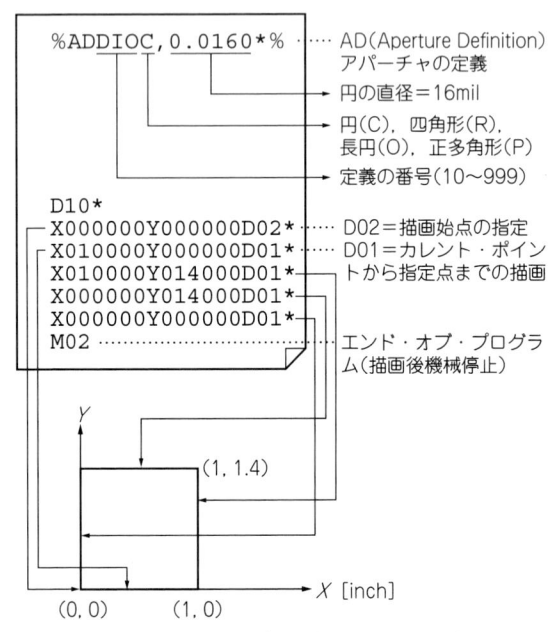

```
%ADD10C,0.0160*%     ……  AD(Aperture Definition)
                          アパーチャの定義
                       →  円の直径＝16mil
                       →  円(C)，四角形(R)，
                          長円(O)，正多角形(P)
                       →  定義の番号(10～999)
D10*
X000000Y000000D02*   ……  D02＝描画始点の指定
X010000Y000000D01*   ……  D01＝カレント・ポイン
X010000Y014000D01*        トから指定点までの描画
X000000Y014000D01*
X000000Y000000D01*
M02 ………………………     エンド・オブ・プログラ
                          ム（描画後機械停止）
```

図1　描画する図形の座標データ（EAGLEの場合）

Appendix4-B

コマンド入力ですべて操作できる
スクリプト言語で楽々配線

1　コマンド・ラインからの操作

　EAGLEへの指示は，マウスによってアイコンをクリックする方法と，キーボードからコマンド入力することによって操作する方法があります．

　マウスによる操作は，アイコンを探してからそのアイコンをクリックし，ダイアログを開いて，希望の設定または値を入力しなければなりません．頻繁に設定を変更する場合などは，その操作が繰り返されてしまい作業が増えてしまいます．そのような場合は，コマンド・ラインに入力して設定を変更するほうが早くて便利です．

　表面実装部品とリード部品が混在した基板を設計する際には，レイアウト上の表示グリッドを頻繁に切り替えます．そのたびにgridアイコンをクリックして設定するのは大変です．そのため，グリッドをコマンド・ラインから切り替えます(**図1**)．

　コマンド・ラインにGRIDコマンドを入力してEnterを押せば変更されます．コマンドは小文字，大文字のどちらでも動作します(**表1**)．

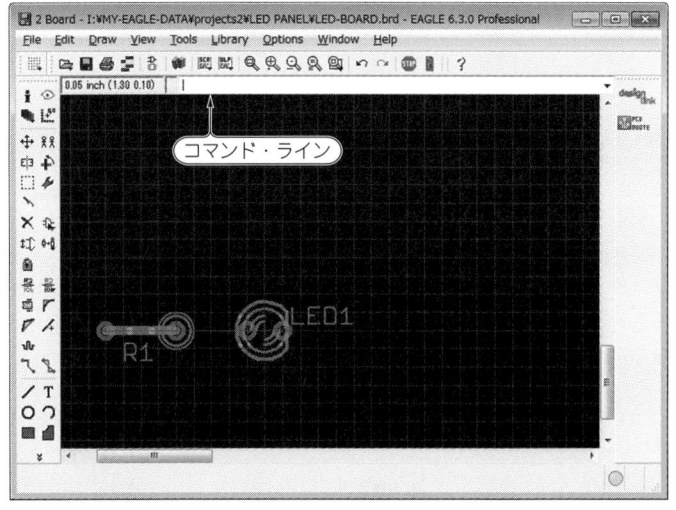

図1　グリッドをコマンド・ラインから切り替える

表1 コマンドの例

コマンド	動 作
GRID OFF;	グリッドを消す
GRID ON;	グリッドを表示する
GRID LINE;	グリッドを線にする
GR LI	GRID LINE;の省略形
GRID DOT;	グリッドを点にする
GR DO	GRID DOT;の省略形
GRID MM;	グリッドをMM単位にする
GRID MM 1 5;	グリッドをMM単位として，1mm間隔とし，5mmごとに表示する
GRID MM 1 ALT MM 0.1;	グリッドを1mmに間隔とし，ALTキーが押されたときのグリッド・サイズを0.1mmとする
GRID LAST;	直前の設定に戻る
GRID DEFAULT;	デフォルト設定に戻る
GR DE	GRID DEFAULT;の省略形

表2 操作できるコマンドの一例
コマンド・ラインからの操作はすべてのコマンドを操作できる

コマンド	動 作
MOVE R1(10 10);	抵抗器R1を座標(10 10)に配置する
INFO IC1;	IC1の情報を表示する
HOLE 3.2(5 5);	3.2の穴を座標(5 5)に配置する
VIA 'GND'(20 20);	SIGNAL名GNDのVIAを座標(20 20)に配置する
CHANGE LAYER DIMESION;	使用するレイヤをDIMENSIONに変更する
WIRE(0 0) (0 100);	座標(0 0)から座標(0 100)に直線を配置する

　コマンド・ラインからの操作は，GRIDだけではありません．すべてのコマンドについて操作できます．その一例を紹介させていただきます(**表2**)．

2 スクリプト・ファイル

　EAGLEのコマンドをテキスト形式で作成しておくと，連続的にそれらのコマンドを実行させることができます．繰り返し必要とされる作業などを自動化できます．

　例えば，**図2**のような100mm×100mmで四隅に3.2mmの穴を配置する基板の外形線とドリル穴を作成するスクリプトを作成してみます．

　EAGLEの［Control Panel］から［テキスト・エディタ］を起動して，EAGLEのコマンドを記述するだけです．［Control Panel］→［File→Script］でエディタが起動します．

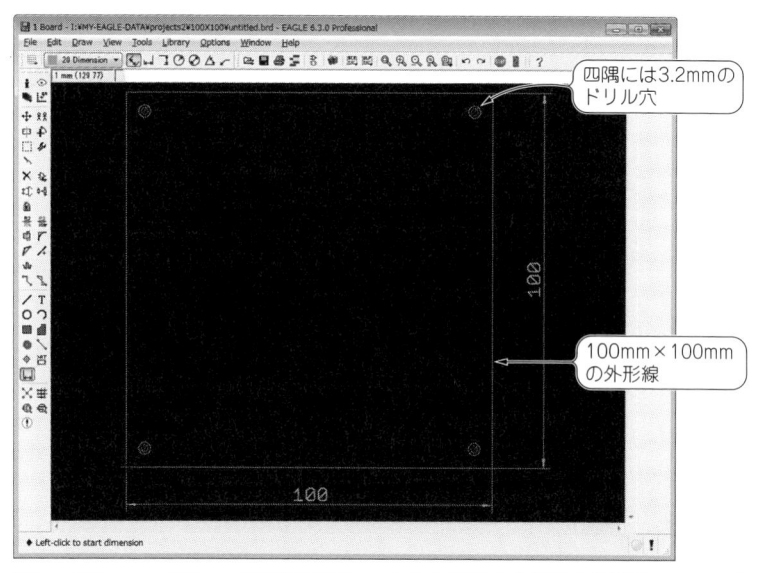

図2 100mm×100mmで四隅に3.2mmの穴を配置する基板の外形線とドリル穴を作成するスクリプトを作成した

下記のコマンドを記入してセーブすると，スクリプト・ファイルができあがります．

```
GRID MM 1 DOT;
CHANGE LAYER DIMENSION;
CHANGE WIDTH 0;
WIRE (0 0) (0 100) (100 100) (100 0) (0 0);
HOLE 3.2 (5 5) (95 5) (95 95) (5 95);
GRID LAST;
```

図3は作成したファイルを100X100.scrとしてセーブした画像です．作成したスクリプト・ファイル100X100.scrをLayoutエディタ上で実行します．Layoutエディタを開きます．先ほど作成しました100X100.scrを現在開いているLayoutエディタにドラッグ＆ドロップすると，スクリプト・ファイル中に記述された内容が実行されます（図4）． 〈玉村 聡〉

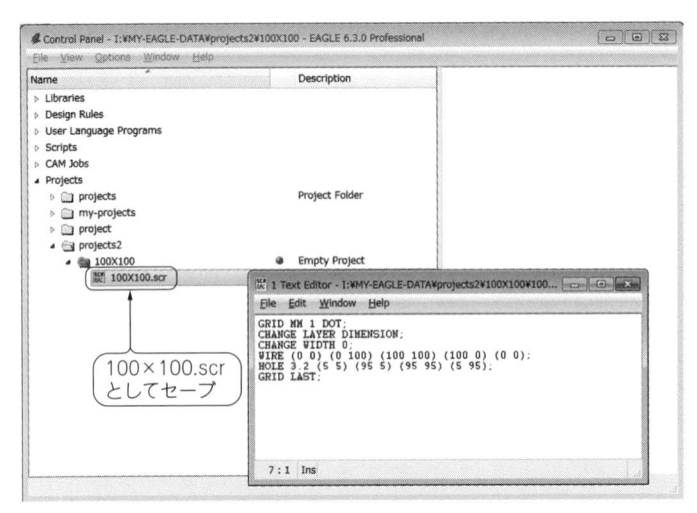

図3 作成したファイルを100X100.scrとしてセーブした

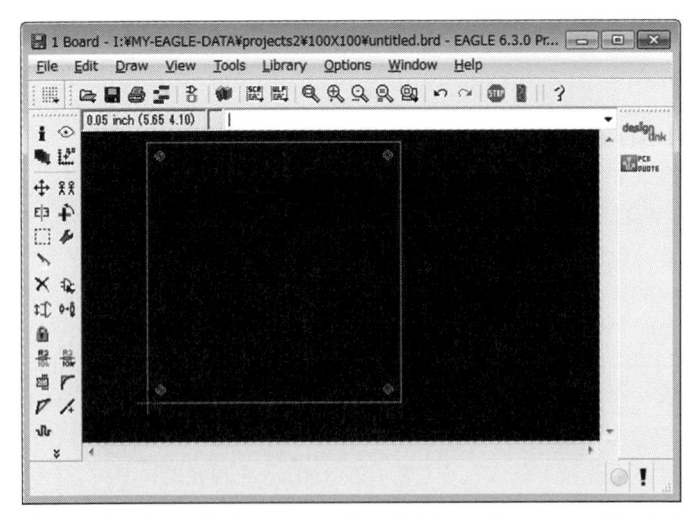

図4 作成したスクリプト・ファイル100X100.scrをLayoutエディタ上で実行した画面

Appendix4-C

できあがってから部品がぶつからないように
全部フリー！3D画像作成のための四つのツール

1 3D表示用プログラム

　EAGLEとほかのツールを組み合わせて，**図1**のような画像を作成できます．寸法の検証，プレゼンテーションなどに使用できます．

　作成するには，4種類のソフトウェアが必要となります．
- CadSoft EAGLE6.4.0（Light Editionも動作します）
- Google SketchUp（現行バージョン8，フリーウェア・バージョン）
- ImageMagick（ImageMagick-6.x.x-Q8-windows-dll.exe，フリーウェア）
- eagleUp（eagleUp 4.4zip，フリーウェア）

2 SketchUpのダウンロード

　SketchUp（**図2**）は3D画像を表示するためのソフトウェアです．下記はSketchUpへのリンクURLです．

　　http://www.sketchup.com/intl/ja/product/gsu.html

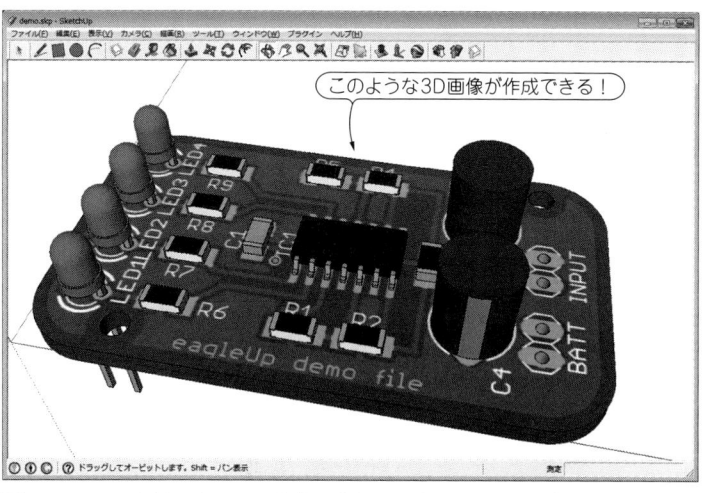

図1　EAGLEとほかのツールを組み合わせて表示した3D画像

SketchUp8(無償)とSketchUp Pro(有償)の2種類があります．ここではSketchUp8を選択してください．まずは画面指示(図3)に従ってインストールしてください．

3　ImageMagic

画像の表示，データ変換を行うソフトウェアです．下記URLよりダウンロードできます．

http://www.imagemagick.org/script/index.php

図4にある[ImageMagick-6.8.1-10-Q8-x86-dll.exe]をダウンロードしてインストールしてください(64bitマシンをご利用の方は，[ImageMagick-6.8.1-10-Q16-x64-dll.exe]を選ぶ)．

4　eagleUp

zip形式圧縮されたファイル[eagleUp4.4.zip]を，下記のURLよりダウンロードします(図5)．

http://eagleup.wordpress.com/installation-and-setup/

デモンストレーション用ファイル，部品の3次元データ・ファイル，3次元生成

図2　SketchUpのトップページ

用のULP，Sketchup用プラグイン・ファイルが収められています．
［eagleUp4.4.zip］を解凍すると，**図6**の四つのフォルダが得られます．四つのフォルダまたはファイルを以下のディレクトリにコピーします．
（a）demo files（デモ・ファイル）をEAGLEの任意のフォルダにコピーします（**図7**）．

図3　SketchUp8（無償）をインストールするときに出る画面

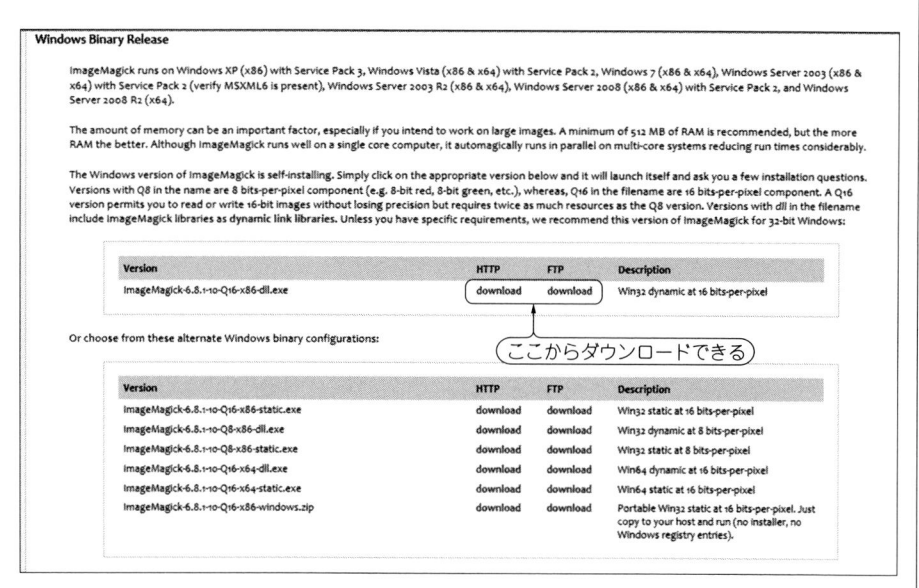

図4　ImageMagicの種類を選択する画面

(b) Eagle ULPフォルダ中のeagleUp_export.ulpをC:¥ProgramFlies¥EAGLE-6.4.0¥ulpにコピーします.
(c) modelsをフォルダごとC:¥Program Files¥EAGLE-6.4.0へコピーします.
(d) Sketchup Plugin中のeagleUp_import.rbをC:¥Program Files¥Google Sketchup 8¥Pluginsへコピーします.

以上で準備完了です.

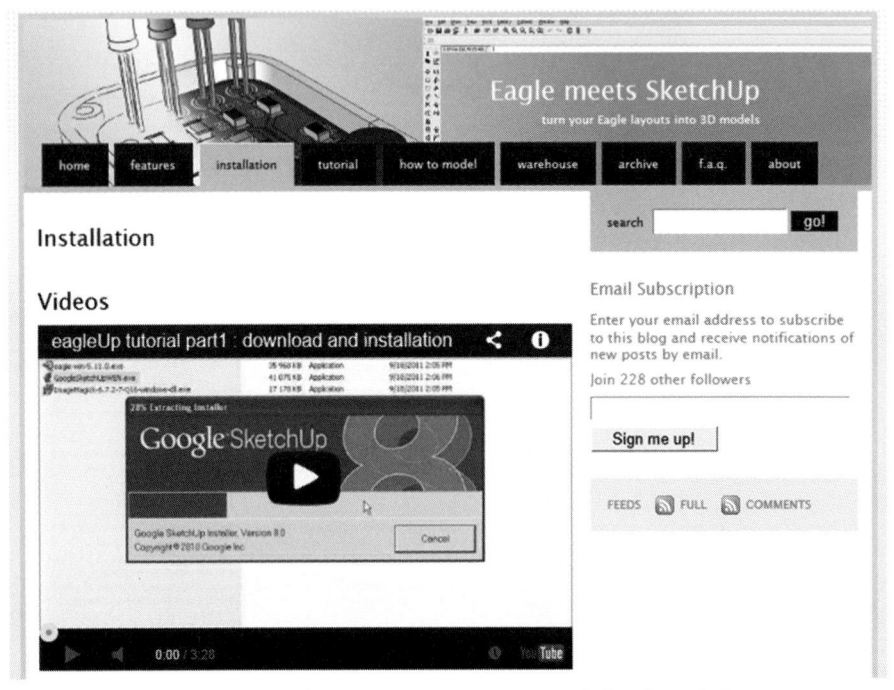

図5 WebサイトはeagleUpのダウンロードとインストールの方法が動画で紹介されている

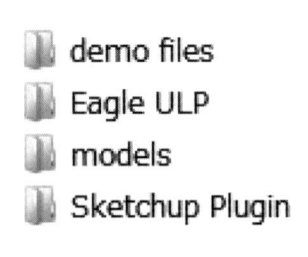

図6 [eagleUp4.4.zip] を解凍すると四つのフォルダがある

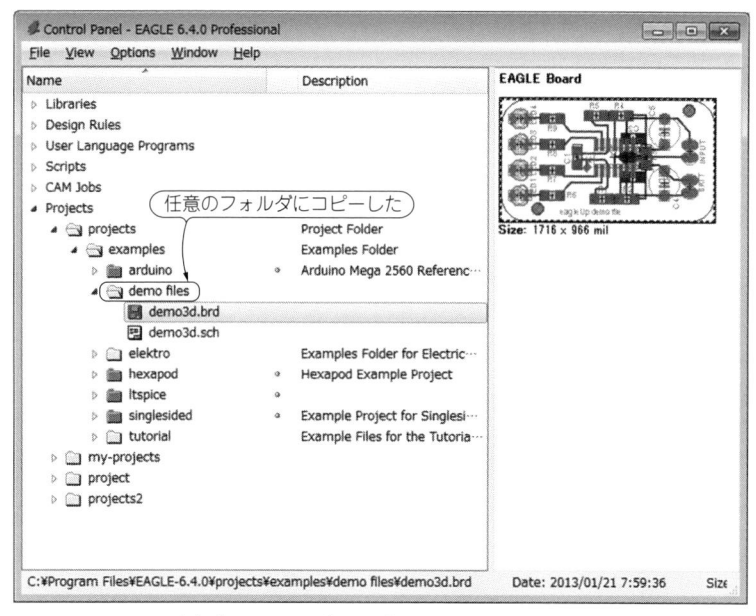

図7 demo filesを任意のフォルダにコピーした画面

5 操作方法

　デモ・ファイル［demo3d.brd］を開き，［eagleUp_export.ulp］を実行します．［Control Panel］から［eagleUp_export.ulp］をドラッグして［demo3.brd］の上

図8　Edit general settingsの画面

全部フリー！3D画像作成のための四つのツール

にドロップします．すると図8のような画面が開かれます．[set for Windows] をクリックすると空欄に設定が埋め込まれます（図9）．EAGLEのバージョン，ImageMagicのバージョンともに進んでしまっているので，修正を加えます．ImageMagicについては，実際のファイル名を確認して図10の画面を参考に記入してください．OKをクリックすると，3Dデータ生成のパラメータを設定できます（図11）．無事3Dデータが生成されると，次のメッセージが表示されます（図12）．

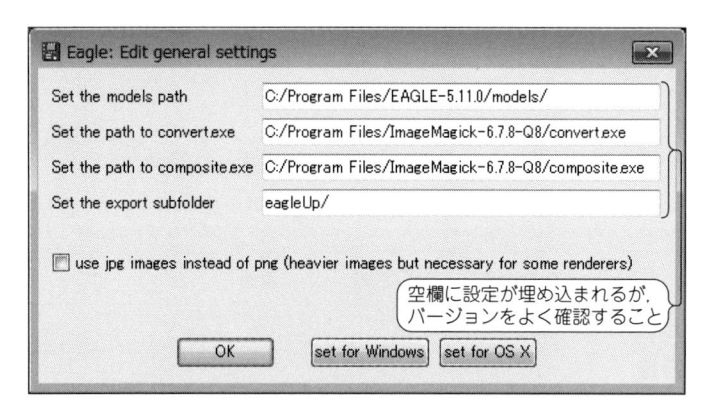

図9 [set for Windows] を押すと自動的に空欄が埋まる

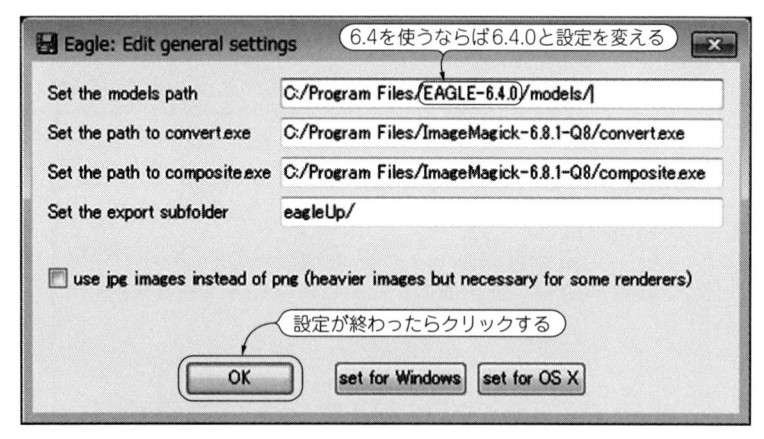

図10 自分が使用するバージョンに書き換える

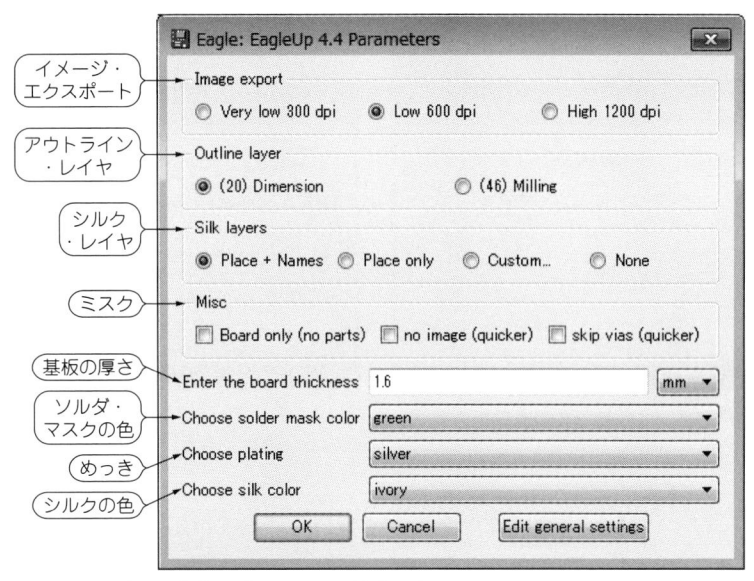

（イメージ・エクスポート）
（アウトライン・レイヤ）
（シルク・レイヤ）
（ミスク）
（基板の厚さ）
（ソルダ・マスクの色）
（めっき）
（シルクの色）

図11 3Dデータ生成のパラメータが設定できる

（クリックする）

図12 3Dデータが生成されると出るメッセージ

6 SketchUp に 3D データを取り込む

SketchUpを起動します．[テンプレートを選択]を押し(**図13**)，テンプレートを選択します(**図14**)．メートル，ミリ単位のテンプレートならば選択できます．

人物の絵があるテンプレートを選択した場合には，人物の絵を消しておいてください(**図15**)．

[プラグイン] → [Import eagleUp v4.4] を選択→ [demo3d.eup] を指定します．すると，複数のコマンド・プロンプト画面が開かれながらデータを読み込みます(**図16**)．

図13　SketchUpを起動したときに出る画像

図14　テンプレートはメートル単位，ミリ単位ならば選択できる

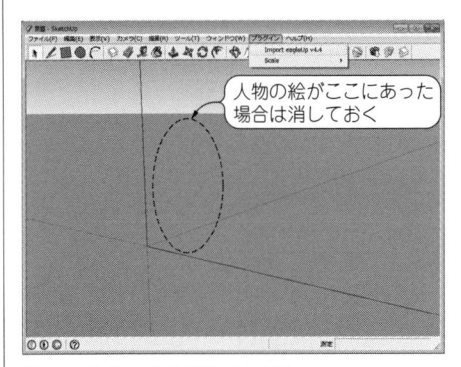

図15　人物の絵を消した画面

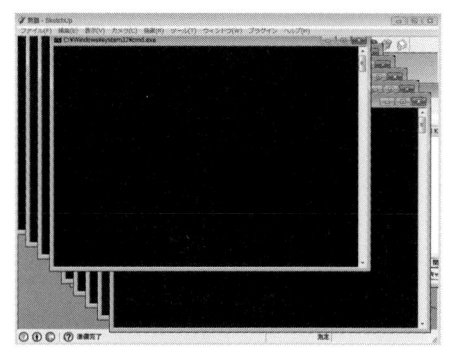

図16　複数のコマンド・プロンプト画面が開かれながらデータが読み込まれる

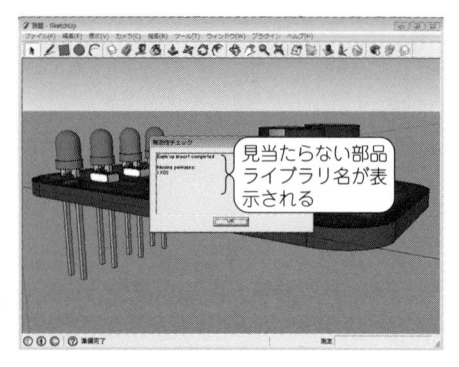

図17　完了すると画像と見当たらない部品ライブラリ名が表示される

第4章　Appendix4-C

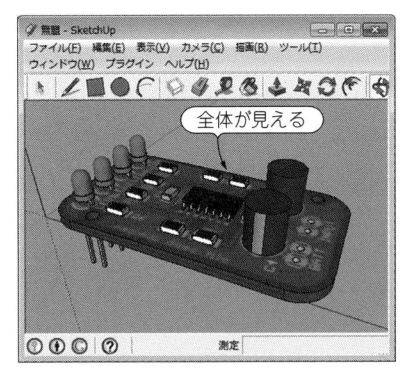

(a) 右上から見た状態 — 全体が見える

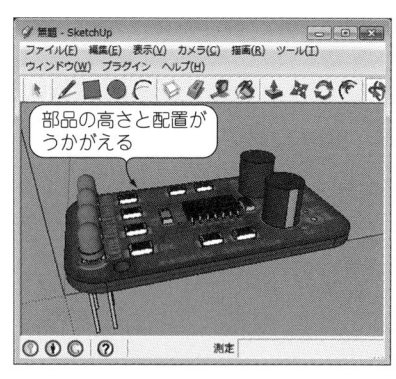

(b) 左上から見た状態 — 部品の高さと配置がうかがえる

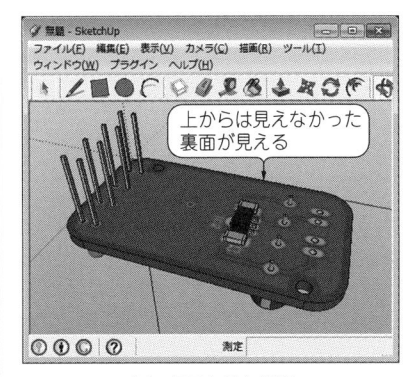

(c) 裏面を見た状態 — 上からは見えなかった裏面が見える

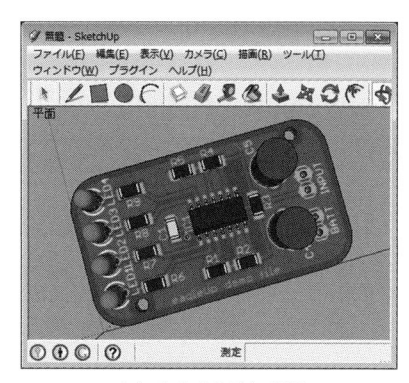

(d) 真上から見た状態

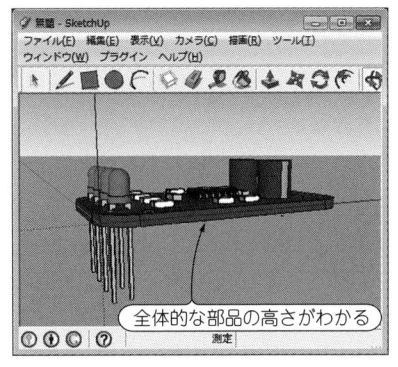

(e) 真横を見た状態 — 全体的な部品の高さがわかる

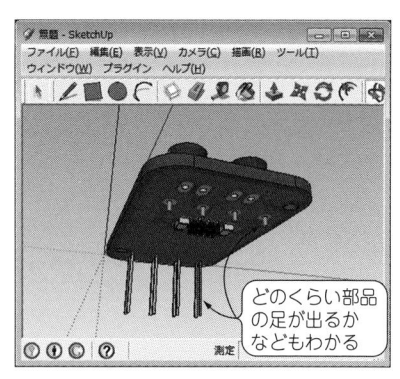

(f) 下から見た状態 — どのくらい部品の足が出るかなどもわかる

図18　3Dデータをどの角度からでも見ることができる

全部フリー！3D画像作成のための四つのツール

完了すると画像が表示され，見当たらない部品ライブラリ名が表示されています（**図17**）．

以上で3Dデータの読み込みが完了しました．sketchUpを操作すれば，基板をどの方向からでも見ることができます［**図18**(a)〜**図18**(f)］．

SketchUpの操作については，起動時画面に案内されている「ビデオチュートリアルを見る」などをご参照ください． 〈玉村 聡〉

第5章
発注 / 組み立て…そして音出し
部品をはんだ付けして電源投入

本章では、高周波信号を扱うFMトランスミッタ基板、電力を扱うD級パワー・アンプ基板、そしてマイコン基板のデータを作ります。さらに、これらの基板を組み合わせて1枚の基板にまとめて基板メーカに発注します。

STEP 1 FM送信 / アンプ / マイコン基板を作る
STEP 2 インターネットで自宅から注文！
STEP 3 メーカから届いた基板に電源を入れる
STEP 4 ディジタル・オーディオ・ステーションの製作

STEP 1── FM送信 / アンプ / マイコン基板を作る
パワー回路や高周波回路を確実に動かす

FMトランスミッタ基板

■ 回路設計

図5-1に回路図を示します。データシートの応用回路を参考にしました。

● ワンチップのFMステレオ送信IC BH1417FVを使う

CDなどの音楽をFM電波で飛ばすことができるBH1417FV（ローム）というワンチップICを使います。FMラジオがあれば、どこでも音楽を楽しめます。表5-1と表5-2にスペックを示します。

図5-2に示すように、プリエンファシス回路、リミッタ回路、LPF、ステレオ変調回路、PLL周波数シンセサイザを内蔵しています。7.6MHzの水晶発振周波数を内部の分周器で1/4, 1/19もしくは1/4, 1/19して、すなわち4×19＝76分周して100kHzを得ています。これがPLL発振器の基準周波数になるので、100kHzステップ（BH1415Fの場合）で送信周波数を変えることができます。PLL発振回路の出

[図5-1] FMトランスミッタの回路

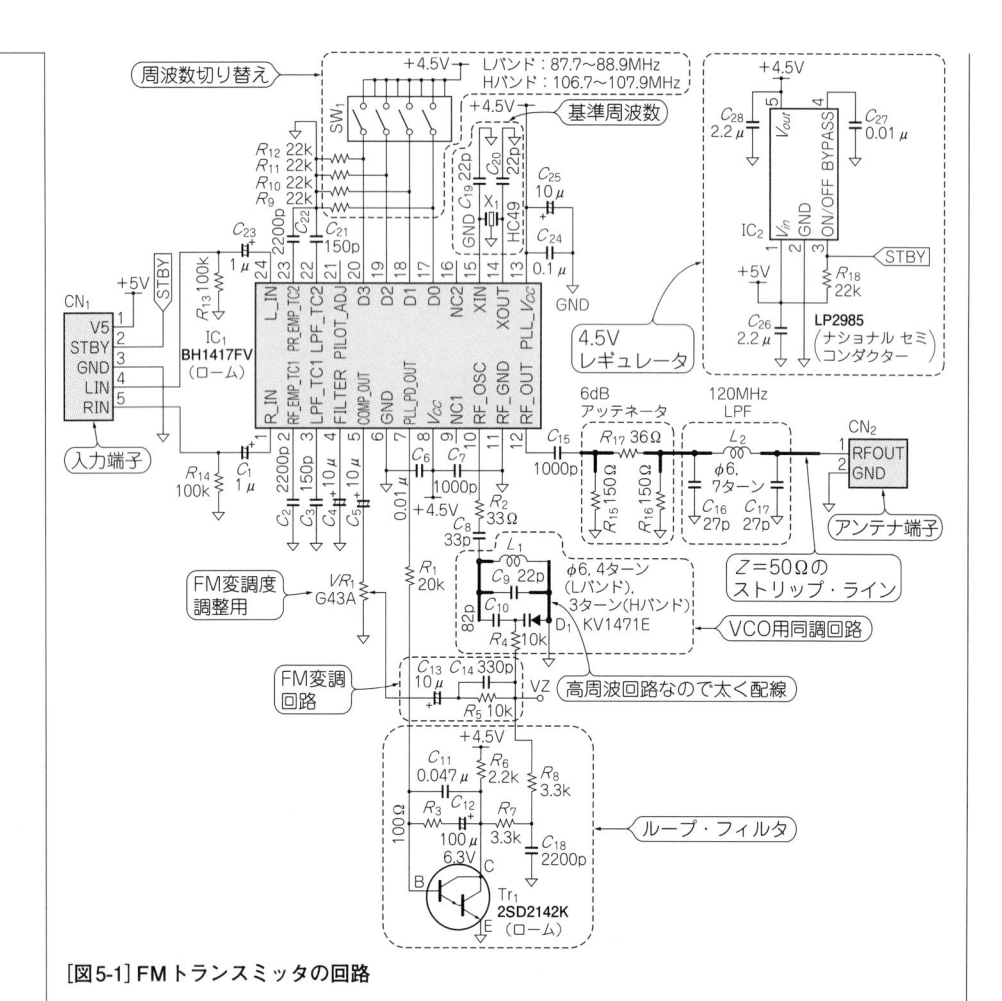

[表5-1] FMトランスミッタIC BH1417FVの動作仕様

項　目	値
動作電源電圧	$4.0 \sim 6.0$ V
動作温度	$-40 \sim +85$ ℃
オーディオ入力レベル	~ -10 dBV
オーディオ入力周波数	$20 \sim 15$ kHz
プリエンファシス 時定数設定範囲	~ 155 μs
送信周波数	$87.7 \sim 88.9$ (step0.2) MHz $106.7 \sim 107.9$ (step0.2) MHz

第5章──発注/組み立て…そして音出し

[表5-2] BH1417FVの電気的特性

項　目	標準値	測定条件 $T_A = 25℃$, $V_{CC} = 5.0$ V, $f_{in} = 400$ Hz
無信号時回路電流	20 mA	
チャネル・セパレーション	40 dB	$V_{in} = -20$ dBV, L→R, R→L
全高調波ひずみ率	0.1 %	$V_{in} = -20$ dBV, L + R
チャネル・バランス	0 dB	$V_{in} = -20$ dBV, L + R
入出力ゲイン	0 dB	$V_{in} = -20$ dBV, L + R
パイロット変調度	15 %	$V_{in} = -20$ dBV, L + R, Pin5
サブキャリア抑圧比	-30 dB	$V_{in} = -20$ dBV, L + R
プリエンファシス時定数	50 μs	$V_{in} = -20$ dBV, L + R
リミッタ入力レベル	-13 dBV	出力が1 dB抑圧される入力レベル
LPFカットオフ周波数	15 kHz	$V_o = -3$ dB, Pin2, 21オープン
送信出力レベル	99 dBμV	$f_{TX} = 107.9$ MHz

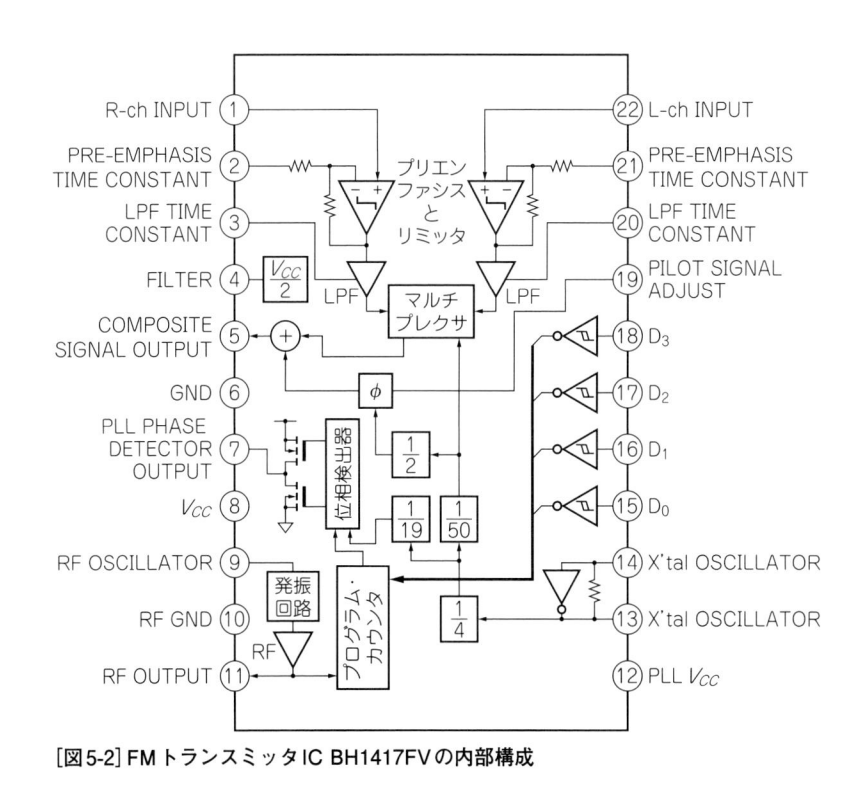

[図5-2] FMトランスミッタIC BH1417FVの内部構成

STEP 1 —— FM送信/アンプ/マイコン基板を作る

力はアンプで増幅されているので，十分な発振出力を得ることができます．

BH1417FVは，発振源に水晶発振器をベースにしたPLL回路を採用しているため，送信周波数が安定しています．送信帯域は，次の2バンド，14チャネルで，200kHzステップです．

- 87.7 ～ 88.9MHz（Lバンド）
- 106.7 ～ 107.9MHz（Hバンド）

Hバンドは米国用なので受信できないラジオが多いと思います．送信周波数はジャンパ線またはDIPスイッチで，D_0～D_3の端子のL/Hを切り替えます（**表5-3**）．

● **BH1417FVの周辺設計**
▶USBオーディオ・デコードICとの信号レベルのマッチング

USBオーディオ・デコードIC BU94603KVの最大出力電圧は0.67V_{RMS}，FMトランスミッタ BH1417FVの最大入力レベルは－13dBV（＝0.22V_{RMS}）ですから，何もしないまま直結すると音がひずみます．そこでBU94603KVに内蔵されたボリュームで－10dB（＝0.22/0.67＝0.328）減衰させることにして，BU94603KVの出力とBH1417FVの入力は直結します．

[表5-3]
制御データと送信周波数の関係
D_0～D_3の信号のL/Hを切り替え周波数を調整する

制御データ				周波数
D_0	D_1	D_2	D_3	[MHz]
L	L	L	L	87.7
H	L	L	L	87.9
L	H	L	L	88.1
H	H	L	L	88.3
L	L	H	L	88.5
H	L	H	L	88.7
L	H	H	L	88.9
H	H	H	L	PLL停止
L	L	L	H	106.7
H	L	L	H	106.9
L	H	L	H	107.1
H	H	L	H	107.3
L	L	H	H	107.5
H	L	H	H	107.7
L	H	H	H	107.9
H	H	H	H	PLL停止

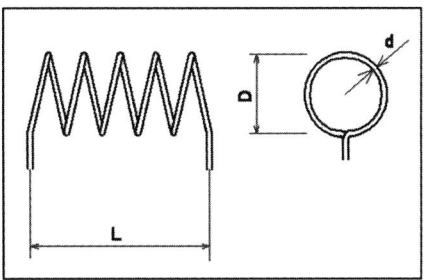

▶入力部にはフィルム・コンデンサを使う

　C_2, C_3, C_{21}, C_{22}には積層セラミックより温度特性が良いフィルム・コンデンサを使います．容量が2200pFと小さいので，0603サイズを使いました．

▶7.6MHzの水晶振動子を特注

　7.6MHzの水晶振動子は特注します．負荷容量C_{19}とC_{20}は温度特性の良いCH特性のセラミック・コンデンサです．

▶VCO回路

　発振コイルL_1の周辺は，PLLのVCO回路です．

　BH1417FVのデータシートでは，L_1にFEM10C-2F6（スミダ）が使われています．FEM10C-2F6と61pFの同調用コンデンサを組み合わせると80MHzで共振するので，FEM10C-2F6のインダクタンスは65nHとわかります．

　空芯コイルの巻き数は，**図5-3**に示すウェブサイトの計算ツールで求めました．計算条件は次の通りです．

- インダクタンス65nH
- 平均直径6mm
- 長さ10mm

[図5-3]
空芯コイルの巻き数を計算するウェブ計算ツール
http://jr6bij.hiyoko3.com/java_calc/coil.php

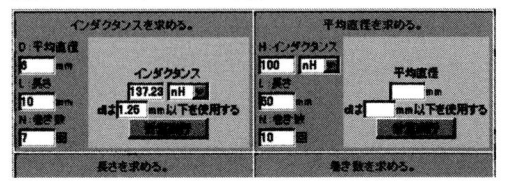

計算結果は4.8ターンでしたが，実験をして4ターン(44.7nH)に決めました．コイルはすずめっき線を巻いて自作します．一つのコイルではLバンドとHバンドの両バンドをカバーできないので，Hバンド用のコイルは，3ターン(25nH)としました．LバンドとHバンドのコイルを実装する基板上のスペースは1カ所なのではんだごてを使って取り替えます．

▶ループ・フィルタ

図5-4に示すようにBH1417FVは，周辺回路と内部回路を組み合わせてPLL回路を構成しています．ループ・フィルタは，ダーリントン・トランジスタ 2SD2142K（ローム，写真5-1）とCRを使ったアクティブ・タイプです．図5-5にループ・フィルタの周波数特性を示します．

2SD2142Kは，最大電流0.3A，耐圧30V，$h_{FE} = 5000$（$V_{CE} = 3V$，$I_C = 10mA$）で，パッケージはSMT3です．ゲイン帯域幅積が200MHzで，高速動作が可能です．

▶電波の出力ラインに不要輻射を抑えるπ型LPFを入れる

BH1417FVの送信出力には不要輻射を抑えるLPFを挿入します．このICの出力レベルは99dBμV_{typ}と小さいので，3次の簡易的なπ型としました．定数は図5-6に示すウェブサイトのツールを利用して求めました．

LPFのカットオフ周波数が120MHzになるように計算した結果，次のようにな

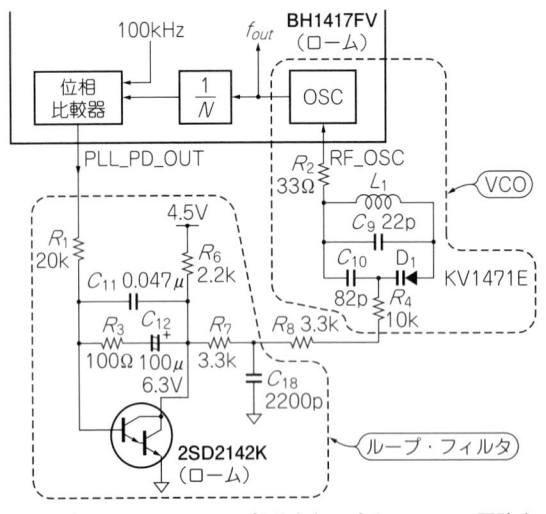

[図5-4] BH1417FVは周辺部品と組み合わせてPLL回路を構成する

[写真5-1] ループ・フィルタに用いたダーリントン・トランジスタ 2SD2142K(ローム)

りました．

$C = 27\text{pF}$, $L = 132\text{nH}$

120MHzを狙った理由は，次の通りです．

- 87.7MHzの2倍高調波の175.4MHzである程度減衰量が必要
- 87.7MHzでは減衰が大きくならない

もう一度，**図5-3**のツールに$L = 132\text{nH}$，平均直径6mm，長さ10mmの条件を入れて計算した結果，6.9ターンと求まりました．実際には7ターンで手作りしました．

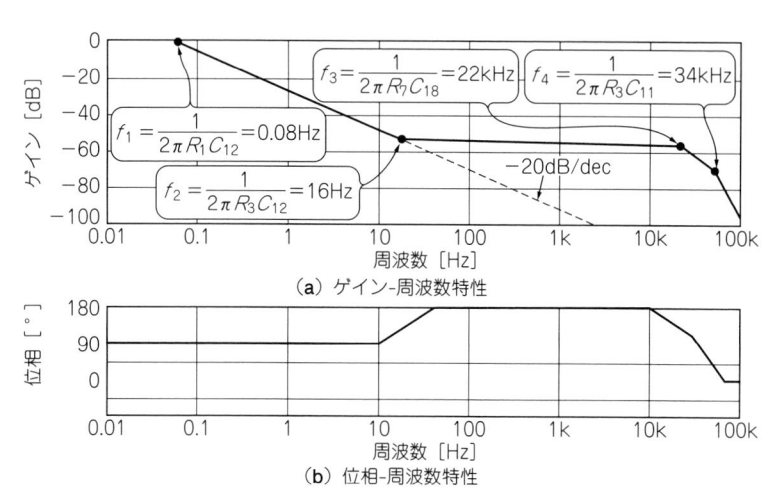

(a) ゲイン-周波数特性

(b) 位相-周波数特性

[図5-5] ループ・フィルタの周波数特性

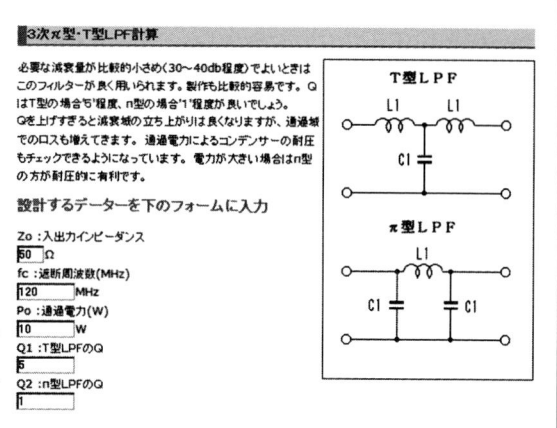

[図5-6]
ウェブ上にあるπ型LPFの定数を求める便利ツール
http://jr6bij.hiyoko3.com/java_calc/lpf2.php

STEP 1 —— FM送信/アンプ/マイコン基板を作る

■ 基板設計

基板サイズは，USBオーディオ・デコード基板と同じ2×1.75inchにしました．

● 部品マクロを作る

新規に設計しなければならないのは次のデバイスです．
- BH1417FV(SSOP-B24)　● VCO用バリキャップD_1
- ダーリントン・トランジスタQ_1
- コイルL_1，L_2　●ボリュームVR_1，CN_1，CN_2

● BH1417FVとアンテナの間は高周波センスでパターンニング

図5-1の「FMトランスミッタIC BH1417FVの出力端子～π型LPF～アンテナ」の配線の特性インピーダンスは50Ωにして，接合部の反射が小さくなるように整合をとる(マッチングする)必要があります．

BH1417FVの出力インピーダンスは50Ωですから，特になにもする必要はありません．50Ωの伝送路は図5-7のような形のパターンで実現します．これをマイク

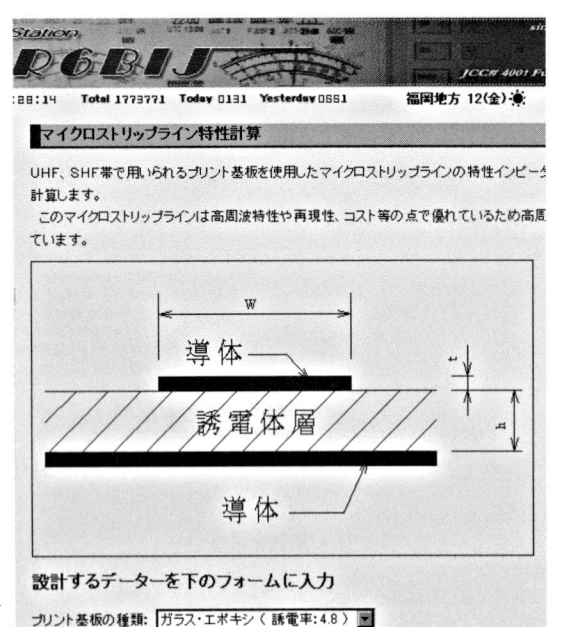

[図5-7]
マイクロストリップ・ラインの設計ツール
http://jr6bij.hiyoko3.com/java_calc/m_strip.php

ロストリップ・ラインと呼びます．
　次の条件のとき，特性インピーダンスは49.8Ωになります．
- 基板の材質：ガラス・エポキシ（誘電率4.8）
- 導体の厚さ：35μm　●基板の厚さ：1.6mm
- パターン幅：2.7mm（106mil）

　なお，VCOの共振回路の配線は24milとしました．

● **基板データを作る**
▶オートルータの動きを想定しながら回路図エディタで配線のClassを設定
　回路図エディタに戻り，メニュー・バーの［Edit］-［Net classes］から，次の二つの配線Classを登録します．
　（1）VCO共振回路の配線：Class名　vco：配線幅24mil
　（2）50Ωの配線：Class名　rf50，配線幅48mil
　Changeコマンドを起動してClassvcoを選択し，VCO回路の太線の部分にカーソルを移動して，各NetをClassvcoに登録します．バリキャップ，C_{10}，R_4の接続点はNetがないので太く表示されていません，これもClassvcoに設定します．
　ICの10番ピンにつながる線は狭くてかまわないので，Classvcoには登録しません．
　rf50の線幅は106milにしたいのですが，オートルータがチップ・コンデンサのPadへの配線するときに，クリアランスをクリアできないと判断して未配線にするので，未配線にならないぎりぎりの太さ（48mil）に設定します．FMトランスミッタIC BH1417FVの出力端子～π型LPF～アンテナのNetをClassrf50に登録します．
▶レイアウト・エディタで部品を置いてオートルータを起動
　部品を配置したらオートルータで配線します．
　アナログ回路なので，配線幅のデザイン・ルールは12milと太目に設定しました．これは，SSOP-B24のパッド幅（13mil）より少しだけ小さな値です．
　オートルータ後，Classrf50の配線幅を106milに変更すると，C_{16}とC_{17}のPadから配線がはみ出して，他のPadに重なります（**図5-8**）．このままDRCを走らせると，Overrapエラーが出るので，Pad近傍の配線は48milにして途中から106milにします．
▶ベタGNDをうまく置く
　マイクロストリップ・ラインの構成するために，裏側（はんだ面）には必ずベタ

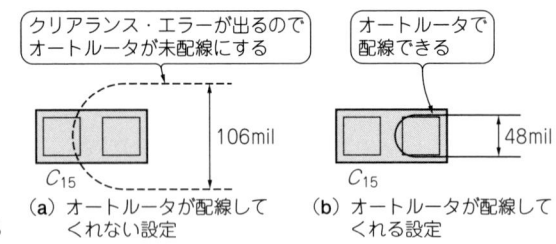

[図5-8] 太い線を配線する
(a) オートルータが配線してくれない設定 — クリアランス・エラーが出るのでオートルータが未配線にする 106mil
(b) オートルータが配線してくれる設定 — オートルータで配線できる 48mil

GNDを置かなければなりません．これがないと特性インピーダンスが50Ωになりません．

部品面を走るマイクロストリップ・ラインの近傍にベタGNDがあると，特性インピーダンスが変化します．Polygonコマンドを利用するときは，マイクロストリップ・ラインの近傍にベタGNDができないように配慮します．

D級アンプ基板

■ 回路設計

● ワンチップIC BD5638を使う

図5-9に回路を示します．

発熱が小さく放熱用に必要な面積が小さくてすむD級アンプを使うことにしま

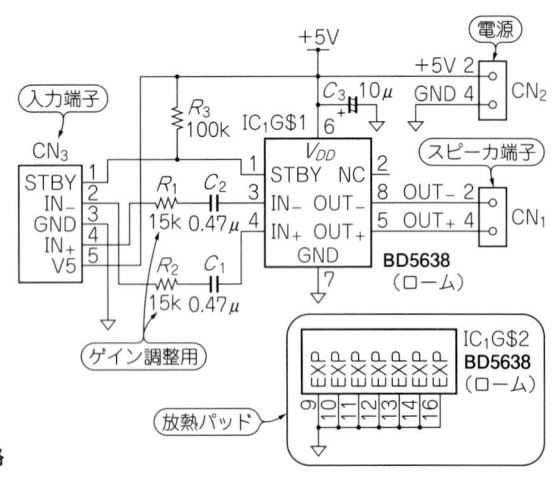

[図5-9]
スピーカを鳴らすD級アンプ回路

した．検討の結果，アナログ入力のD級モノラル・アンプ BD5638（ローム）を選びました．D級アンプの多くが必要とする，PWM信号の高調波除去用のフィルタが不要で，たった3個の部品を外付けするだけで済みます．パッケージも小型（2×3mm，VSON）です．待機時の消費電流が0μAというのも魅力で，待機状態からON状態になった直後のポップ音もありません．

表5-4にスペックを示します．図5-10に内部回路を示します．

図5-11に示すのは，BD5638のフィルタ前後の波形です．出力0Wのときは，フィルタ後は出力がなく，フィルタ前にときどき振幅が5Vの短いパルスが少し出て

[表5-4] BD5638の仕様

項　目	値
電源電圧	2.5 〜 5.5 V
チャネル数	1
無信号時電流	2.7 mA
電圧ゲイン	18 dB
出力電力　V_{DD} = 5 V，$THD + N$ = 10 %	2.5 W
V_{DD} = 3.6 V，$THD + N$ = 10 %	0.85 W
ひずみ率	0.1 %（V_{CC} = 3.6 V）
出力雑音電圧	40 μV_{RMS}
許容損失	0.52 W
パッケージ・サイズ	2.0 × 3.0 × 0.6 mm

[図5-10] D級アンプIC BD5638の内部構成

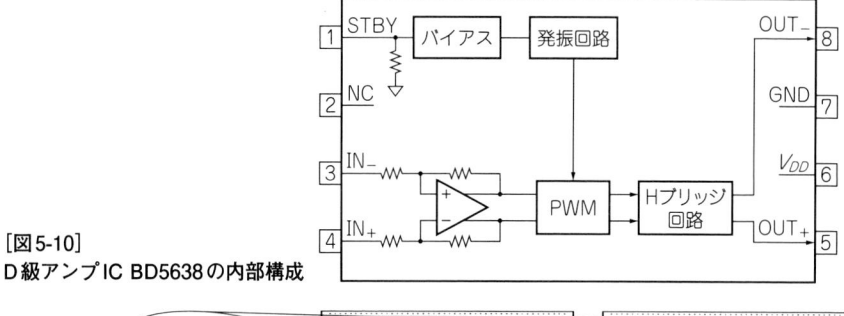

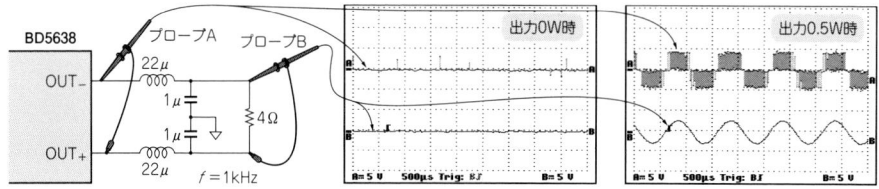

[図5-11] D級アンプIC BD5638の出力フィルタ前後の波形

います．出力を0.5Wに上げると，フィルタ後段には正弦波が，前段には振幅5VのPWM波が出力されています．

D級アンプの特性を測るときやAMラジオにノイズが入る場合は，出力にLCフィルタ（$L = 22\,\mu\mathrm{H}$，$C = 1\,\mu\mathrm{F}$）を付けます．

● 周辺回路設計

BD5638は差動入力タイプですが，BU94603KVの出力は差動ではないので，入力端子のどちらかをGNDに接続します．IN_-側をGNDとし，IN_+側にBU94603KVの出力を入力します．

BU94603KVの出力が最大（$0.67\mathrm{V_{RMS}}$）になったとき，BD5638の出力が最大（$3.5\mathrm{V_{RMS}}$）になるように，ゲインを14.4dBに設定します．次式のようにゲインは抵抗（R_1，R_2）で調整できます．

$$G = 20 \times \log(100\mathrm{k}/(25\mathrm{k} + R_1)) + 6$$

今回は$R_1 = R_2 = 15\mathrm{k}\Omega$としました．

■ 基板設計

BD5638はモノラルなので，同じ基板を2枚作ります．基板の大きさは，1×1.4 inch $\times 2$です．写真5-2に示すようにこの2枚の間にはVカットを入れませんでした．切り離すときはアクリル・カッタ（コラム5-B，写真A）を使います．

● 部品マクロを作る

BD5638のパッケージはVSON008X2030（図5-12）です．

サーマル・ビアとは，IC内部のチップが載せられている金属のダイをパッケージの外に露出させて，基板の銅箔面と接続するものです．チップの熱が直接発散するので，ICの許容電力が大きくなります．

図5-13に示す富士通テレコムネットワークスの資料から，サーマル・ビアが多いほど，また裏面の銅箔の面積が大きいほど，チップの熱抵抗が小さくなることがわかります．実際には基板メーカの最小ドリル径で，できるだけ多くのサーマル・ビアを開けます．

▶ Paackageデータを作る

図5-14に示すPackageデータ（名前はVSON008）を作りました．

1〜8のパッドのサイズは$0.27 \times 0.7\mathrm{mm}$です．部品面に$1.6 \times 1.2\mathrm{mm}$の放熱パッ

点Ⓐから点Ⓑまで V カットを入れると基板製造費が高くつく．点Ⓑでカット・マシンを精度良く止めなければならない．また，隣の基板に切り代が入るので，捨て領域が必要

Vカット・ラインA

Vカット・ラインB

Vカット・ラインC

[図5-12] BD5638用のパッケージ（VSON008X2030）

$D_1 = 1.2$
$L_2 = 0.7$
$MD_1 = 2.2$
$E_3 = 1.6$
$\phi 0.8$
0.5
$b_2 = 0.27$
[単位：mm]
サーマル・ピア

◀ [写真5-2]
2枚のD級アンプ基板の間にはVカットを入れなかった
選んだD級アンプはモノラルなので基板を2枚作る

⑧ ⑦ ⑥ ⑤

0.27×0.7mm

⑨ 1.6×1.2mm

⑩〜⑮ $\phi 0.3$ のサーマル・ピア

① ② ③ ④

[図5-14]
BD5638用のPackageデータ（VSON008）を作成

STEP 1 —— FM送信/アンプ/マイコン基板を作る

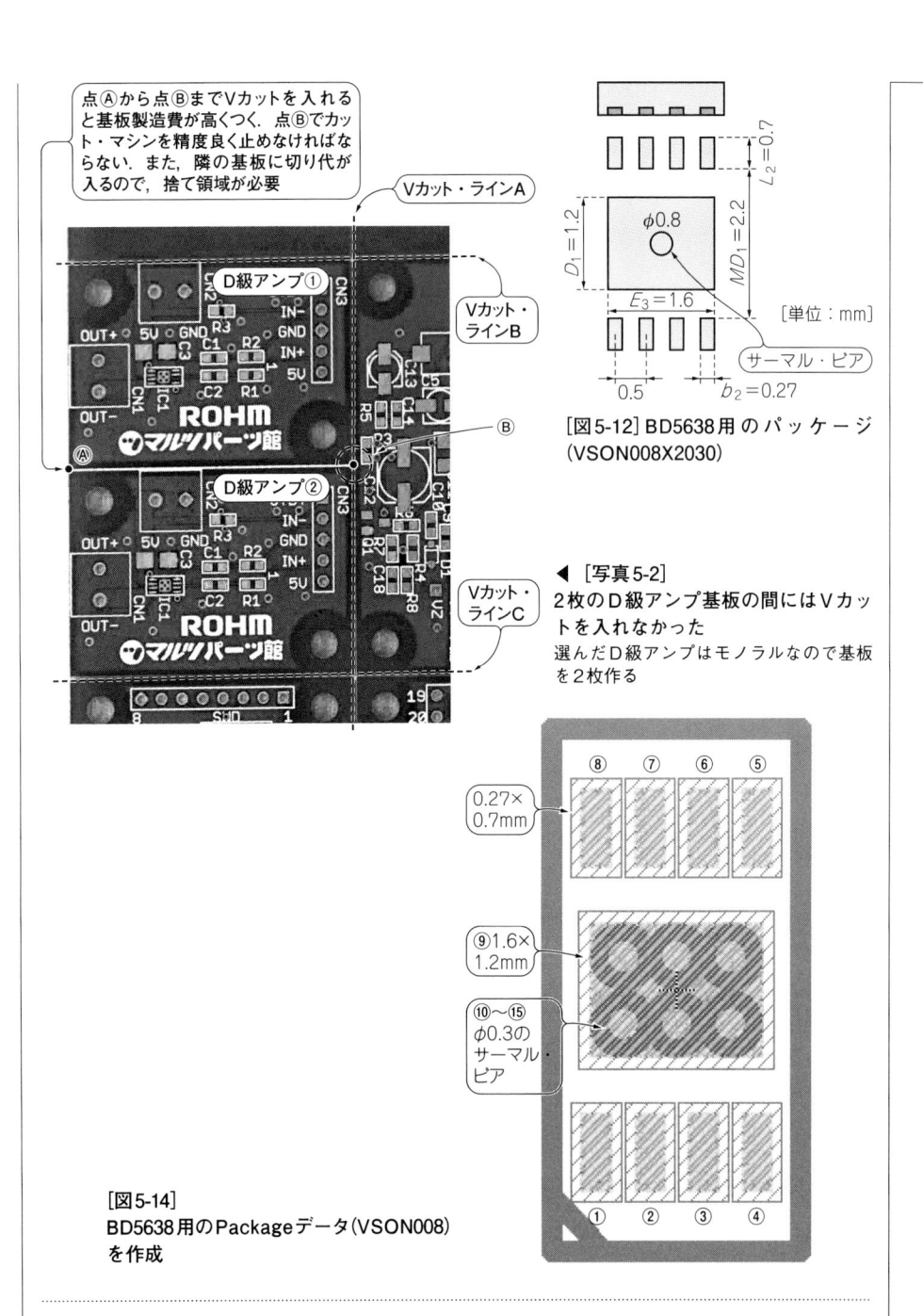

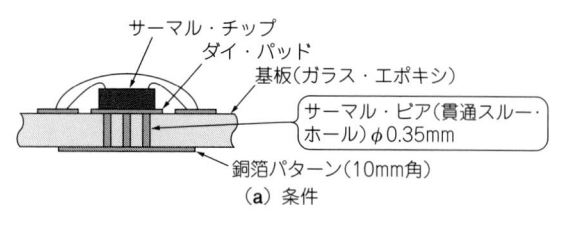

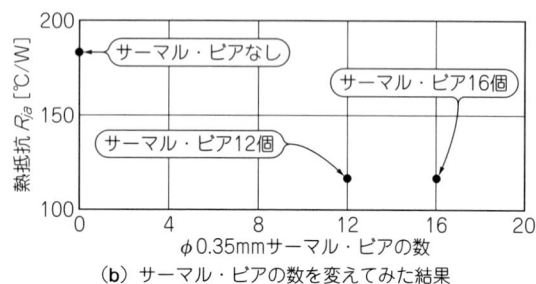

図5-13[(1)]
サーマル・ビアの数と熱抵抗の関係

(a) 条件

(b) サーマル・ビアの数を変えてみた結果

(c) 銅箔パターンの面積を変えてみた結果

ドをグラウンドで作り，φ0.3mmのサーマル・ビアを6個配置します．

Infoコマンドを起動して，ビアのThermalsにチェックがないことを確認します．チェックがあると，Polygonを作る際に，ビアがサーマル形状で接続されて放熱効果が小さくなります．

▶Symbolデータを作る

データシートの回路を見ると，BD5638は8ピンのICとして示されており，放熱パッドは回路上に表記されないのが一般的です．しかし回路図エディタ上では，放熱パッドも表記しなければなりません．

そこで，ICの機能を示す8ピンの部分と放熱パッドの部分のSymbolを別々に用意しました．ICのSymbolデータはBD563xSymbol，放熱パッドのSymbolデータはEXP7です．

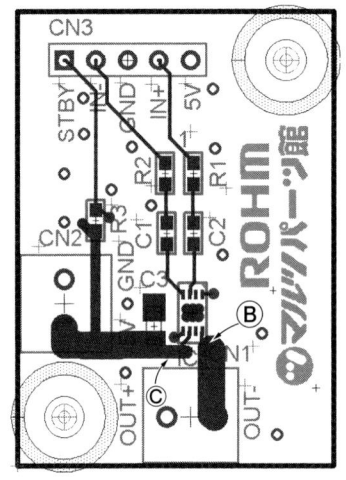

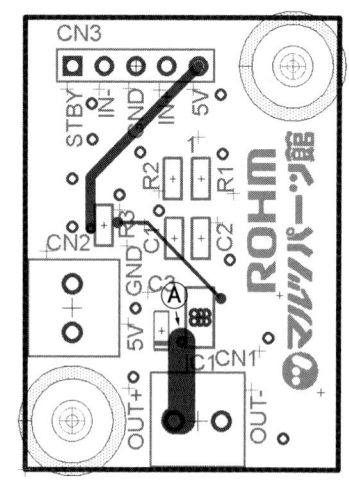

[図5-15]
配線後のパターン図　　　　　（a）部品面　　　　　　　　　　（b）はんだ面

▶ Deviceデータを作る

　BD563xという名前のDeviceデータを作りました．Addコマンドを起動して，BD563xSymbol→EXP7Symbolという順に設定します．Connectでは各ピンの名前を確認しながら，1～8はBD563x, 9～15はEXP7に割り振ります．

　Deviceデータ(BD563x)は，二つのSymbol名(ICと放熱パッド)で記述されているので，両者を適切な位置に配置したら結線します．

● 配線する

　図5-15に配線後のパターンを示します．

▶ スピーカまでの配線を太くする

　スピーカまでのNetをClass化して太くすると，オートルータがICのパッドでクリアランス・エラーを検知して配線を止めることは明らかです．配線幅はデフォルトにして，あとで太くします．

　部品を配置したら，オートルータを起動します．デフォルトの線幅を10mil, クリアランスを6milとしました．回路規模が小さいので，オートルータはあっという間に終了し，未配線も残りませんでした．

　Changeコマンドを起動して，Widthを0.086inch(86mil, 2.2mm)にします．スピーカへのNetを左クリックすると線が太くなります．ICのパッドに接続するNet

STEP 1——FM送信/アンプ/マイコン基板を作る

は太くできないので，デフォルトの10milのままにします．

　OUT$_+$側は，5番ピンからすぐにビア・ホールを経由してはんだ面側に行くので，はんだ面側だけを太くします（図5-15の点Ⓐ）．

　OUT$_-$側は部品面の配線なので，8番ピンから出ている最初の配線Segmentは変更せずに，図5-15の点Ⓑのように次のSegmentから太くします．太くなった線が8番ピンに重なるようなら，Moveコマンドで移動します．

　最終的に，スピーカまでの配線の全長は20mm程度で，配線の抵抗は5mΩです．スピーカ・ケーブルや端子の接触抵抗を加えた，アンプからスピーカまでの抵抗は一般に100mΩ程度なので，影響は小さいでしょう．

▶電源の配線

　端子とICの6番ピンの間の電源配線にはビア・ホールがあります．

　0.04inch（40mil，1mm）と少し細くしてから，6番ピンの近くまで配線し，最終的にはデフォルトの10milでICの端子に配線しました（図5-15の点Ⓒ）．この配線にはUSBメモリの電源電流も流れます．最大で0.5Aです．配線幅は0.032inch（32mil，0.8mm）としました．長さは3cm程度なので，抵抗は約20mΩです．配線での電圧降下は最大10mVで問題ありません．

● 仕上げ

▶DRC

　配線の太さの変更をしたら，DRCを実行します．

▶ベタ面を作る

　部品面の配線状況，はんだ面の配線状況をチェックして，Polygonコマンドを起動して放熱パッドを作ります．

マイコン基板

■ 回路設計

　回路を図5-16に示します．

● ARMワンチップ・マイコンLPC1114を使う

　32ビット・コアのCortex-M0を搭載し，最大動作周波数が50MHzのワンチップARMマイコン LPC1114を使います．32Kバイトのフラッシュ・メモリ，8Kバイ

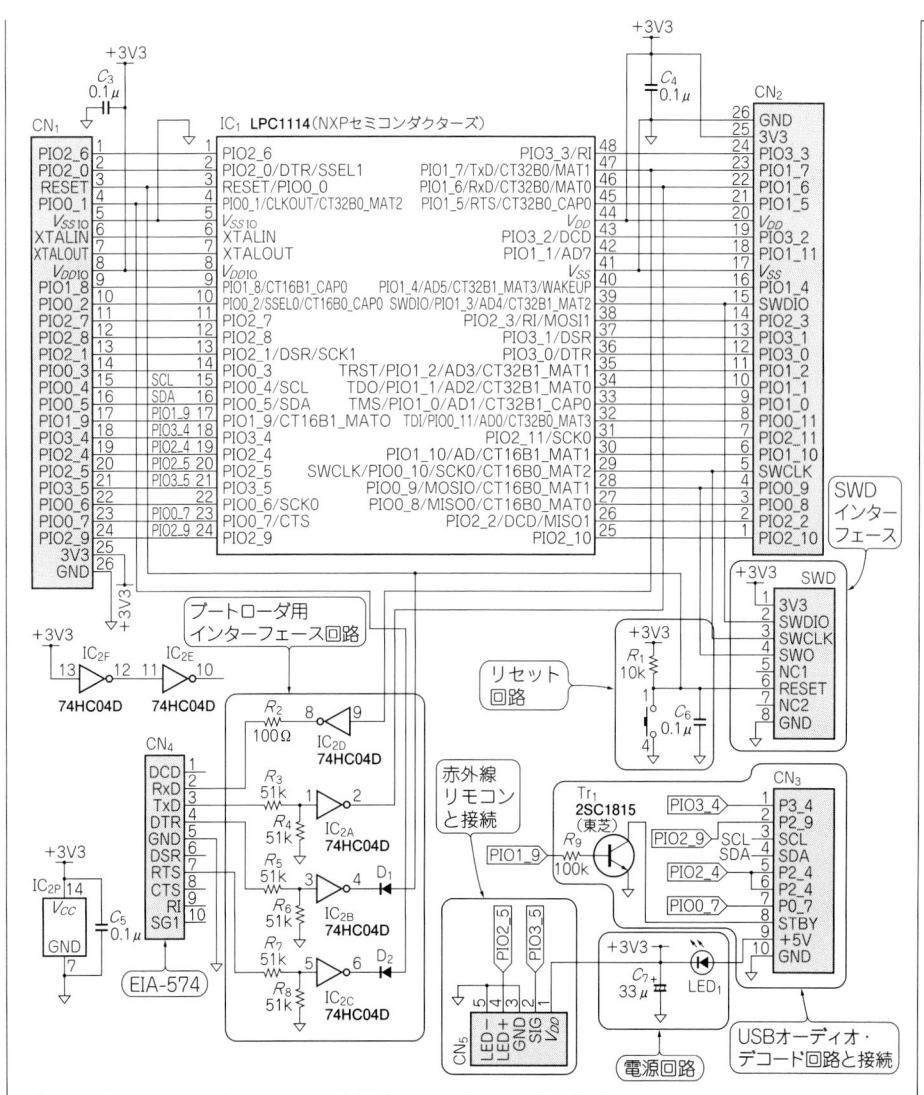

[図5-16] ARMマイコン LPC1114を使用してマイコン回路を構成

トのSRAM，汎用入出力ポート(42個)，UART，SPI(2チャネル)，I^{2}C，タイマ(4チャネル)，10ビットA-Dコンバータ(8チャネル)を内蔵しています．

● **外部と接続するインターフェース・コネクタを搭載**
(1) マイコンのI/Oを基板外に引き出す
　汎用的に使えるように，マイコンのすべての端子を26×2列のピン・ヘッダに引き出します．
(2) デバッガLPCXpressoとの接続コネクタ
　基板にはSWD(Serial Wire Debug)と呼ばれるデバッガ用インターフェース・コネクタを搭載します．デバッガ付きスタータキット LPCXpresso LPC1114版に搭載されたSWDコネクタの端子形状とピン配列に合わせたので直結できます．
　デバッガがあれば，プログラムの間違い探しが簡単なので，確実にまたスムーズにプログラムを開発できます．しかしXpressoの価格は安いとはいえません(2,500～3,000円)．
(3) ブートローダ用インターフェース回路を搭載
　LPC1114に，ブートローダ用のプログラムを書き込んでおけば，デバッガがなくても，パソコンのシリアル・インターフェース経由で，LPC1114がプログラムを呼び込み，内蔵のフラッシュ・メモリを自分で書き換えることができます．
　パソコンのシリアル・インターフェースの電圧レベルは±3～±15Vなので，LPC1114(0～3V)と直結できないため，74HC04でレベル変換します．パソコンにシリアル・インターフェースがなく，USBしかない場合は，USB-シリアル変換ケーブルを入手してください．
▶ パソコン→LPC1114
　図5-16を見るとわかる通り，パソコンから出力される電圧のレベルを抵抗分割で±1.5～±7.5Vに低下させてから，74HC04に入力します．負電圧は74HC04内の入力回路で-1Vに制限されます．ラッチアップが心配ですが，入力にある51kΩという高抵抗のおかげで問題なく動作します．正電圧も74HC04のV_{CC}+1Vに制限されますが，51kΩの抵抗のおかげで問題なく動作します．
▶ LPC1114→パソコン
　74HC04の出力電圧は0～V_{CC}(3.3V)です．パソコンはシリアル・インターフェースが0Vのときに'1'，3V以上のときに'0'と判定します．

● **マイコンの入出力信号**
▶ 赤外線リモコンICの信号(入力)
　リモコン受光ICの出力をPIO3_5端子(GPIO)で受けます．

▶LED（出力）
　状態を表示するLEDをPIO2_5につなぎます．
▶電源のON/OFF制御信号
　リモコンなどの信号を受けて，装置の電源ラインをOFFする制御信号を出力します．
　この信号を利用すれば，USBオーディオ・デコード基板の3.3VレギュレータBH33NB1の出力やD級アンプIC BD5638の出力をON/OFFすることができます．ターゲットによっては，3.3V以上の制御電圧が必要な場合があるので，3.3Vから5Vに引き上げるトランジスタを追加します．

● **LPC1114の電源**
　リモコン信号を受け付けるLPC1114には，電源OFF時も＋3.3Vを供給し続ける必要があります．ここでは，ACアダプタの出力である5VをLEDで電圧降下させて3.3Vを作り供給しました．

● **ヘッドホン・アンプ挿入時のスピーカの音消去**
　TDAS-01では，ヘッドホン・アンプにワンチップIC BH3541F（ローム）を使いました．ヘッドホンを装置から外して，スピーカで音楽を聴くときは，D級アンプBD5638を動作させ，ヘッドホン・アンプ BH3541Fをミュート状態にします．ヘッドホンで聴く場合はその逆です．この制御にはマイコンのPIO3_4を使いました．

■ **基板設計**

● **部品マクロの作成**
　基板サイズは2×1.4inchとしました．
　LPC1114のパッケージは48ピンのLQFPです．EAGLEのライブラリにすでに登録のあるPackageを使いました．
　74HC04Dも，EAGLEのライブラリ（74xx-eu.lib）にある74HC04D（74x04）を使います．Addコマンドで，74xx-eu-74x04-74HC04Dと選ぶと，**図5-17**に示すように，プレビュー画面に六つのゲートと電源端子が表示されます．［OK］を押すと，カーソルにゲートがくっついてくるので，左クリックしてIC_{2A}のゲートを配置します．続けてIC_{2B}〜IC_{2F}の全6個のゲートを配置します．
▶74HC04Dの電源への配線

複数の回路を内蔵するICは，Invokeコマンドで追加していきます．Invokeコマンドを左クリックし，ゲートの1回路をクリックします．すると"Invoke：IC2 (74HC04D)"という画面が表示され，Gate Pだけが濃く表示されているので，Pを選択して[OK]をクリックします．すると，カーソルに電源端子が貼り付いてくるので左クリックで配置します．Invokeコマンドは，まだ配置されていないゲート回路の選択や配置にも使えます．

▶ゲート・スワップ

74HC04Dには同じゲートが6個入っています．レイアウトするときは，配線が最端になるように内部のゲートを選びます．

図5-18(a)は，Addコマンドを起動してゲートを順番に回路上に配置した結果です．IC_{2E}，IC_{2F}の二つのゲートを使わない場合は，IC_{2E}の入力端子を＋3.3Vとし，IC_{2F}の入力端子にIC_{2E}の出力端子を接続します．この接続を基板で実現すると，14番-11番端子，10番-13番端子というふうに配線され最短になりません．図5-18(b)のように回路を入れ替えれば配線がすっきりします．

ゲートの位置を入れ替えるときは，Gateswapコマンドを利用します．Gateswapコマンドを左クリックで選んで，IC_{2E}をクリックしてハイライトさせます．さらに，このゲートの位置と入れ替えたいIC_{2F}をクリックすると，図5-18(b)のように，ゲートの位置が入れ替わり，配線が最短になります．

● 配線する

デザイン・ルールを線幅7mil，クリアランス6milに，電源周りの配線はClass化

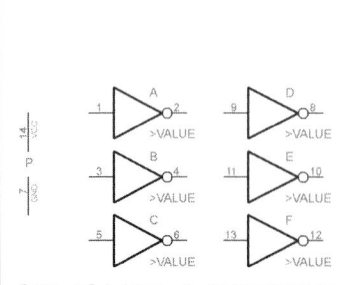

[図5-17] Addコマンドで74HC04Dを選択する

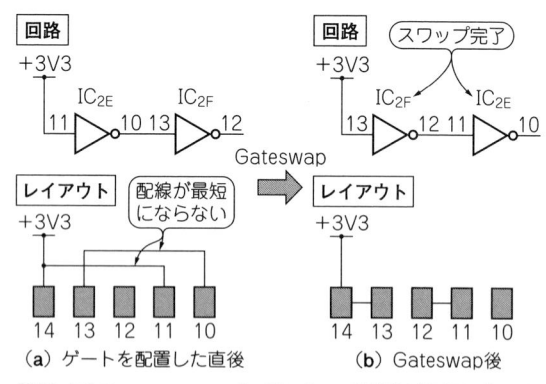

[図5-18] Gateswapコマンドによって配線が最短になるようにゲートの位置を入れ替える

Column(5-A)

パターンの抵抗,容量,インダクタンス

プリント・パターンの抵抗値,容量,インダクタンスはどのくらいでしょうか？

● 容量

$1cm^2$の電極をもつ平行平板コンデンサの容量C[F]は次式で求まります.

$$C = \varepsilon_r \varepsilon_s \frac{S}{d}$$

ただし,ε_s：真空中の誘電率(8.85×10^{-12}F/m), ε_r：比誘電率(エポキシ基板は4.8), S：電極の面積($1cm^2$), d：電極間距離(基板は1.6mm)

計算すると,表面実装部品の$1mm^2$のパッドの容量は約0.027pFであることがわかります.

● インダクタンス

銅箔パターンがもつインダクタンスL[H]の計算式は次の通りです.

$L = 0.0002 \times l\{\ln(2l/(W+t)) + 0.2235((W+t)/l) + 0.5\}$

ただし,厚さ：t[μm],パターン幅：W[mm],長さ：l[mm] の銅箔パターンのインダクタンス [μH]

図Aに示すのは,10mmのパターンの線幅とインダクタンスの関係です.線幅が0.2mm(8mil)のときのインダクタンスは10nHです.

FMトランスミッタ基板に使ったコイルのインダクタンスは100nH程度なので,無視できない大きさです.高周波では,線の幅は極力太く,短くするのが基本です.

● 抵抗

銅の抵抗率は$1.7\mu\Omega\cdot$cmですから,線幅1mm,線長1mm,銅厚35μmのとき,抵抗値は約0.5mΩです.1A流れる可能性のある3cmの配線での電圧降下を10mV以下にしたいなら,抵抗は10mΩ以下にしなければなりません.線幅0.15mm(6mil),線長が30mmの極細パターンの抵抗値は0.1Ωで,意外と小さいこともわかります.

〈渡辺 明禎〉

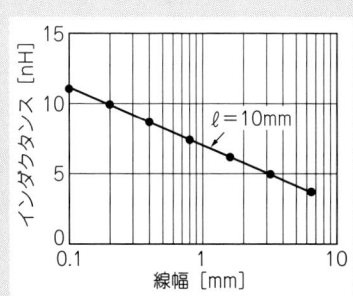

[図A]
プリント・パターンの線幅と
インダクタンスの関係

(pwrClass)して線幅を16milに設定し，オートルータをかけたところ問題なく配線できました．仕上げに，Polygonによるベタ面形成をして作業はあっという間に終了しました．

◆引用文献◆

(1) 中原 浩二，友池 稔，西村 勝彦；パワーデバイスの放熱技術，FUJITSU DENSO REVIEW Vol.9 No.2，富士通テレコムネットワーク㈱．
http://jp.fujitsu.com/group/ftn/downloads/review/no15/r09.pdf

STEP 2──インターネットで自宅から注文！ 子基板を1枚に合体！

■ 面付けの効果

● コストダウン効果はとても大きい

図5-19に示すのは，基板の発注枚数と料金の関係です．発注枚数が増えるほど基板単価は安くなり，4枚以下ではあまり料金が変わりません．

図5-20に示すのは，基板を4枚発注した場合の基板の大きさと料金のグラフです．

5×4cmから10×8cmと面積が4倍になっても，料金UPはわずか(18,000～19,000円)です．

10×8cmの基板を4枚発注すると，1枚当たりの料金は4,750円(=19,000/4)です．この基板を1枚の基板に面付けして20×16cmサイズの1枚基板にして発注すると，1枚当たりの料金は1,500円(=24,000円/4/4)です．

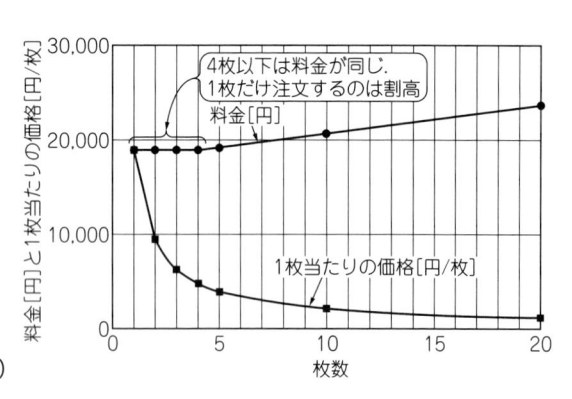

[図5-19]
基板の発注枚数と料金の関係（一例）

10×8cmの16種類の基板を面付けして40×32cmサイズの1枚基板にして発注すると，1枚当たりの料金は766円（= 49,000円/4/16）です．仲間を募って，各自の基板を1枚にまとめてから発注すると驚くほど安く手に入れることができます．

● 同種類の基板の面付けはコストダウン効果が薄い

 面付けしないほうが安くつくことがあります．

 前述のとおり，種類の違う子基板を面付けせずに発注すると，各基板に対して初期費用がかかりますから，面付けのコストダウン効果は絶大です．しかし同じ種類の基板を面付けすると，発注枚数が減って割高になったり，Vカットや割り作業の工賃を別途取られてしまいます．

 基板メーカによりますが，Vカットの料金は1,900〜5,900円です．例えば，今回のD級アンプ基板のように，大きさの異なる基板を面付けすると，製造が難しいVカット（ジャンプVカット）が必要になり高くつきます．

■ EAGLEで面付けデータを作る

 新しい面付け用の基板用ファイルを用意して，作った基板データをコピー&ペーストします．各子基板に同じ部品番号がある場合，ペーストされた基板の部品番号は，他の使われていない番号に自動的に変わります．EAGLEは，同一基板で同じ部品番号を使えないからです．同じ部品番号の自動変換を避けたい場合は，Panelize.ulpを使います．

 特集で作成した4枚の基板データをtotal.brdに面付けする手順は次の通りです．

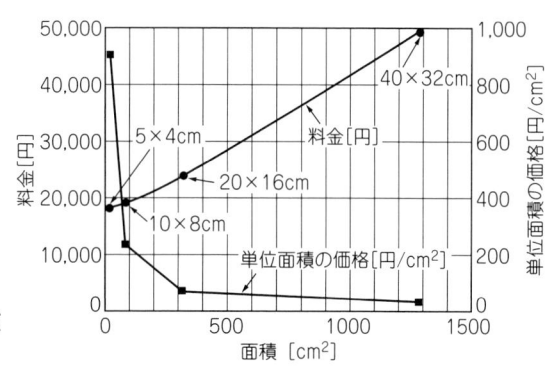

[図5-20]
基板を4枚発注したときの基板サイズと料金の関係（一例）

(1) D級アンプ基板データ bd563x.brdを開きます．
(2) メニュー・バーの［File］-［Run］でpanelize.ulpを実行すると，スクリプトが表示されます．その内容は「Layer 121 _tPlace, Layer 125 _tNamesを黄色に設定し，Layer 21 tPlace, Layer 25 tNamesのテキストをすべて，Layer 121 _tPlace, Layer 125 _tNamesにコピーする」というものです．

　Layer 21 tPlaceとLayer 25 tNamesには同じ名前のテキストは設定できませんが，Layer 121 _tPlaceとLayer 125 _tNamesには同じテキストを設定できます．部品番号などはそちらにコピーし，ガーバー・データを出力するときに，Layer 121 _tPlaceとLayer 125 _tNamesをシルク印刷用データとして出力すれば同じ部品番号が使えます．

　はんだ面のLayer 22 bPlace, Layer 26 bNamesにテキストがある場合は，同様にして，Layer 122 _bPlace, Layer 126 _bNamesにテキストがコピーされます．
(3) Executeをクリックして，スクリプトを実行します．すると，新たにLayer121とLayer125が作成され，そこにLayer21とLayer25のテキストがコピーされ，黄色で表示されます．Displayで，Layer121とLayer125を非表示にすると，Layer21とLayer25のテキストが同じ位置に灰色で表示されます．
(4) Displayコマンドですべてのレイヤを表示にします．
(5) Groupコマンドですべてのオブジェクトを選択します．またはコマンド・ボックスに"GROUP ALL ←"と入力して実行します．
(6) Cutコマンドを選んで，グループ化されているオブジェクトのどれかを左クリックします．STOPが消えたら，Cutコマンドが実行されたということです．
(7) ［File］-［New］を選んで新しい基板ファイルを作ります．ここではtotal.brdとして，ここに4枚の基板を貼り付けます．
(8) bd563x.brdは保存されていないので「保存しますか？」という確認ダイアログが表示されますが，[No]をクリックします．この状態では，テキストがコピーされ，すべてのLayerが表示された状態ですから，bd563x.brdに変更を加える場合，この状態からスタートしてしまいます．これを避けるために，オリジナルのファイルに変更を保存しないようにしたのです．ここで［Yes］を選んで変更を保存しても，Layer表示がすべてONになるだけで問題はありません．
(9) 「フォワード＆バックアノテーション機能が働かない」という警告が出ますが，無視して［OK］を押します．

(10) untitled.brdが表示されたら，total.brdと名前を付けてSaveします．
(11) Pasteコマンドを選択すると，さきほどのbd563x.brdがカーソルにくっついてくるので配置します．
(12) D級アンプ基板はモノラルなので，ステレオにするために，bd563x.brdを2枚貼り付けます．再びPasteコマンドを選んで配置します．

　　最初に貼り付けた基板のIC$_1$はLayer21，Layer121ともに同じテキストです．いっぽう，次に貼り付けた基板では，Layer21はIC$_2$，Layer121はIC$_1$となっています．このことから，panelize.ulpの動きが理解できるでしょう．
(13) (1)～(6)，(8)，(11)の作業を繰り返して，total.brdに，lpc1114.brd，bh1417.brd，usb_audio.brdを面付けします．
(14) gerb274x.camをgerb274x_panel.camとしてコピーします．
(15) 面付けされた基板専用のCAMデータ（gerb274x_panel.cam）を作成します．EAGLEのコントロール・パネルを表示させ，File Open CAM Jobでgerb274x_panel.camを実行します．
(16) File Board Openでtotal.brdを開きます．
(17) Silk screen CMPタグを選択します．
(18) Layer 21 tPlace 25 tNamesを非選択，Layer 121_tPlaceと125_tNamesを選択にします．
(19) Process Jobをクリックすると，面付け基板された基板のガーバ・データが出力されます．

Column（5-B）

面付けされた基板を切り離す方法

　写真Aに示すのはアクリル・カッタです．基板の表面や裏面にV溝を入れて，手で基板を割る道具です．

〈渡辺　明禎〉

[写真A]
面付けされた基板を切り離すときに使うアクリル・カッタ

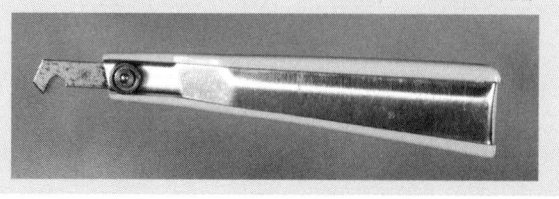

Appendix5-A

海外への基板発注について

Online quote(オンライン見積もり)

　インターネット環境の発達に伴い，設計完了したプリント基板をすぐに発注できるようになりました．基板製造会社側もOnline quote(オンライン見積もり)システムを導入して，見積もりを自動化した会社が増えています．2012年11月現在，オンライン上で見積もりを提示してくれる企業だけでも，世界中に十数社以上あります(表1)．

● 安くて楽ちん海外発注
　基板仕様を入力するだけで瞬時に見積もりを提示してくれるので，時間，場所を

[表1] オンライン上で見積もりを提示してくれる企業(2012年11月現在)

会社名	URL	国
Olimex(注1)	https://www.olimex.com/	ブルガリア
custompcb(silverPCB)	http://www.custompcb.com/	マレーシア
Eurocircuits	http://www.eurocircuits.com/	ベルギー
PCBCART	http://www.pcbcart.com/	中国杭州
EzPCB	http://www.ezpcb.com/	中国
Seeed Studio	http://www.seeedstudio.com/	中国深圳
PCBexpress	http://www.pcbexpress.com/	アメリカ
JETPCB	http://www.jetpcb.com/	台湾
ExpressPCB	http://www.expresspcb.com/	－
Super PCB	http://www.superpcb.com/	中国深圳
PCB-POOL	http://www.pcb-pool.com/	アメリカ
MyRO Electronic Control Devices	http://www.myropcb.com/	カナダ
ITead Studio	http://iteadstudio.com/store/index.php?main_page=index&cPath=19_20	中国深圳
PCB Universe	http://www.pcbuniverse.com/	アメリカ
Quick-teck	http://www.quick-teck.co.uk/	英国
Advanced Circuits	http://www.4pcb.com/	アメリカ
PCB Train	http://www.pcbtrain.co.uk/	英国
Sunstone Circuits	https://www.sunstone.com/	アメリカ
PCBzip.com	http://www.pcbzip.com/	アイルランド

(注1) Olimexは2012年夏から基板製造サービスを停止しています．

気にせず基板の見積もりを依頼できます．価格納期を確認できて大変便利です．出荷先を地域限定にしている基板会社もあるようですが，今後そのような障壁は少なくなっていくものと思われます．

　円高の影響により海外へ発注したほうが安いのは当然なのですが，基板会社側のホームページに基板データをアップロードして発注するので，電子メールや電話による言葉によるやりとりが少なくなりました．データに不備があると問い合わせが来てしまい,英語で返答を書く必要が発生してしまいます．間違いのないガーバー・データを用意することが，基板の海外発注をスムーズに行うコツとなります．

　言葉の問題などを考えると憶病になりがちですが，基板データを準備して，基板関連の英単語を理解してしまえば簡単に発注できます．確実に昔に比べて簡単になっており,価格も安くなってきているので,ぜひ挑戦していただければと思います．

海外発注にチャレンジ！

1　発注先選定

　Online quoteシステムまたはあらかじめ価格が提示してくれるプリント基板企業をピックアップしてみました(**表1**)．会社によって，製造可能な基板の仕様が異なるので，詳細については基板会社のホームページをご覧ください．

　今回はEAGLEのレイアウト・ファイル(*.brd)から基板製造してくれるサービスを提供している基板メーカに基板を発注してみたいと思います．ガーバー・データを生成する作業を省くことができるので，いとも簡単です．

　インターネット上で探してみると，下記のプリント基板会社ではEAGLEのレイアウト・ファイル(*.brd)を受け付けています．

custompcb(silverPCB)（マレーシア）
http://www.custompcb.com/
Eurocircuits(ベルギー)
http://www.eurocircuits.com/

　custompcb(silverPCB)などについては，日本の人も多く利用しているようで，実際に発注した際のレポートをホームページなどにUPしている人もいるので検索してみてください．

　今回はEAGLE6.3にリンクされている基板会社に発注してみます．あらかじめ基

板会社のWebサイトににアクセスして，ユーザ登録しておきます．

● ユーザ登録からはじめよう

　Webサイト画面の右上の［Register］から登録を行います(図1)．登録メール・アドレスに自動的に返信がきますので，URLをクリックして登録を完了させます(図2)．完了画面と同時に電子メールが送られてくるので，リンクをクリックして登録します(図3)．画面指示に従い登録して［Submit］をクリックします(図4)．以上で登録終了です．画面右側に［PCB QUOTE］をクリックすると，自動的に基板の寸法や層数などを表示してくれます(図5)．Get PCB Quoteをクリックします(図6)．Selectをクリックします(図7)．Start Quoteをクリックします(図8)．プリント基板の外形が反映されているか確認して［Login］をクリックします(図9)．左上のCalculate and Orderをクリックします(図10)．基板のサイズや数量を記入します．今回はPCB Protoを選択します．PCB Protoは数量2枚までの注文に対応しています．必要事項を記入して，基板データを登録して，Place Order

［図1］［Register］をクリックして登録を始める

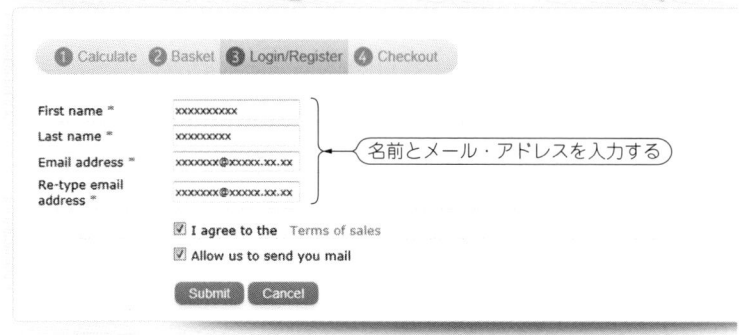

[図2] 名前とメール・アドレスを登録する

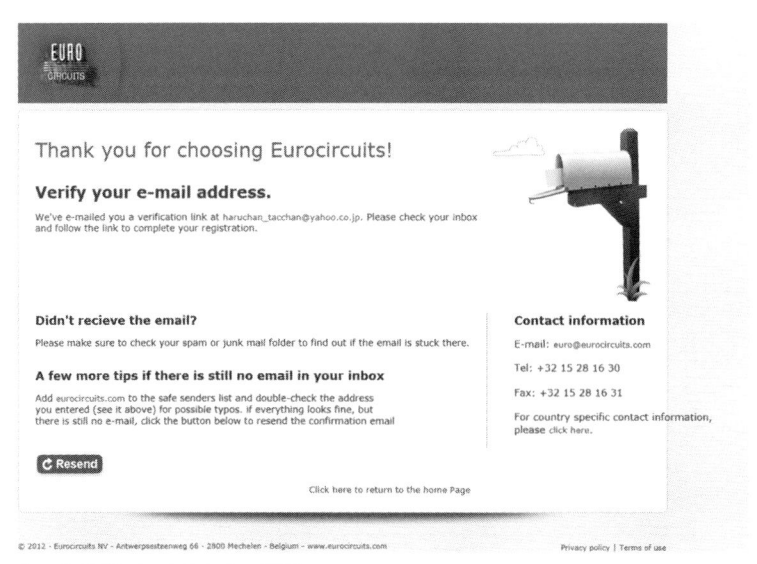

[図3] 登録ができたら出る画面

[図4] 登録事項を記入して [Submit] をクリック

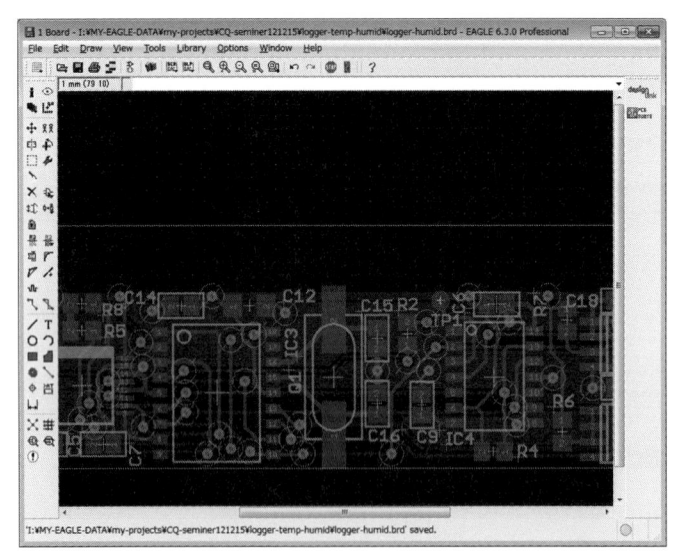

[図5] [PCB QUOTE] をクリックすると基板の寸法や層数が表示される

第5章 —— Appendix5-A

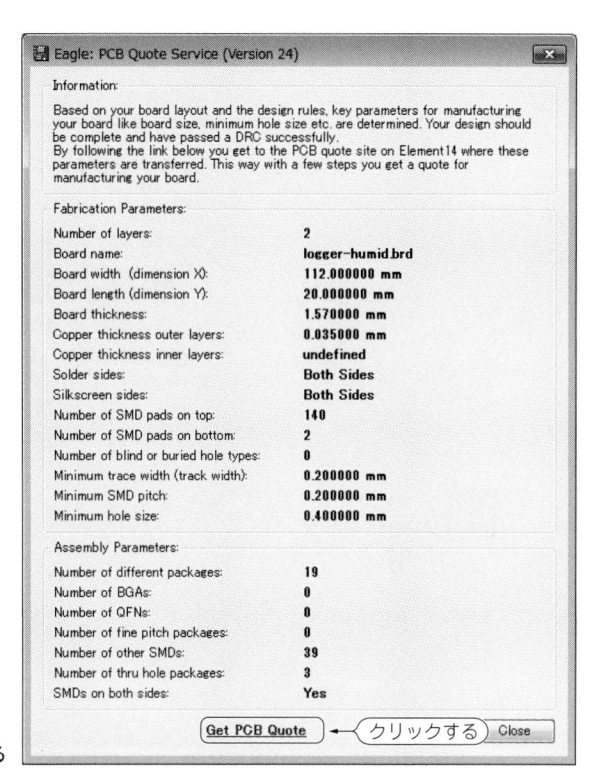

[図6]
Get PCB Quoteをクリックする

```
Eagle: PCB Quote Service (Version 24)

Information:

Based on your board layout and the design rules, key parameters for manufacturing
your board like board size, minimum hole size etc. are determined. Your design should
be complete and have passed a DRC successfully.
By following the link below you get to the PCB quote site on Element14 where these
parameters are transferred. This way with a few steps you get a quote for
manufacturing your board.

Fabrication Parameters:

Number of layers:                        2
Board name:                              logger-humid.brd
Board width (dimension X):               112.000000 mm
Board length (dimension Y):              20.000000 mm
Board thickness:                         1.570000 mm
Copper thickness outer layers:           0.035000 mm
Copper thickness inner layers:           undefined
Solder sides:                            Both Sides
Silkscreen sides:                        Both Sides
Number of SMD pads on top:               140
Number of SMD pads on bottom:            2
Number of blind or buried hole types:    0
Minimum trace width (track width):       0.200000 mm
Minimum SMD pitch:                       0.200000 mm
Minimum hole size:                       0.400000 mm

Assembly Parameters:

Number of different packages:            19
Number of BGAs:                          0
Number of QFNs:                          0
Number of fine pitch packages:           0
Number of other SMDs:                    39
Number of thru hole packages:            3
SMDs on both sides:                      Yes

        (Get PCB Quote) ← クリックする    Close
```

[図7]
[Select] をクリックする

海外への基板発注について | 297

[図8]
[Start Quote] をクリックする

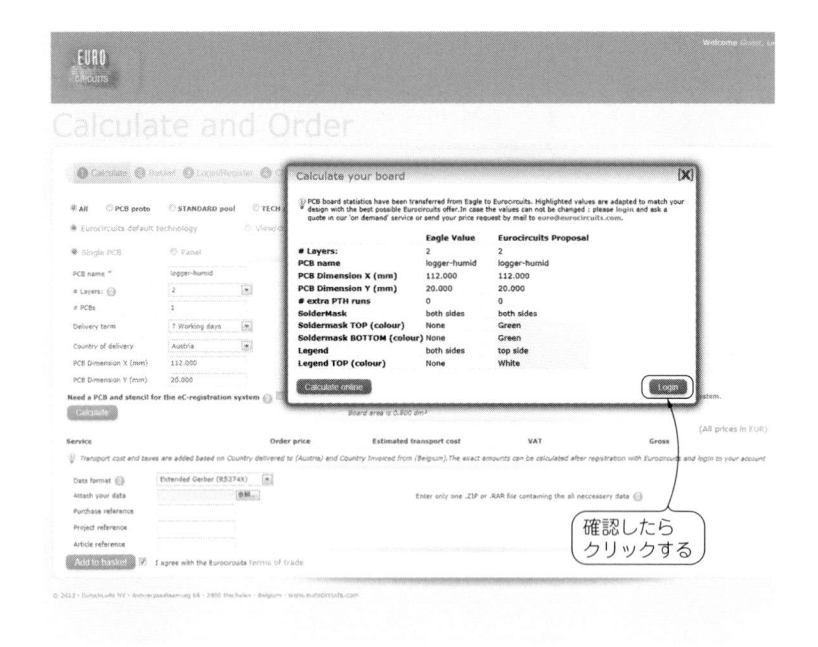

[図9] 確認事項が出てくるのでプリント基板の外形が反映されているか確認して
[Login] をクリック

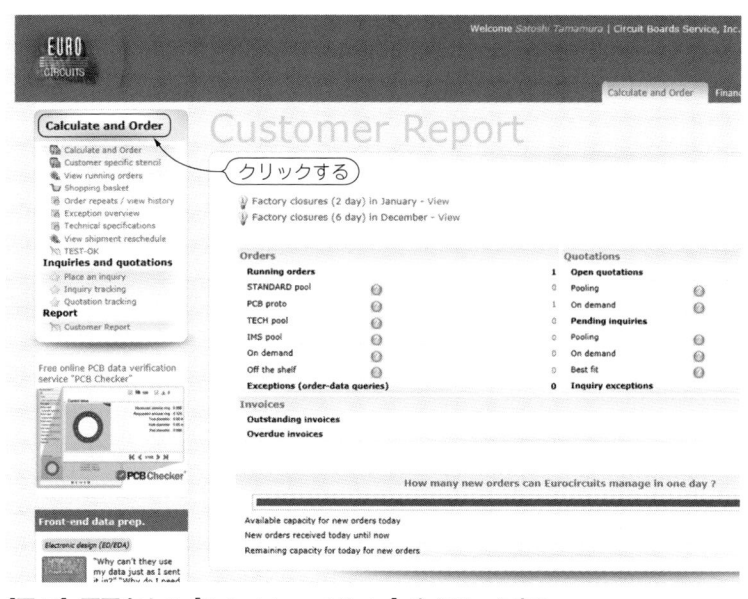

[図10] 画面左上の [Calculate and Order] をクリックする

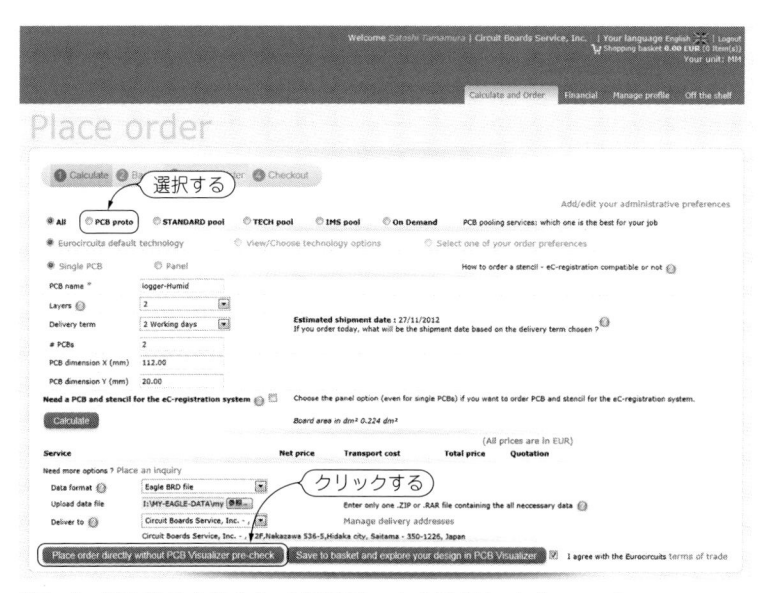

[図11] 必要事項を記入して基板データを登録して [Place Order directly without PCB Visualizer pre check] をクリックする

海外への基板発注について | 299

directly without PCB Visualizer pre checkをクリックすると(**図11**)，注文が成立します(**図12**)．

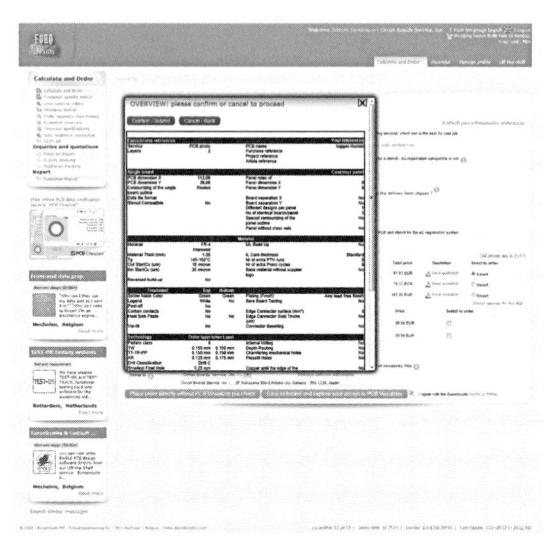

[図12]
注文が成立する

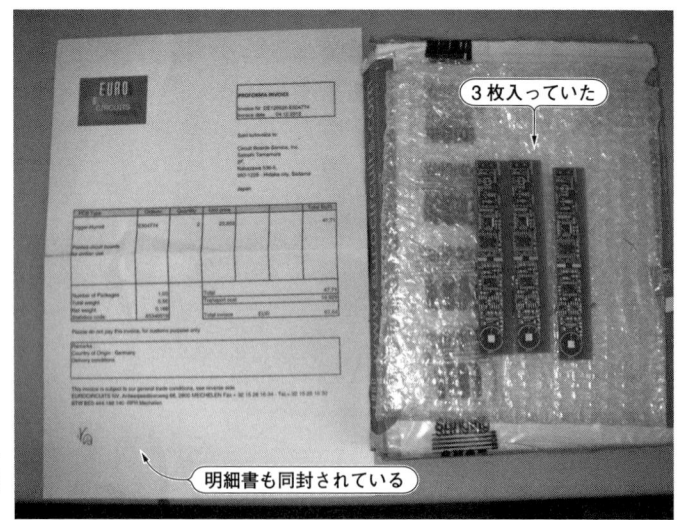

[写真1]
Eurocircuitsに発注した基板が約2週間で到着した

● 基板が来た！

　Delivery termを7 Working daysに設定して発注すると，約2週間で到着します．

　注文数は2枚でしたが，3枚同封されていました（**写真1**）．予備を含めて生産しているようです．

　寸法112mm×20mmを2枚で67.64ユーロでした．希望のサイズは112mm×15mmでしたが，試作コースでは20mmが最小サイズとなっているため，幅を広げて生産しました．

2　代金の支払い

　基板到着後，数日すると，Outstanding invoicesの項目に数字1が表示されます

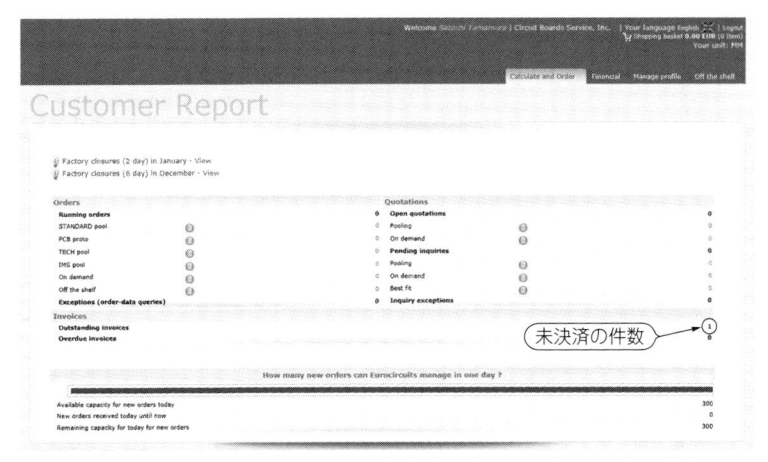

[図13] Outstanding invoicesの項目に未決済の請求が1件あることを意味する1が表示される

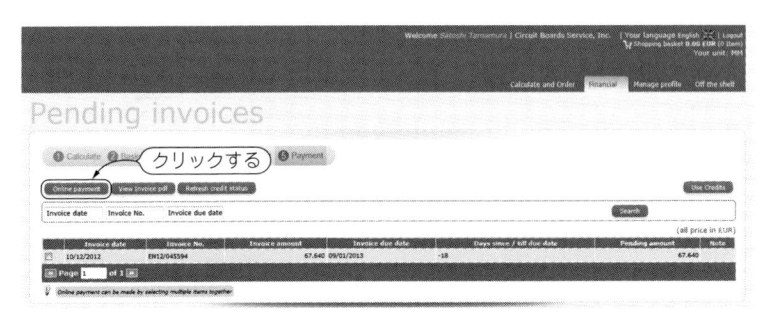

[図14] Financialタブをクリックするとこの画面が現れる

[図15] [Online Payment] をクリックするとこの支払いの画面が現れる

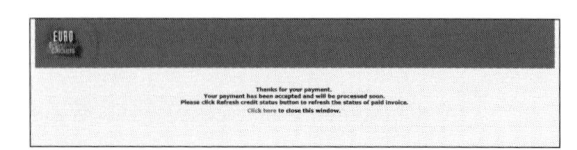

[図16] 正常に終了するとこの画面が表示される

(図13). 未決済の請求が1件あることを意味しています. Financialタブをクリックしますと, 図14の画面となります. 選択してOnline Paymentをクリックすると, 支払いの画面となります(図15). 支払い方法を選択します. 正常に終了すると, 図16の画面が表示されて終了です. 〈玉村 聡〉

STEP 3 — メーカから届いた基板に電源を入れる
コネクタやヘッダをはんだ付けして電源投入

　基板メーカに，ガーバー・データと実装用の部品を送付すると，部品が実装された完成基板(**写真5-3**)が送られてきます(基板製作と部品実装を同時に発注した場合)．

　本章 STEP2 コラム5-B と Appendix 5-Bのミニ知識6を参考にして，完成基板を慎重に割ります．トラ技ディジタル・オーディオ・ステーションに組み上げる場合は，割らずにそのままケースに入れます．

USBオーディオ・デコード基板の動作確認

　USBオーディオ・デコード基板の回路図は，第3章の図3-1を参考にしてください．

① USBオーディオ・デコードICの動作モード設定

　USBコネクタやピン・ヘッダなどをはんだ付けして，USBオーディオ・デコード基板を割って単独で動作させます．**写真5-4**に示すように，コネクタやスイッチを外付けして単独で動かします．

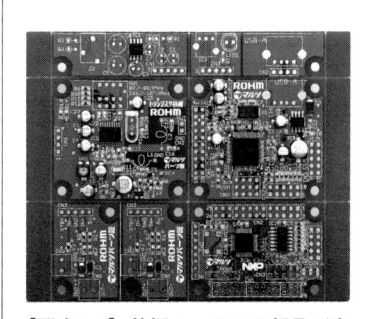

[写真5-3] 基板メーカから部品が実装された基板が送られてくる

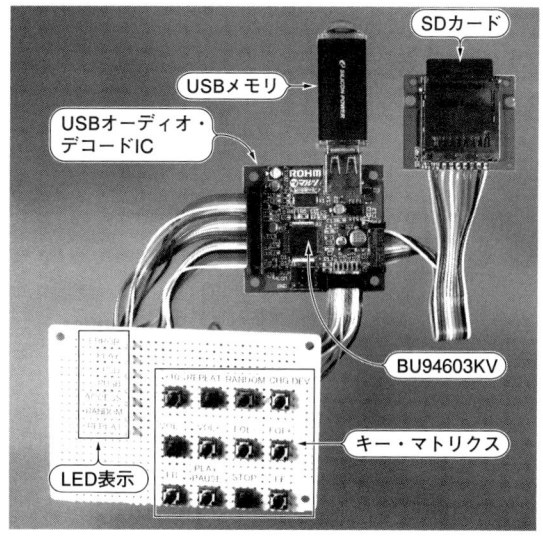

[写真5-4] USBオーディオ・デコード基板にコネクタやスイッチを外付けして単独で動かす

表5-5にUSBオーディオ・デコードIC BU94603の動作モードを示します．BU94603KVを単独で動かすときは，スタンドアローン・モード(MODE1)にします．動作実験中は，モード切り替え用ジャンパ(J_1)を図5-21のように設定しました．単独で動かすので，SEL_SLAVEのジャンパを上側にセットしました．またCN$_2$に第2章 STEP1 図2-4を参考にしながらスイッチをつなぎます．

② 音を出す設定

図5-22に示すように，CN$_1$に電源とLED，そしてオーディオ・アンプを接続します．

USBメモリに，AAC，WMA，MP3形式の音楽ソース・ファイルをコピーします．図5-23に示すディレクトリ構成にすると，CD単位と曲単位で選べるようになります．CDと曲のソート順はUNICODEを基準にしているため，CDと曲の先頭に連番を付けておけば順に自動再生できます．

[表5-5] USBオーディオ・デコードIC　BU94603の動作モード

モード	モード名	SEL_SLAVE(12)	SEL_SMAN(16)	動作
MODE1	スタンドアローン	H	KEY_COL3	外部キーによる制御
MODE2	オート・スレーブ	L	H	I^2Cによる制御
MODE3	マニュアル・スレーブ	L	L	I^2Cによりメモリ内のファイル位置を取得して制御

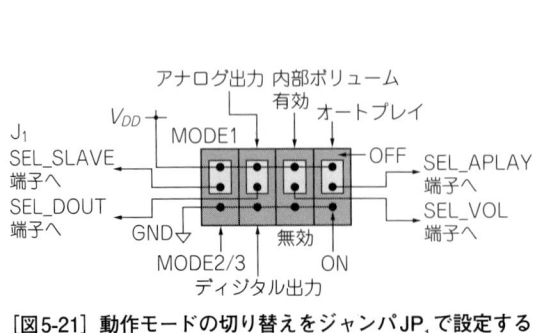

[図5-21] 動作モードの切り替えをジャンパJP$_1$で設定する

[図5-22] CN$_1$の各ピンへ電源，LED，オーディオ出力を接続する

第5章——発注/組み立て…そして音出し

③ 電源を入れてICの発熱などを確認

　USBメモリを外してから電源を加えます．ハイ・サイド・スイッチBD2051の2番ピンに＋5V，8番ピンに＋5Vが出ていることを確認します．J_1（**図5-21**）の＋3V3ラインが3.3Vになっているかどうかを確認します．

　問題なければ，ICを触りながら異常発熱がないかを確認します．高温になっているICが見つかった場合は，すぐに電源の供給をやめます．**写真5-5**に示す赤外線放射温度計で確認してもよいでしょう．

④ 電源のON/OFF動作を確認

　スタンバイ回路の動作を確認します．

　CN_2のSTBY端子（8番ピン）をGNDにつないだり外したりして，BD2051の8番ピンとJ_1の＋3V3ラインが0Vになったり，5V，3.3Vになったりすることを確認します．

⑤ USBメモリを挿入して再生

　電源が正常で，異常な発熱などもないことが確認できたら，USBメモリをUSB-Aコネクタに挿入すると，USBメモリの点滅が始まって，FAT情報が読み込まれます．点滅が終わったらPLAYボタンを押します．問題なければ音楽が再生されます．

　電源ON後のボリュームは－24.1dBなので，小さな音で鳴ります．VOL＋，

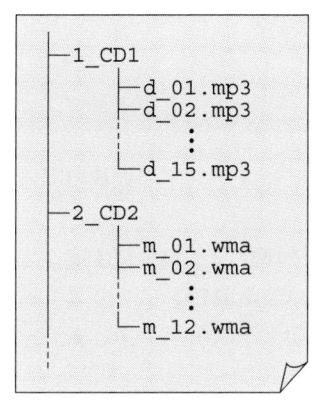

```
─1_CD1
      ─d_01.mp3
      ─d_02.mp3
         ⋮
      ─d_15.mp3
─2_CD2
      ─m_01.wma
      ─m_02.wma
         ⋮
      ─m_12.wma
```

[図5-23] **USBメモリの音楽ソース・ファイルの構成例**
CD単位と曲単位で選べるようにディレクトリを構成する

[写真5-5]
ICの異常発熱を確認するのに使う赤外線放射温度計

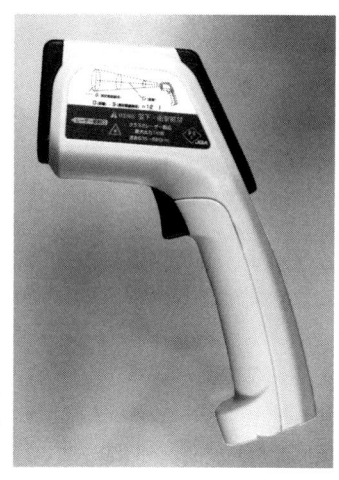

VOL－などのスイッチを接続してある場合は，それらを押して正常に動作しているかを確認してください．スイッチの機能は次のとおりです．

- PLAY/PAUSE：押すと再生が始まり，再生中に押すと再生が一時停止する
- STOP：再生が停止する
- FB：1回押すと曲の頭から再生される．2回以上連続して押すと，前の曲から再生される
- FF：次の曲を再生する．
- FOL＋：次のフォルダの曲を再生する
- FOL－：前のフォルダの曲を再生する
- VOL＋：音量が上がる
- VOL－：音量が下がる

モニタ用LEDの点滅状態で各動作状態を知ることができます．

FMステレオ送信基板の動作確認

FMステレオ送信基板の回路図は，本章STEP1 図5-1を参考にしてください．

① 部品をはんだ付けする

4ピン・ヘッダ(CN_1)，2ピン・ヘッダ(CN_2)，水晶振動子(X_1)，コイル(L_1)をはんだ付けします．コイルを実装するときは手袋をはめてください．すずめっき線は，汗がつくと酸化が速まります．50cm程度のビニル線をアンテナとしてCN_2のRFOUT端子に接続します．VR_1は中央に設定します．

② 送信周波数をセットする

送信周波数をDIPスイッチでセットします．スイッチの設定と送信周波数の関係は，本章STEP1 表5-3を参照してください．

DIPスイッチを使わない場合は，SW_1をジャンパ線で短絡します．短絡すると'1'になります．何も接続しなければ，送信周波数設定は'0000'(78.8MHz)になります．

ラジオを用意して，DIPスイッチで設定した送信周波数にチューニングします．

③ 電源の確認

CN_1に＋5Vを接続して，BH1417FVの13番ピンの電圧(＋5V)を確認します．ICなどの異常発熱がないのを確認します．

④ コイルL_1の調整

受信できないときは，コイル(L_1)を調整します．単一送信周波数で使うのか，全周波数で使うのかで調整方法が少し異なります．

▶単一送信周波数で使う場合

ラジオをDIPスイッチで設定した周波数にチューニングします．ラジオの受信周波数を送信周波数に合わせて，VCOの出力電圧(V_Z)を測って2.5V程度になるように，L_1の長さを調整します．

V_Z＜1Vのときは発振周波数が高すぎるので，コイルL_1を縮めて短くします．$V_Z ≒ 5$Vのときは発振周波数が低すぎるので伸ばして広げます．

▶HバンドまたはLバンドの全設定周波数で使う場合

Lバンドのときは，コイルを$\phi 6 \times 4$ターンで巻きます．DIPスイッチを'0000'(87.7Mz)に設定してV_Zを測り，値(V_0)を記録します．続いてDIPスイッチを'0110' (88.9MHz)としてV_Zを測り，V_6とします．

$$(V_0 + V_6)/2 = 2.5V$$

になるようにL_1の長さを繰り返し調整します．V_0とV_6が1～4Vに入っていれば，問題なく使えるので，1箇所で合わせるだけで十分です．

Hバンドのときは，コイルを$\phi 6 \times 3$ターンで巻きます．調整方法はLバンドと同じです．

▶HバンドとLバンドを頻繁に切り替える場合

L_1の長さを短くする(密巻き)とLバンドでも使えるので，コイルの巻き数を3ターンとし，密巻きから10mm長の間でコイルを調整すると，コイルを交換しなくても両バンドで使えるようになります．

⑤ FMトランスミッタ基板とラジオが電波でつながっているかどうかを確認する

L_1の調整が終わったら，小型ドライバの金属部分を握って，先端をCN_1の4番端子に触れてください．ラジオの左チャネルからハム音が聴こるでしょうか？次に5番ピンを触れてください．今度は右チャネルからハム音が聞こえるはずです．

⑥ 音量の調整

VR_1でラジオの再生レベルとパイロット・レベルを調整します．

BH1417FVに-20dBV($0.1V_{RMS}$)の1kHz基準信号を入力して，ラジオのオーディオ出力レベルを放送局のオーディオ信号レベルに合わせます．

VR_1の調整に問題がありパイロット信号のレベルが小さいとステレオで受信できません．そのときは，オーディオ入力信号レベルを確認するか，ステレオで受信できるようにVR_1を上げていきます．

USBオーディオ・デコード基板の出力信号をBH1417FVに入力して，音楽の音量レベルがラジオ放送局の音楽レベルと同じになるように，USBオーディオ・デコード基板のボリュームを調整します．

⑦ コイルL_2の調整

BH1417FVの出力につけるLPFの周波数特性を図5-24に示します．LPFの周波数特性を最適化するときは，測定器で実測しながらL_2の長さを調整します．

測定器がない場合は，使う送信周波数のなかのもっとも高い周波数に設定して，コイルを短くしていき，ラジオを使って送信出力が少しだけ小さくなるところで長さを決めます．

FMラジオに内蔵されているリミッタが効いていると，受信強度に関わらずノイズ・レベルが一様になります．これではFMトランスミッタ基板の送信強度(受信強度)を調節できないので，リミッタを効かせずに(例えばノイズが大きく入っている状態で)LPFのカットオフ周波数を調整します．本来の信号周波数で，少し減衰するように調整すると，結果的にカットオフ周波数120MHz程度になります．電界強度計や図5-25に示す高周波プローブでも確認できます．

⑧ 特性を測る

▶プリエンファシス特性

図5-26に示します．1次のフィルタなので，20dB/decの傾きで出力レベルが大

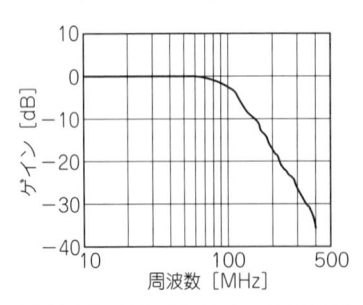

[図5-24] FMトランスミッタのLPFの周波数特性

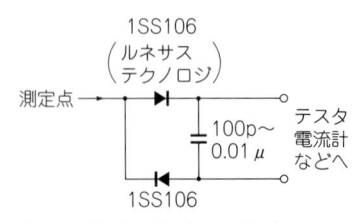

[図5-25] 高周波プローブの例

きくなります．この傾きと低周波領域のレベルとの交点の周波数から時定数(51 μs)がわかります．

▶リミッタ特性

図5-27に示します．$-14\text{dBV}(0.2\text{V}_{\text{RMS}})$付近からリミッタが動作しています．1dBゲインが小さくなる入力電圧は$-12.7\text{dB}(0.23\text{V}_{\text{RMS}})$でした．これは規格の$-10$〜$-16\text{dBV}$を満たしています．

▶周波数応答特性とチャネル・セパレーション

図5-28に示します．手持ちのラジオ(R-SA7, ケンウッド)で測定しました．左右のレベル偏差は±1dB以下(20〜15000Hz)です．チャネル・セパレーションは1kHzで32dBです．

▶ひずみ特性

図5-29に示します．R-SA7から得られた音声信号を測定した結果です．

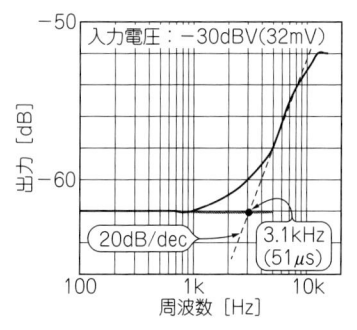

[図5-26] FMトランスミッタのプリエンファシス特性

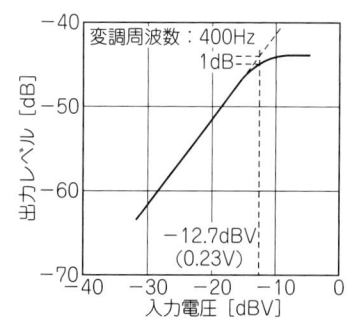

[図5-27] FMトランスミッタのリミッタ特性

[図5-28] FMトランスミッタの周波数応答特性とチャネル・セパレーション特性
本機で送信し，市販のラジオ(R-SA7)で受信

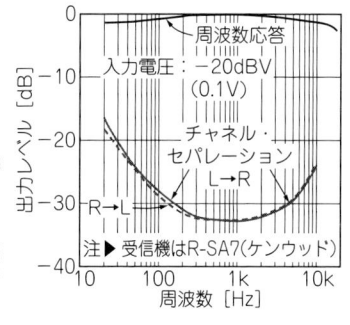

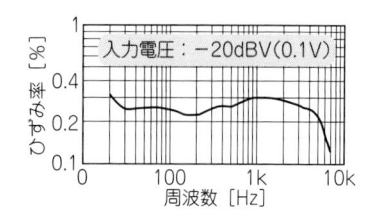

[図5-29] FMトランスミッタのひずみ特性
市販のラジオ(R-SA7)で受信した音声信号を測定

D級アンプ基板の動作確認

① 部品をはんだ付けする

5ピン・ヘッダ，出力用端子台，電源用端子台を基板に取り付けます．

② 電源の確認

CN_1の2番端子IN_-をグラウンドに接続します．スピーカを接続しない状態で電源+5Vを加えます．

C_4の+端子の電圧が+5Vになっていることを確認します．スピーカ端子(OUT_+, OUT_-)の電圧が約2.5Vになっていることを確認します．続いて，OUT_+とOUT_-間の電圧差が10mV以下になっていることを確認します．ICなどの異常発熱がないことを確認します．

③ スピーカから信号を出す

いったん電源をOFFしてスピーカを接続します．IN_+またはIN_-に音楽信号を加えます．スピーカから音楽が聴こえてきたでしょうか？

④ 特性を測る

▶周波数応答特性

図5-30に示します．カットオフ周波数は約8.5Hzです．低域側のカットオフ周波数f_C[Hz]は次式で決まります．

$$f_C = \frac{1}{2\pi \times (R_i + R_1) \times C_1}$$

ただし，R_i：BD5638の入力抵抗［Ω］(25k)，R_1：ゲイン調整用抵抗(15k)［Ω］，C_1：入力カップリング・コンデンサ(0.47μ)［F］

カットオフ周波数をより低くする場合は，C_1とC_2の容量を大きくします．高域

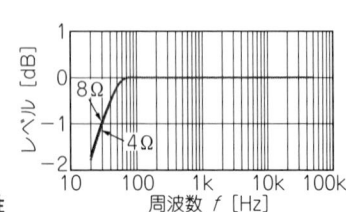

[図5-30]
D級アンプの周波数特性

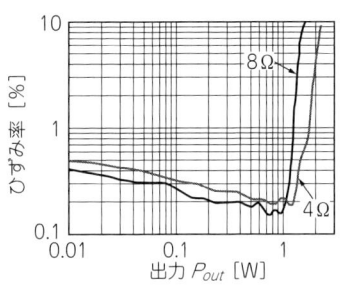

[図5-31] D級アンプのひずみ率

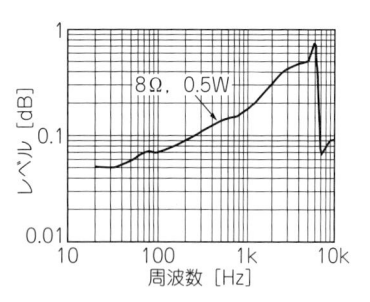

[図5-32] D級アンプのひずみの周波数特性

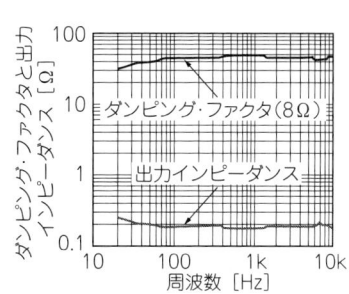

[図5-33] D級アンプの出力インピーダンスとダンピング・フィルタ

は50kHzまで平坦でした．多くのD級アンプの出力には，スイッチング周波数を除去するLCフィルタをつけるので，高域ではゲインが小さくなりますが，BD5638はフィルタレス・タイプなので，高域までフラットです．

▶ひずみ率

　図5-31に示すのは，周波数1kHzで測定したひずみ率です．

　図5-32に示すのは，ひずみ率の周波数特性（負荷8Ω，出力0.5W）です．可聴帯域（20～20000Hz）で測定しました．

▶出力インピーダンスとダンピング・ファクタ

　図5-33に示します．ダンピング・ファクタとは，スピーカのインピーダンス（8Ω）とアンプの出力インピーダンスの比です．

マイコン基板の動作確認

● 部品のはんだ付けと電源の確認

　コネクタCN_1とCN_2をはんだ付けします．

　さらにデバッガでプログラムを書き込むときはSWDコネクタをはんだ付けしま

す．ブートローダでプログラムを書き込む場合はCN$_4$をはんだ付けします．

　CN$_1$またはCN$_2$の25番ピンに＋3.3V，26番ピンにGNDを接続したら，電源を加えてR_1のPadの電圧が＋3.3Vになっていることを確認します．ICの異常発熱などがないかを確認します．

● プログラムの書き込み方法
▶メーカ製のデバッガを購入する

　マイコン基板上のLPC1114にプログラムに書き込むには，市販のデバッガを使う方法があります．

　写真5-6に示すデバッガ搭載ARMマイコン・スタータキット LPCXpresso（NXPセミコンダクターズ）も使えますが，筆者はJ-LINK互換のARM USB Open Link（日新テクニカ，写真5-7）を使いました．J-LINKとマイコン基板上のコネクタ（SWD）の接続を図5-34に示します．統合開発環境には，IAR Embedded Workbench for

[写真5-6]
デバッガ搭載ARMマイコン・スタータキット LPCXpresso（NXPセミコンダクターズ）

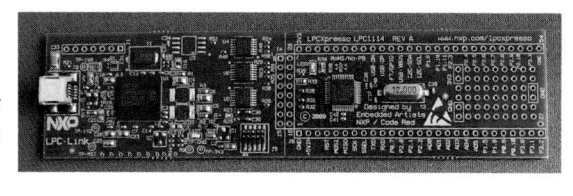

[写真5-7] J-Link EDU版
教育目的のため廉価（5,520円，mouser，2013年2月時点）で購入できる．購入にあたり身分証明などの提示は要求されないが，仕事に使えない旨の警告が毎日出るので注意

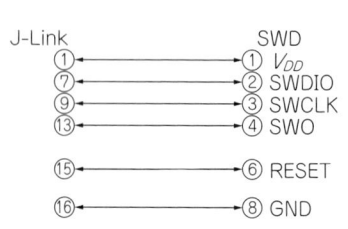

[図5-34] J-LINKとSWD間の各信号が接続されるピンの配置

ARM(IAR社)を使いました.

付属CD-ROMのプログラム内のreadme.txtに示すように,Blinkyとi2cの内容を,

C:¥Program Files¥IAR Systems¥Embedded Workbench 6.0 Kickstart_0¥arm¥examples¥NXP¥LPC11xx¥IAR-LPC-1114-SK¥simple¥

内のサンプル・プログラムと入れ替えてください.さらに,同フォルダ内のSimple_Demos.ewwワークスペースを開いて,そこにあるblinkyというプロジェクトを選択して開いてください.

Download and Debugをクリックすると,ソース・プログラムがコンパイルされてLPC1114のフラッシュにプログラムが書き込まれます.Goをクリックして実行し,PIO2_5(CN_1-20)の電圧が0Vと3.3Vと1秒おきに変化することを確認してください.

▶ブートローダを利用する

写真5-8に示すUSB-シリアル変換アダプタとCN_4を接続します.接続する配線は,RXD,TXD,DTR,GND,RTSです.パソコンでプログラム書き込みツールFlash Magicを起動します(**図5-35**).

- Step 1-Communications欄の[Select Device]を押して,LPC1114/301を選びます.COM Portで,USB-シリアル変換アダプタが認識されているCOMポート番号を選びます.さらにBaud Rateを19,200,InterfaceをNone[ISP]を選

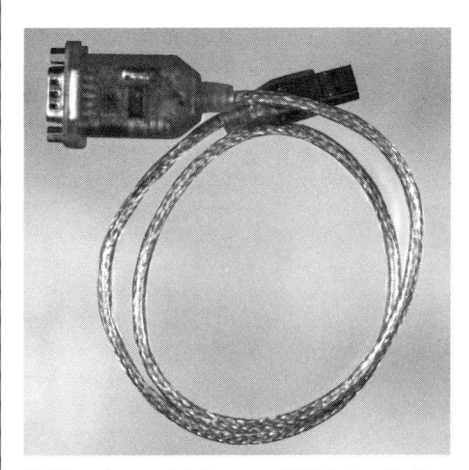

[写真5-8] USBをシリアルに変換するアダプタ 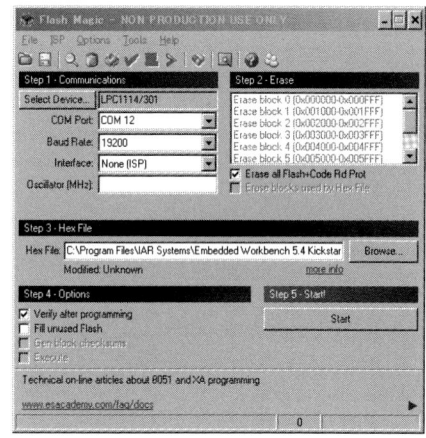　　[図5-35] Flash Magicの実行画面

STEP 3 —— メーカから届いた基板に電源を入れる

びます．
- Step 2-Erase欄でErase all Flash + Codeにチェックを入れます．
- Step 3-Hex File欄で\Blinky\Release\Exe\Blinky.hexをHex Fileとして指定します．
- Step 4-OptionsでVerify after programmingにチェックを入れます．
- Step 5-Stratで［Start］をクリックすると，プログラムがLPC1114に書き込まれます．

書き込み終了後，自動的にプログラムが実行されます．PIO2_5(CN_1-20)の電圧が1秒おきにL/Hを繰り返すことを確認してください．

なお，Flash Magicのダウンロードやインストールの方法は，下記に詳細な情報があります．

http://toragi.cqpub.co.jp/tabid/439/Default.aspx

〈渡辺 明禎〉

Column (5-C)

良いはんだ付けは「こて選び」から

はんだごてを大別すると,
(1) 主にホビーや板金のはんだ付けなどで使用されているニクロム・ヒータ・タイプ(**写真B**)
(2) 電気配線や基板のはんだ付けに使用されているセラミック・ヒータ・タイプ(**写真C**)
(3) 温度制御機能をもち,1次と2次の絶縁性が良いステーション・タイプ(**写真D**)

に分けることができます.

　はんだ付けするときの大事な要件に,こて先温度があります.こて先温度は,はんだ付けする部品,基板などで熱容量が違うので変える必要があります.一般的にこて先温度ははんだの融点+150℃くらいが良いとされています.鉛入りはんだで330～370℃です.鉛フリーはんだの場合は融点が30～40℃高くなるので,こて先温度をそのぶん高くする必要があります.

　こて先の温度を高くすると部品が熱でダメージを受ける,こて先の寿命が短くなるなどの影響があるため,鉛入りと同じこて先温度ではんだ付けする必要があります.そのため鉛フリーはんだを使用するときには熱復帰が良く,温度も制御できるステーション・タイプがお勧めです.　　　　　　　　　　　　　　　〈宮崎 充彦〉

[写真B] ニクロム・ヒータ・タイプ
安価だがACコンセントとの絶縁性が悪い,寿命が短い

[写真C] セラミック・ヒータ・タイプ
職場で多く見かけるのはこれ

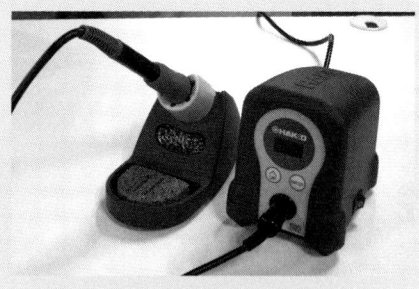

[写真D] ステーション・タイプ
2万円弱で購入できる機種もある.鉛フリーはんだにはこれ

Appendix5-B

基板の発注先を徹底調査
プリント基板製造メーカ一覧 (2013年2月現在) 〈編集部〉

会社名	ウェブサイト	設計データの作成 片面	両面	多層	フレキシブル/片面	フレキシブル/両面	フレキシブル/多層	穴あけ,エッチング,仕上げ 片面	両面	多層	フレキシブル/片面	フレキシブル/両面	フレキシブル/多層	部品実装 DIP部品	表面実装部品	BGA・CSP	片面実装	両面実装	製造工場 自社工場	国内製造委託	海外製造委託
アートニクス	http://www.artnics.com/	●	●	36	●	●	●	●	●	36	●	●	●	●	●	●	●	●		●	
アイケーピー㈲	http://www.i-k-p.com/	●	●	ほぼ無制限																●	●
㈱相信	http://www.aishin.co.jp/	●	●	30	●	●		●	●	30	●	●		●	●	●	●	●		●	
㈱アズマ	http://www.azumagrp.co.jp/	●	●	32																●	
㈱アドバンスドサーキット	http://www.advc.jp/	●	●	20	●	●		●	●	20	●	●								●	
アポロ技研㈱	http://www.apollo-g.co.jp/	●	●	28				●	●	48				●	●	●	●	●	●		
㈱アルニック	http://www.alnic.co.jp/	●	●	12	●	●		●	●	12	●	●		●	●	●	●	●		●	
㈱ピーバンドットコム	http://www.p-ban.com/	●	●	20	●	●		●	●	20	●	●		●	●	●	●	●		●	●
GAIA㈱	http://www.gai-a.com/	●	●	12	●	●		●	●	30	●	●		●	●	●	●	●		●	●
㈱工房やまだ	http://studio-yamada.jimdo.com/													●	●	●	●	●			
㈱港北電子工業	http://www.kouhokud.jp/													●	●	●	●	●	●		
山幸電機㈱	http://homepage3.nifty.com/sankodenki/	●	●	12	●	●		●	●	12	●	●		●	●	●	●	●	●		
㈱サンヨー工業	http://www.nagano.sanyo-pwb.co.jp/							●	●	36				●	●	●	●	●	●		
㈱システム・プロダクツ	http://www.sys-pro.co.jp/	●	●	16	●	●		●	●	16	●	●		●	●	●	●	●		●	
㈱真成電子産業	http://www.shinseidenshisangyo.co.jp/	●	●	8				●	●	8				●	●	●	●	●		●	●
㈱大昌電子	http://www.daisho-denshi.co.jp/	●	●	10	●	●		●	●	10				●	●	●	●	●		●	●
㈱タイシン	http://www.taishin-pcb.co.jp/	●	●	24				●	●	24				●	●	●	●	●		●	
㈲テクニカル工房	http://www.technical-atr.com/	●	●	6										●					●		
㈱デュアル電子工業	http://www.e-dual.co.jp/	●	●	6				●	●	6				●	●	●	●	●	●		
東芝ディーエムエス㈱	http://www3.toshiba.co.jp/tdms/	●	●	48				●	●	48				●	●	●	●	●	●	●	●
㈱東和テック	http://pcb-center.com/	●	●	8				●	●	8				●	●	●	●	●		●	●
㈱東和電子	http://www.twa.co.jp/	●	●	20				●	●	20				●	●	●	●	●		●	●
㈲ネクステック	http://www.nextec.co.jp/													●	●	●	●	●			
V・TEC㈱	http://www.e-vtec.co.jp/	●	●	4	●	●								●	●	●	●	●	●		
富士プリント工業㈱	http://www.fujiprint.com/	●	●	24	●	●		●	●	24	●	●		●	●	●	●	●	●		
㈱マツオ	http://www.s-matsuo.co.jp/	●	●	24	●	●								●	●	●	●	●	●		
マルツエレック㈱	http://www.marutsu.co.jp/	●	●	8	●	●		●	●	8	●	●		●	●	●	●	●		●	●
㈱ミクロ・テック	http://www.micro-tech.co.jp/	●	●	16	●	●	4	●	●	12	●	●	4	●	●	●	●	●	●		
ユメックスアイプラス㈱	http://www.yumex-i-plus.com/	●	●	6				●	●	6				●	●	●	●	●		●	●
リンクサーキット㈱	http://www.link-circuit.co.jp/	●	●	20	●	●		●	●	36	●	●		●	●	●	●	●		●	●

Appendix5-C

海外への基板発注について

ミニ知識1 サイズの単位を間違えるとたいへんなことに

プリント基板業界では，次の3種類の単位が利用されており，混在しています．
(1) inch（1inch = 1000mil = 25.4mm）
(2) mil
(3) mm

チップ・タイプの抵抗，コンデンサ，コイルの形状は，縦と横の寸法を取り，0603などと呼ばれていますが，単位が違うために，図1に示すように，同じ0603でも大きさが異なります．以前はmilで表示されていましたが，小型化が進んだ結果，0201以下の部品のサイズ表示が"01005"というふうにわかりにくくなってきました．そこでmmが使われ始めました．

今では，0603と言われても，その単位がわからないと実際の寸法がわかりません．inchの場合は，0603と言えば，

0.06×0.03inch $= 60 \times 30$mil $= 1.5 \times 0.76$mm

で，0.6×0.3mmの2.5倍です．

mmとinchを区別するために，例えばDigi-keyは次のようにメトリック（メートル法と言う意味）」と追記して，mm単位で1608であることを明示しています．

0603（1608metric）

最近は，mmで扱われるケースが増えています．「0603の部品を実装したい」と伝えたところ，0.6×0.3mmの部品と解釈されて，とても高い実装見積りを受け取っ

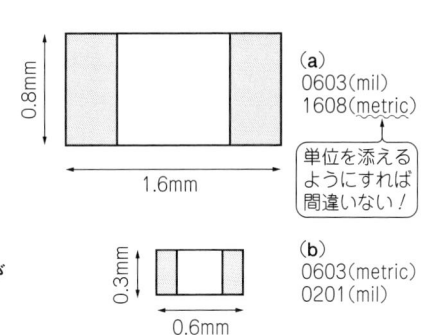

(a) 0603(mil) 1608(metric)
0.8mm × 1.6mm

単位を添えるようにすれば間違いない！

(b) 0603(metric) 0201(mil)
0.3mm × 0.6mm

[図1]
同じ0603でも外形が異なる二つの部品が存在する
なんてまぎらわしい…

たことがあります．

ICのデータシートの中には，図2に示すように，mmとinchが併記されたものがあります．古くからあるDIP(Dual Inline Package)の端子間のピッチは0.1inch，SOPは0.05inchというふうにinch単位で記されています．しかし小型のSSOP(Shrink Small Outline Package)は0.65mmピッチ，QFP(Quad Flat Package)は0.5mmピッチというふうにmm単位で記されています．

EAGLEのデフォルトはinch単位ですから，mm単位の部品は，その都度スケールをmmに変更しなければなりません．

■ミニ知識2 プリント基板の材料のいろいろ

次に示すのは，代表的な基板材料です．
(1) ガラス基材エポキシ樹脂銅張積層板(FR-4)：標準厚さ1.6mm
(2) ガラス・コンポジット基材(CEM-3)：標準厚さ1.6mm
(3) アルミ板：アルミ板の上に100μmの絶縁体を形成し，その上に銅箔面を接着したもの
(4) フィルム状の絶縁体(ベース・フィルム)：厚さ12μ〜50μm

もっともよく使われているのは，ガラス繊維を布状に編んだものにガラス・エポキシ樹脂を浸透させたFR-4(「ガラエポ」とも呼ぶ)です．ガラス繊維を切りそろえてマット状に並べたものにガラス・エポキシ樹脂を浸透させたのがCEM-3で，両面まで対応できます．FR-4に比べて，少し柔らかいのが特徴です．ベース・フィルムにはポリイミドが用いられ，基板間を接続する配線材としてよく使われます．アルミ基板はパワーLEDなどの熱が発生する部品を効率良く冷やしたいときに使われます．

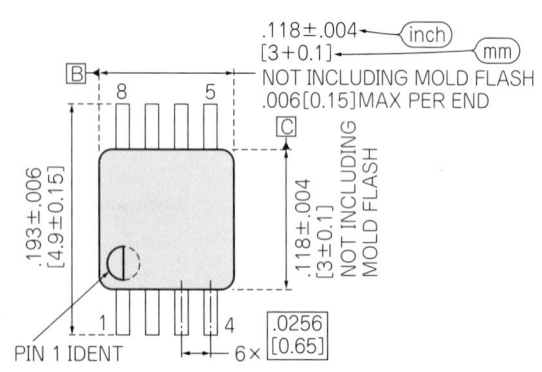

[図2]
部品寸法がmmとinchで併記されている例

ミニ知識3 標準料金で利用できる銅箔のパターン幅や穴径（**P板.com**の場合）

図3(a)に示すように，銅箔のパターン幅と間隔には製造上の限界があります．現在のパターン幅と間隔の標準は，5mil（0.127mm）です．

ドリルで空ける穴の直径にも最小値があり，標準料金で利用できるのは0.3mmです．ビア・ホールのランド径は0.6mmで，穴の周りに0.15mm幅のパターンがあります［**図3(b)**］．これより小さな径は標準料金より高くなります．

ミニ知識4 銅箔と基板端の距離は**30mil**以上とする

プリント基板は完成するまでに，ルータと呼ばれる機械で切断されたり，ユーザが切り離すVカット（**写真1**）を入れる製造工程を経ます．機械の工作精度によっては，基板端がパターンに接近することがあります．製造過程で，機械がプリント・パターン部にほんのちょっとでも接触すると，銅箔面が露出して腐食しやすくなり

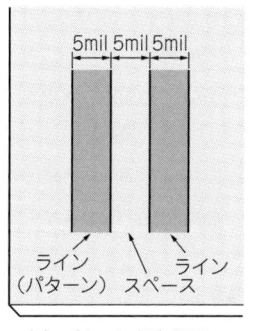

[図3]
基板製造のパターン幅やビア・ホールの標準サイズ

(a) パターン幅と間隔

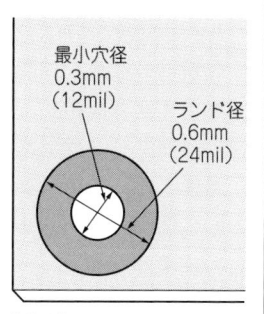

(b) ビア・ホールのランド径と最小穴径

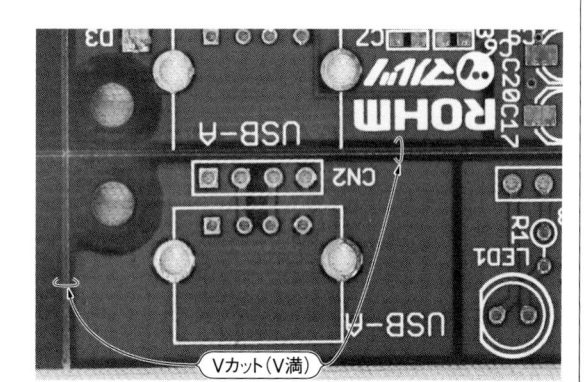

[写真1]
基板を切り離しやすくするVカット

海外への基板発注について | 319

ます．また，基板端近くは機械ストレスがかかりやすいので，パターン幅を狭くすると，断線の可能性も高まります．

　以上のようなトラブルを避けるには，基板端から銅箔パターンまでの距離を少なくとも30mil（業者によって異なる）以上離します．

ミニ知識5　プリント基板を長持ちさせる銅箔面の処理を必ず施す

　プリント基板の銅箔面は，空気にさらされると酸化して電気を通さなくなるだけでなく，はんだの濡れ性が悪くなって，接続不良の原因になります．

　図4に示すように，プリント基板の製造過程で，銅箔表面は手早く防酸化処理を行わなければなりません．なお，部品の端子を乗せる銅箔部（パッド）やビア・ホールのランド以外の部分には，はんだが乗らないようにソルダ・レジスト膜で覆います（ビア・ホールをレジスト膜で覆うこともある）．

　銅箔面の表面処理の方法に次のようなものがあります．

(1) はんだレベラ［**写真2(a)**］

　有鉛はんだまたは無鉛はんだが溜まった槽に基板を浸して，銅箔面をはんだで覆ってしまう方法です．余分なはんだは高圧の空気を吹き付けて除去します．

(2) 耐熱プリフラックス（鉛フリー）［**写真2(b)後出**］

　基板表面にフラックスと呼ばれる塗布材で覆う方法です．はんだレベラに比べると耐久性が良くありません．金属や熔けたはんだ表面の酸化膜や汚れを化学的に除去します．

(3) 無電解金フラッシュ［**写真2(c)後出**］

　銅箔面にまずニッケルめっきを数μm，その上に0.0数μmの薄い金を付着させる方法です．耐久性は金めっきより劣りますが，安価です．

(4) 端子部のみ電解金めっき［**写真2(d)後出**］

　コネクタなどにプリント基板を挿し込むカード・エッジ部は，コネクタ部を金め

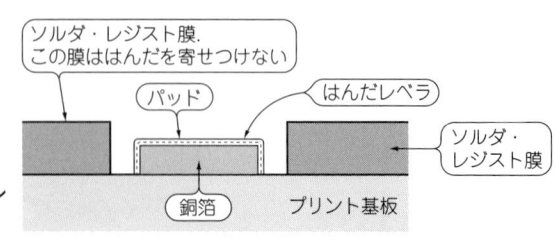

[図4] はんだが乗らないようにソルダ・レジスト膜で覆う

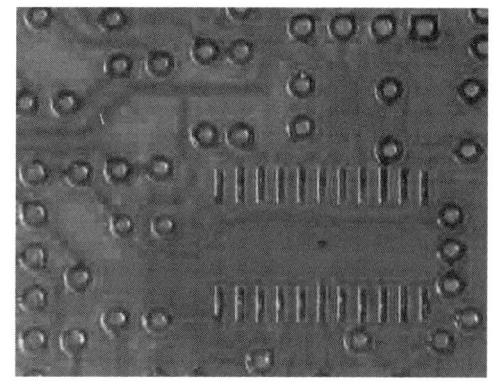

(a) はんだレベラ
(b) 耐熱プリフラックス

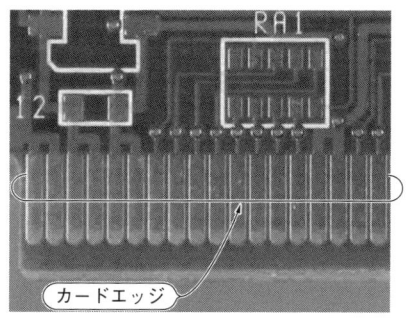

カードエッジ

(c) 無電解金フラッシュ
(d) 端子部のみ電解金めっき

[写真2] 3銅箔面の防酸化処理の方法（目次ページのカラー写真も参照してください）

っきします．金めっきする範囲をカード・エッジの端子部だけにすれば，耐久性とコストを両立させることができます．

ミニ知識6 安く基板を作れる面付けとVカット

数枚の小さな基板を作るときは，各基板をCAD上で1枚の基板にまとめて（面付けと呼ぶ）発注すると安上がりです．面付け作業はEAGLE上で行うことができます（本章STEP2）．

基板メーカに発注するときは，次に示す二つの方法があります．
(1) 切断を補助する溝（Vカットと呼ぶ）を入れてもらう ［**図5(a)**］
(2) 切断機（ルータ）で完全に切断してもらう ［**図5(b)**］

図6に示すように，V溝に沿って基板を割るときに，基板の端に力を加えて割る

海外への基板発注について

と，基板が反って搭載されている部品に無理な力が加わり壊れてしまいます．必ずVカット付近をもって割ります．一度割ってしまった基板を接着するときは，**図7**に示すように補強基板と接着剤を使ってください．

　ガラス・エポキシ基板は，Vカットの端面に細いガラス繊維が出ることがあります．皮膚にささることがありますから，端面を持ってはいけません．

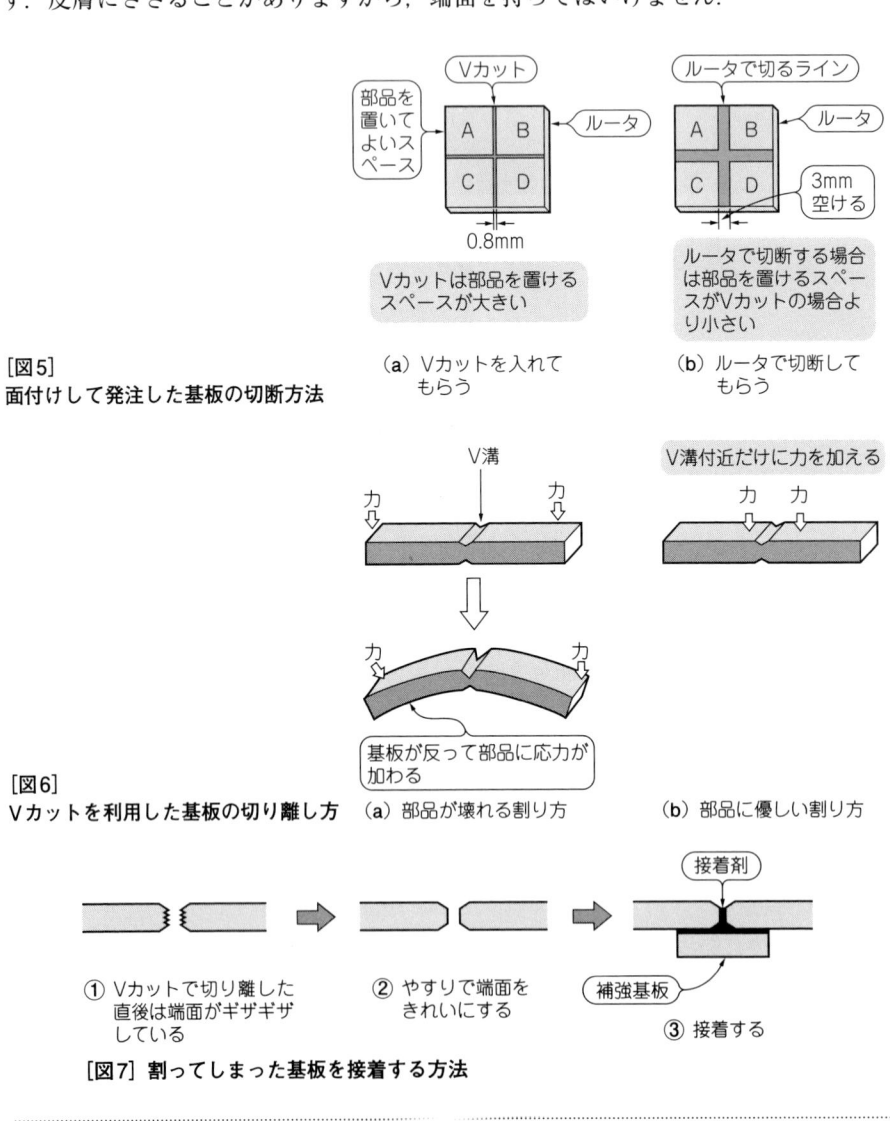

[図5]
面付けして発注した基板の切断方法

（a）Vカットを入れてもらう

（b）ルータで切断してもらう

[図6]
Vカットを利用した基板の切り離し方　（a）部品が壊れる割り方　　（b）部品に優しい割り方

[図7] 割ってしまった基板を接着する方法

Vカットを作る製造工程で使用されるマシンの工作精度などの都合で，基板端から銅箔面まで40mil以上空けなければなりません．また，ルータに備えられているエンドmilの直径は2〜3mmです．基板データを作るときは，そのぶんの基板間距離(一般的には3mm)を確保する必要があります．

ミニ知識7 パターンのオープン・ショート・テストだけは必ずやってもらう

　プリント基板メーカは，基板が完成したあとに，フライング・チェッカと呼ばれる検査装置を使って，パターンが途中で切れていないか確認するテストを行っています．テストにはガーバー・データが参照されます．目視では切断していることが見つけられないパターン幅が数milの基板は，特にこのテストが重要です．

　最近は指定しなくても，テストをしているメーカが増えています．別料金になっている場合でも，この検査だけは行っておくほうがよいでしょう．

ミニ知識8 プリント基板用語「部品面」と「はんだ面」

　一般に，基板の部品が搭載されている面を「部品面」，その裏側を「はんだ面」と呼びます．これは，表面実装部品が誕生する大昔は，電子部品のほとんどにリード線がついており，表側から基板の穴にリードを通して，裏側ではんだ付けしていたからです．基板を部品搭載側から眺めると，はんだ部はいっさいなく，部品のパッケージばかりがずらりとならんでいました．一方裏側ははんだがずらりと目に入ってきました．

　最近は，表面実装部品が両面に実装されているので，ネーミングに違和感がありますが，その名残で，部品面，はんだ面と呼ばれることが多いのです．

　プリント基板をメーカに発注するときは，ガーバー・データに「部品面用」または「はんだ面用」と明記しておくと，誤解されることが減り，スムーズに注文作業が進むでしょう．

　R_1, C_1…など，部品番号などのシルクは，部品面だけに印刷するのが標準です．はんだ面にもシルクを印刷すると別料金がかかります． 〈渡辺　明禎〉

STEP 4 — ディジタル・オーディオ・ステーションの製作
コネクタ間の配線とマイコンのファームウェア開発

　USBオーディオ・デコード基板，FMトランスミッタ基板，D級アンプ基板，マイコン基板の4枚のモジュール基板が完成しました．ここではこれら4枚のモジュール基板を応用して，オリジナルのディジタル・オーディオ・ステーションTDAS-01(**写真5-9**)の製作にTRYします．内観は，プロローグ(p.11)を参照してください．

　基板は切り離さないでケースに組み込みます．基板はケースに入れると，愛着も湧いて何十年でも使ってやろうという気持ちがわいてきます．基板だけで使っているとジャンク行きになることがあります．

オプション基板とアンテナを取り付ける

● ヘッドホン・アンプとリモコン受光部を追加

　STEP3の写真5-3からわかるように，本章 STEP1の面付けの際に，基板の残りのスペースに，上記4種類の基板以外に次の二つの基板を搭載してから発注をかけてありました．
- ヘッドホン・アンプ基板
- リモコン受光部＆USBコネクタ基板

　図5-36にヘッドホン・アンプの回路を示します．ワンチップIC BH3544F(ローム)を使いました．**図5-37**にリモコン受光部＆USBコネクタ基板の回路を示します．赤外線受光用IC PRM7238(ローム)を使いました．

[写真5-9]
第1章～第4章で製作した4種類のモジュール基板を使って応用製作する
オリジナルのディジタル・オーディオ・ステーション TDAS-01

● **FM電波送信用のアンテナを追加**

　普通の線材をFMトランスミッタ基板の出力に接続しました．このようなアンテナをホイップ・アンテナと呼びます．

　基板に作り込んだ特性インピーダンス50Ωのマイクロストリップ・ラインとホイップ・アンテナは整合が取れていませんが，よしとしました．整合が取れると，電波の出力が大きくなりすぎて，電波法違反になりかねないからです．整合させたい場合は，50Ωのアンテナと基板を50Ωの同軸ケーブルで配線してください．電波法違反に注意しながら，BH1417FVの出力にあるアッテネータによる減衰量を調整してください．

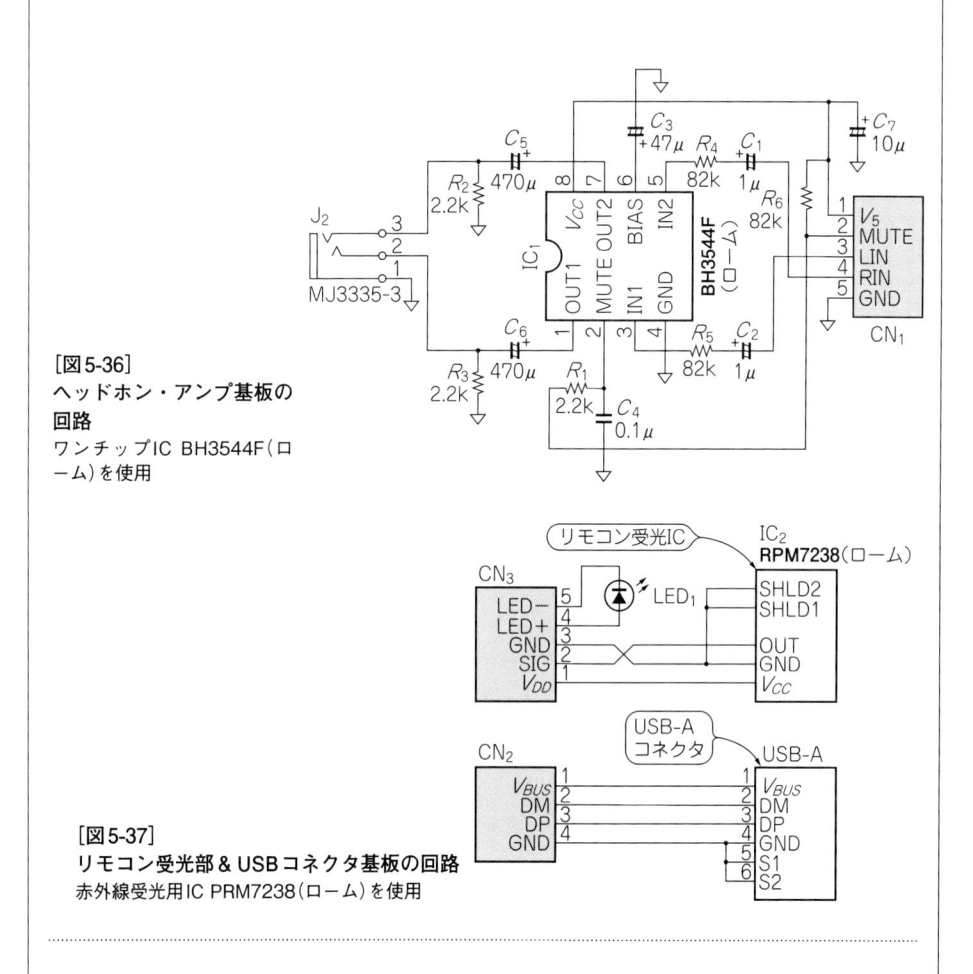

[図5-36]
ヘッドホン・アンプ基板の回路
ワンチップIC BH3544F(ローム)を使用

[図5-37]
リモコン受光部＆USBコネクタ基板の回路
赤外線受光用IC PRM7238(ローム)を使用

STEP 4——ディジタル・オーディオ・ステーションの製作

結線図を用意する

すべての基板の準備が整ったら，ケーブルでコネクタどうしをつなぐ作業に入ります．配線を確実にするために結線図を準備します．手書きしてもよいのですが，ここではEAGLEを図面エディタとして利用して作成しました．

図5-38に示すように，結線図にはBus（バス）配線がたくさん使われます．ここでEAGLEでBus配線を描く方法を紹介します．

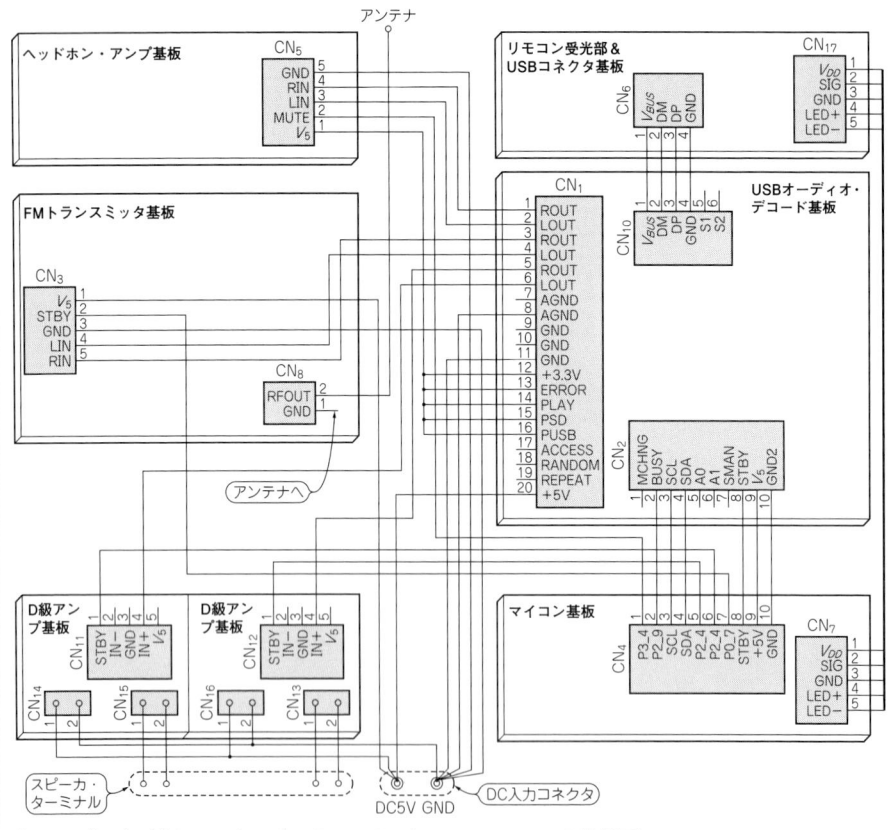

[図5-38] ディジタル・オーディオ・ステーション TDAS-01の結線図
結線図はバス配線がたくさん．EAGLEでバス配線を描くにはどうしたらいい？

● 方法1　NameコマンドをつかってBusに接続する信号名を始めに付ける

　Busの名前は"D[0..7]，WR，RD，CS"というふうに付けます．これは，D0，D1，D2，D3，D4，D5，D6，D7，WR，RD，CSという11本のバス配線であることを意味しています．

　配線はNetコマンドを使いBusからPinに向かって作業します．接続点を左クリックして，メンバの一覧をポップアップ表示させ，信号名を選んで希望のPinに配線します．これらのPinはBusのメンバとして登録されます．

　図5-39のように，PinからBusに向かって配線した場合，左クリックでNETを確定すると，"N$n"という名前がNetに自動的に付けられます．すると，Busに接続しようとしても「N$nはB$1のメンバではありません」というエラーが出て配線できません．

● 方法2　NameコマンドをつかってBusに接続した信号名を付ける

　ツール・バーからBusコマンドを起動して，左クリック→ドラッグ→右クリックでBusを描きます．続いてNetコマンドを起動して，PinにNetをつなぐと"B$n"というBus名がポップアップ表示されます．そのBus名を左クリックすると，BusとNetが接続されます．

　このとき，どのNetがBusに接続OKになっているのかが明らかになっていません．そこでツール・バーのNameを使ってNetに名前を付けていきます．Net上で左クリックすると，名前を入力するダイアログが表示されます(図5-40)．this segmentの選択を確認して，例えばmという名前を付けると，"Connect B$n and

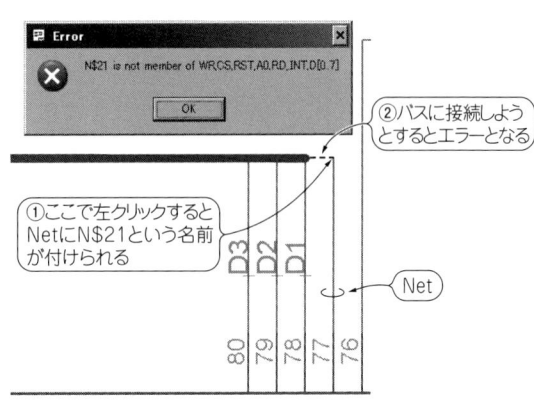

[図5-39]
EAGLEでバス配線を作成するときの注意点
PinからBusに向かって配線してNetを確定すると，BusとNetがつながらなくなる

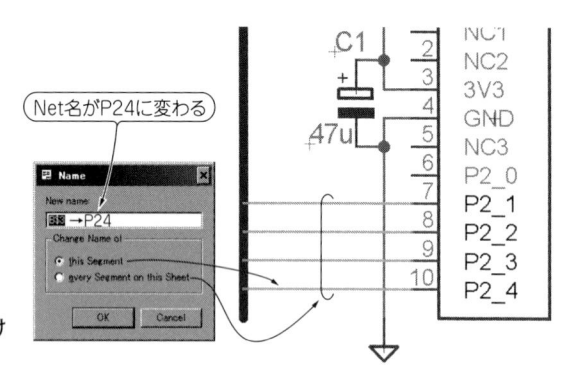

[図5-40]
BusとNetを接続したら名前を付けていく

m"と表示されるので，Yesをクリックします．Labelを使って，Busに接続されているNetにラベルを記述していきます．実際のボードでは，Busに含まれる同一のラベル名にNetが接続されます．

マイコンの機能その①…USBオーディオ・デコードICの制御

マイコン基板には次の二つの役割をもたせます．
（1）USBオーディオ・デコードIC BU64603KVの制御（I^2C経由）
（2）赤外線リモコン受光素子の出力信号の受信と解読
ここでは（1）について説明します．

■ BU94603KVに送るデータ

① BU94603KVを操作する

BU94603KVはオートスレーブ・モード（MODE2）で動かして，マイコンでI^2Cバス経由で操作します．LPC1114でBU94603KVの動きをコントロールするときは表5-6に示すコマンドを，図5-41に示すデータ形式で送信します．

▶アドレスを送信

| S | スレーブ・アドレス | R/$\overline{W}$ | A | データ(8ビット) | A | データ(8ビット) | A | データ(8ビット) | A/$\overline{A}$ | P |

'0'（書き込み）

□ マスタ（**LPC1114**）からスレーブ（**BU94603KV**）へ
□ スレーブからマスタへ

A：Acknowledge（SDA"L"）
$\overline{A}$：No Acknowledge（SDA"H"）
S：スタート・ビット
P：ストップ・ビット

[図5-41] USBオーディオ・デコードIC BU94603KVを操作するときに送るデータ

最初に，7ビットのアドレスを送って送信先のデバイスを指定します．続くデータは「書き込み」を示すために，最下位ビットを'0'にします．
　BU94603KVのアドレスは"1, 0, 0, 0, 0, A1, A0"です．A0とA1は端子の状態を示しています．端子に何も接続していなければ内部でプルアップされているため，A0 = A1 = 1となります．以上から，データを書き込む場合，LSB = 0になるので，最初の転送データは0x86です．

▶コマンドを送信

　続いて表5-6に示す2～8バイトのコマンドを送信します．連続してコマンドを送る場合は，ステータスを読み込み，コマンドを送信してよいか判断する必要があります．それほど高速な制御は要求されないので，コマンドとコマンドとの時間を100ms空けることにし，ステータスの確認は省略しました．

② **BU94603KVの状態を読み出す**

　LPC1114から図5-42に示すデータを2段階でBU94603KVに送ると，BU94603KVの内部にあるステータス・レジスタから動作状態を読み出すことができます．
　ステップ1でステータス読み出しコマンドをBU94603KVに送ります．ステップ2で必要なバイト数を読み出します．このときのスレーブ・アドレスは，0x86 + 読

[表5-6] BU94603KVを操作するためのコマンド一覧

コマンド名	コマンドのバイト長	コマンド 1st	コマンド 2nd	コマンド 3rd	コマンド 4th	動　作
PLAY	2	0x50	0x01	–	–	再生開始
PAUSE	2	0x50	0x02	–	–	一時停止
STOP	2	0x50	0x03	–	–	再生停止
VOL +	2	0x50	0x04	–	–	音量アップ
VOL -	2	0x50	0x05	–	–	音量ダウン
FF	4	0x55	0x01	0x00	0x00	次のファイルをサーチ
FF&PLAY	4	0x55	0x01	0x01	0x00	次のファイルをサーチ後再生
FB	4	0x55	0x02	0x00	0x00	再生時間が1秒以内：前のファイルをサーチ　1秒以上：曲の先頭へ
FB&PLAY	4	0x55	0x02	0x01	0x00	FB後再生
FOL +	4	0x55	0x03	0x00	0x00	次のフォルダをサーチ
FOL + &PLAY	4	0x55	0x03	0x01	0x00	次のフォルダをサーチ後再生
FOL -	4	0x55	0x04	0x00	0x00	前のフォルダをサーチ
FOL - &PLAY	4	0x55	0x04	0x01	0x00	前のフォルダをサーチ後再生
SET_VOL	2	0x53	設定値	–	–	音量を設定値に設定

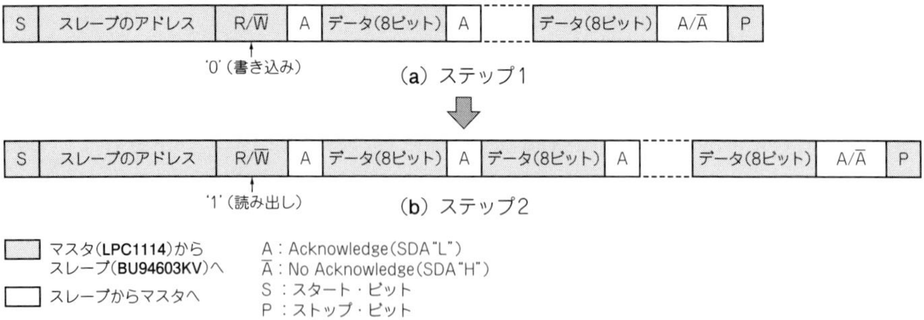

```
  S  スレーブのアドレス  R/W̄  A  データ(8ビット)  A  データ(8ビット)  A/Ā  P
                      '0'(書き込み)          (a) ステップ1
```

```
  S  スレーブのアドレス  R/W̄  A  データ(8ビット)  A  データ(8ビット)  A  データ(8ビット)  A/Ā  P
                      '1'(読み出し)         (b) ステップ2
```

■ マスタ(LPC1114)から スレーブ(BU94603KV)へ　A：Acknowledge(SDA"L")
■ スレーブからマスタへ　Ā：No Acknowledge(SDA"H")
　　　　　　　　　　　S：スタート・ビット
　　　　　　　　　　　P：ストップ・ビット

[図5-42] USBオーディオ・デコードIC BU94603KVの状態を読み出すときに送るデータ

み込み('1') = 0x87です．読み出せるデータ長は128バイトです．コマンド0x5eとOffsetで，Offsetに入れる数値から任意の長さのステータス・レジスタを読み出せます．0x5fコマンドを使うと，2バイトで各項目のステータス・レジスタを読み出せます．

■ I²C通信プログラム

① I²Cモジュールを初期化する

リスト5-1に示すのは，LPC1114の制御プログラムの中のI²C制御部です．I²Cモジュールが使えるようにする初期化の方法は次のとおりです．

▶ AHBバスを有効にする

LPC1114のI²Cモジュールを使うには，まずAHBバスを有効にしなければなりません．LPC1114のプログラムを初めて作ったとき，デバッガを使って各モジュールのレジスタを設定しようとしたのですが，うんともすんとも言いませんでした．原因は，バス・クロックの有効化でした．モジュールを使うときは，あらかじめモ

[リスト5-1]
マイコン(LPC1114)のファームウェア①…I²Cバスの初期化プログラム

```
// I2Cモジュールの初期化
LPC_SYSCON->SYSAHBCLKCTRL |= (1<<5);   // I2C Enable

LPC_IOCON->PIO0_4 &= ~0x3F;
LPC_IOCON->PIO0_4 |= 0x01;             // PIO0_4のFUNCの初期化
                                       // PIO0_4 = I2C SCL
LPC_IOCON->PIO0_5 &= ~0x3F;            // PIO0_5のFUNCの初期化
LPC_IOCON->PIO0_5 |= 0x01;             // PIO0_5 = I2C SDA

LPC_SYSCON->PRESETCTRL |= 0x2;         // I2Cリセット解除
LPC_I2C->CONCLR = 0x6c;                // I2Cの各ステータスクリア
LPC_I2C->SCLL = 60;                    // 5us
LPC_I2C->SCLH = 60;                    // 5us total 100kHz
LPC_I2C->CONSET = 0x40;                // I2Cイネーブル
```

ジュール用のクロックを有効にする必要があります．
▶ SCL 端子と SDA 端子を I^{2}C 通信機能に設定する
　SCL 端子と SDA 端子は，GPIO 機能が多重化されているので，SCL，SDA として使えるように設定します．
▶ リセットとステータスのクリア
　まず I^{2}C モジュールのリセットを解除して，ステータスをクリアします．
▶ クロック周波数の設定
　クロックの"L"と"H"の時間をそれぞれ設定します．今回は，"L"も"H"も 5 μs（=

```c
void tx_2(unsigned char dat1, unsigned char dat2, long wait)
{
  int i;

  LPC_I2C->CONSET = 0x20;       // Startコンディションをセット
  i2c_tx(0x80, 0x18);           // スレーブ・アドレスを送り，終了まで待つ
  LPC_I2C->CONCLR = 0x20;       // Startコンディションをクリア
  i2c_tx(dat1, 0x28);           // dat1を送り，終了まで待つ  …①
  i2c_tx(dat2, 0x28);           // dat2を送り，終了まで待つ
  LPC_I2C->CONSET = 0x10;       // Stopコンディションをセット
  for (i = 0; i < 100; i++);    // ちょっと待つ
  LPC_I2C->CONCLR = 0x2C;       // Start, Interrupt, Ack flagをクリア
  t1ms(wait);                   // wait ms待つ
}

void i2c_wait_stat(unsigned char wstat)
{
  unsigned char stat;
  do
  {
    stat = LPC_I2C->STAT & 0xff;  // ステータス読み込み
  } while (stat != wstat);        // ステータスとwstatが一致するまで待つ
}

void i2c_tx(unsigned char data, unsigned char wstat)
{
  int i;
  for (i = 0; i < 100; i++);    // ちょっと待つ
  LPC_I2C->DAT = data;          // データ送信
  for (i = 0; i < 100; i++);    // ちょっと待つ
  LPC_I2C->CONCLR = 0x08;       // I2C割り込みクリア
  for (i = 0; i < 100; i++);    // ちょっと待つ
  i2c_wait_stat(wstat);         // 転送終了を待つ
}

unsigned char i2c_rx(unsigned char wstat)
{
  int i;
  for (i = 0; i < 100; i++);    // ちょっと待つ
  LPC_I2C->CONCLR = 0x08;       // I2C割り込みクリア
  i2c_wait_stat(wstat);         // 読み込み終了を待つ
  return (LPC_I2C->DAT);        // 読み込みデータをリターン
}
```

[リスト 5-2]
マイコン（LPC1114）のファームウェア②…I^{2}C モジュール制御用サブルーチン

60/12MHz)に設定しました．転送速度は100kHz($= 1/(5\,\mu s + 5\,\mu s)$)です．
▶ I²Cをイネーブルにする

② コマンドを送る
　表5-6に示すように送信コマンド・バイト数は2～8バイトです．**リスト5-2**にI²Cモジュール制御用サブルーチンを示します．
　2バイトのデータを送るときは，tx_2()を使います．4バイトのときは，tx_2()内の①の所を4バイトのデータ送信に設定するだけです．8バイトのときは，引き数として送信データの配列のアドレス渡しとなります．
　tx_2()は，Startコンディションを送り，スレーブ・アドレスを書き込みとして送り，データを2バイト送り，Stopコンディションを送ってコマンド転送を終了し

Column (5-D)

2線の定番シリアル・インターフェースI²Cバスの基礎

　図Bに示すように，I²Cは，SCL(クロック信号)とSDA(データ信号)の2本の線で，一つのマスタと複数のスレーブ間でデータ転送を行うバス・インターフェースです．
　この2線には，オープン・ドレイン出力のデバイスが接続されています．バスの電圧はデバイス内部のトランジスタのON/OFF状態とプルアップ抵抗(R_P)で決まります．
　伝送速度は，標準モード(Standard mode)で最高100 kbps，高速モード(Fast mode)で最高400 kbps，超高速モード(High Speed mode)で最高3.4 Mbpsです．

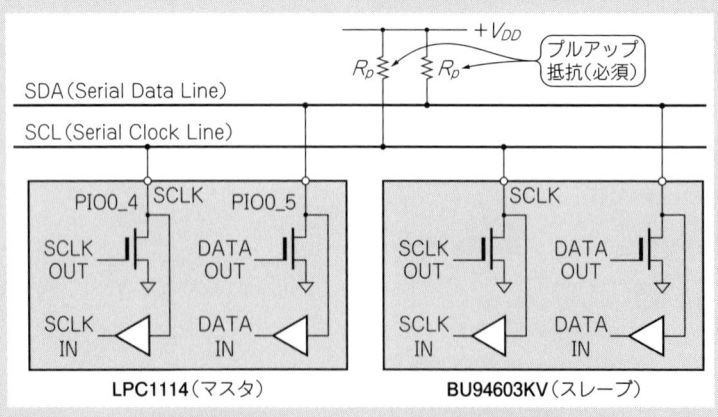

[図B] LPC1114とBU94603KVはI²Cインターフェースで接続する

ます．

マイコンの機能その②…赤外線リモコンの解読

　トラ技ディジタル・オーディオ・ステーションTDAS-01には，スイッチ類はいっさいなく，すべて赤外線リモコンで遠隔操作します．私は，家電メーカ各社の赤外線コードを出力できる汎用リモコン(**写真5-10**，オーディオ・テクニカ)を利用して，ソニーのコードを利用しました．**表5-7**に赤外線リモコンのコマンドと動作の一覧を示します．

● 赤外線リモコンの送信波形とデータ解析

　リモコンから出力されたソニーのコードを分析したところ，**図5-43**に示すよう

BU94603KVはFast modeの400 kbpsまで，LPC1114はFast mode Plusの1 Mbpsまで対応しています．

　図Cに示すのは，I^2Cバス上のデータのようすです．データがない期間，SCLとSDAは"H"です．SCLを"H"，SDAを"L"にすると，バスはStartコンディションになり，データ転送が始まります．データ長は8ビット，転送はMSBからです．1バイト転送後にAcknowledgeの確認を行います．

　データ転送後にSCLを"H"，SDAを"L"→"H"に切り替えると，バスがStopコンディションになりデータ転送が終わります．また，SCLを"H"にしたまま，"H"から"L"にすると，バスはRepeated Startコンディションになり，新たにデータを転送できるようになります．詳細は，NXPセミコンダクターズ社の「I^2Cバス仕様書バージョン2.1」を参照してください．
▶ http://www.nxp.com/documents/other/39340011_jp.pdf

〈渡辺 明禎〉

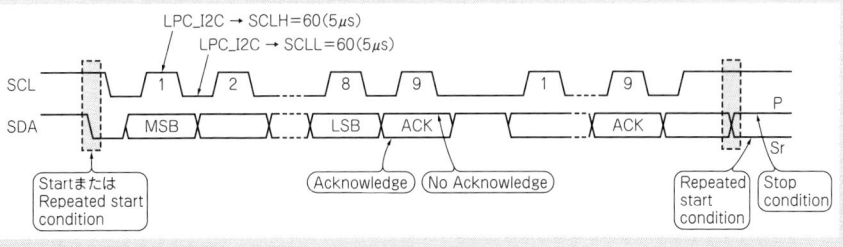

[図C] I^2Cバス上を転送されるデータのようす

[写真5-10]
ディジタル・オーディオ・ステーション TDAS-01 はリモコンで操作する
ATV-561D（オーディオ・テクニカ，マルツパーツ館扱い）

[表5-7] 赤外線リモコンの動作とコマンド・コード

コマンド名	動　作	コマンド・コード
再生	再生開始	#define PLAY 1234
一時停止	一時停止	#define PAUSE 2458
停止	再生停止	#define STOP 410
早送り	次のファイルをサーチ後再生	#define FF 922
巻き戻し	再生時間が1秒以内：前のファイルをサーチ 1秒以上：曲の先頭へ 巻戻し後再生	#define REW 3482
音量＋	音量アップ	#define VOL_P 1168
音量－	音量ダウン	#define VOL_M 3216
チャプタ送り	次のフォルダをサーチ後再生	#define CH_P 2394
チャプタ戻り	前のフォルダをサーチ後再生	#define CH_M 346
音声切り換え	スピーカ→ヘッドホン→なしの繰り返し	#define CHG_OUT 2640
電源	電源のON/OFF	#define POWER 2704

な波形が得られました．

　ボタンを押すと，2.4msのガイド・パルスの後にデータを出力します．最初のデータをMSB，最後のデータをLSBとしました．私が調べた感じでは，0.6msのパルスを最小単位にして，'1'と'0'を表現しているようです．つまり次のとおりです．

　'1'：OFFパルス幅 0.6ms，ONパルス幅1.2ms

　'0'：OFFパルス幅0.6ms，ONパルス幅0.6ms

　データ長は複数あるらしく，12，15，20ビットでした．一つのフレーム長は45msでした．

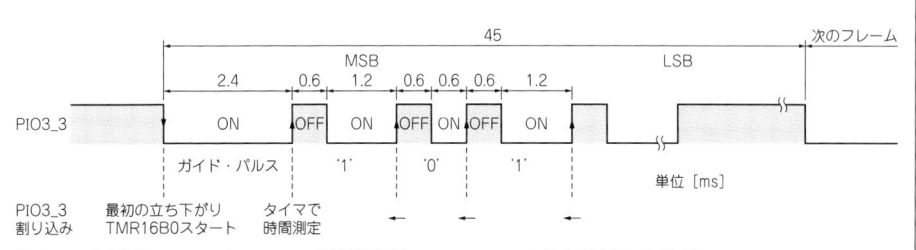

[図5-43] 写真5-10のリモコンの送信波形（ソニーのコード）を分析した結果

[リスト5-3] マイコン（LPC1114）のファームウェア3…赤外線リモコン・コードを取り込む処理

```
void PIO3_IRQHandler(void)
{
  temp = GPIOIntStatus(PORT3, 3);   ……①
  if ( temp )
  {
    if ((LPC_GPIO3->DATA & 0x8) == 0)  // 立ち下がり
    {
      GPIOSetValue( 3, 0, 0 );          // LED消灯
      if (f_rcv == 0)  ……②
      {
        LPC_TMR16B0->TCR = 1;
                    // タイマ・スタート，カウント値クリア  ……③
        f_rcv = 1;    // 受信中にフラグ・セット
        cnt_old = 0;  // カウンタの初期化
      }
    }
    else                // 立ち上がり
    {
      GPIOSetValue( 3, 0, 1 );   // LED点灯
      temp = LPC_TMR16B0->TC - cnt_old;
                                 // 経過時間を求める  ……④
      cnt_old = LPC_TMR16B0->TC;
                    // 次の時間測定用にカウンタのセット  ……⑤
      if ((temp >= 10) && (temp <= 14)) // '0', 1.2±.2ms
      {
        ir_rxdat *= 2;   // 受信データを1ビット左シフト  ……⑥
      }
      if ((temp >= 16) && (temp <= 20)) // '1', 1.8±.2ms
      {
        ir_rxdat *= 2;   // 受信データを1ビット左シフト
        ir_rxdat++;      // データが1なので+1  ……⑦
      }
    }
    GPIOIntClear(PORT3, 3);   // 割り込みフラグクリア
  }
  return;
}

void CT16B0_IRQHandler(void)
{
  if (ir_rxdat != 0)   // 受信データあり？  ……⑧
  {
    idx++;             // 受信データ用インデックスを進める
    if (idx >= 128) idx = 0;
                       // 受信データ用バッファ・サイズは128  ……⑨
    ir_dat[idx] = ir_rxdat;  // 受信データをバッファに保存
    ir_rxdat = 0;      // 受信データ・クリア，次の受信に備える
  }
  f_rcv = 0;                   // IR受信フラグ・クリア  ……⑩
  LPC_TMR16B0->TCR = 0;        // タイマ・ストップ  ……⑪
  LPC_TMR16B0->IR = 0x8;       // 割り込みフラグ・クリア
}
```

STEP 4──ディジタル・オーディオ・ステーションの製作

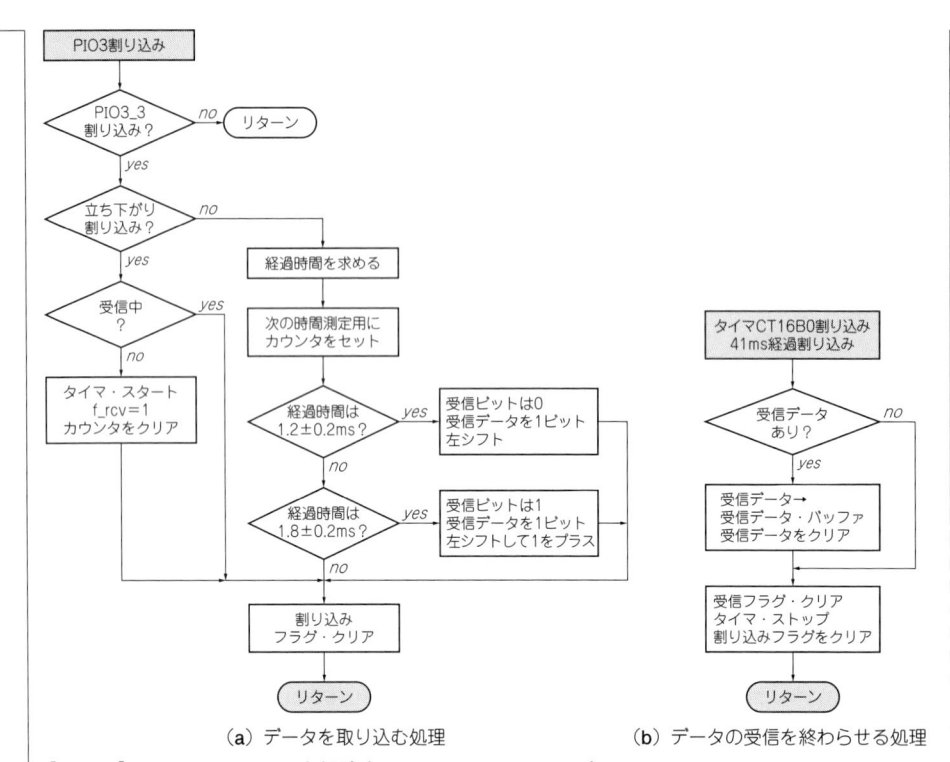

[図5-44] リモコン・コードを解読するマイコンのファームウェア

　(a) データを取り込む処理　　　　　　　　　(b) データの受信を終わらせる処理

● リモコン・コードを取り込む処理

　マイコンで前述のパルス信号を解読するときは，最初の立ち下がりをPIO3_5割り込みで捉えてタイマを起動し，立ち上がりから立ち上がりまでの時間を調べます．この時間が1.8msなら'1'，1.2msなら'0'というふうに判別することにしました．

　リスト3にプログラム・ソースを，図5-44にフローチャートを示します．

〈渡辺　明禎〉

◆参考文献◆
(1) μser.manual.lpc1111.lpc1112.lpc1113.lpc1114.pdf
(2) 桑野 雅彦 ほか；ARMマイコンパーフェクト学習基板，CQ出版社.

■ 初出一覧

『トランジスタ技術2011年10月号特集「インターネット時代の基板づくり」』
イントロダクション　私のアパートが秘密の研究開発拠点に！
Chapter I　　はじめてのプリント基板づくり
Chapter II　　部品マクロを作る
Chapter III　　回路図を描いて部品表を出力する
Chapter IV　　プリント・パターンを作画する
Chapter V　　発注/組み立て…そして音出し

『トランジスタ技術2011年10月号別冊付録「プリント基板CAD EAGLE私の使いこなし術」』
お話しその1　はじめての部品マクロ作成
お話しその2　EAGLEの標準マクロを全消去！一から作る
Appendix　プリント基板CAD EAGLE活用のためのQ＆A

■ 本書で登場するおもなWebサイト一覧

トランジスタ技術2011年10月号の特設Webサイト
http://toragi.cqpub.co.jp/tabid/508/Default.aspx

CadSoft社のプリント基板設計ソフトウェアEAGLEの入手先
http://www.cadsoft.de/downloads/

ブルガリアの基板メーカOLIMEX社
http://www.olimex.com/

3D画像を表示するためのソフトウェアSketchUp
http://www.sketchup.com/intl/ja/product/gsu.html

無償のガーバー・ビューアは，GC-Prevue(GraphiCode製)
http://www.graphicode.com/

著者略歴

渡辺 明禎(わたなべ あきよし)

1955年生まれ．静岡県出身
名古屋大学院理工学研究科　電気系専攻修了　工学博士(1993)
日立製作所中央研究所にて化合物半導体の結晶成長の研究に従事．
電子機器設計製作という趣味が本業となり，現在，エーダブル電子にて特注機器の開発に勤しむ．

著書　トランジスタ回路の実用設計他

小林 芳直(こばやし よしなお)

1951年生まれ．兵庫県出身
早稲田大学オーディオ研究会卒　工学修士　第一級陸上無線技術士
東京大学理学部情報科学科非常勤講師　ASIPソリューションズ株式会社取締役開発部長
IBM将棋クラブ会員　手作りアンプの会会員
回路設計大好きで，ディジタルからアナログ，無線までこなしている，つもり．実装技術の限界と可能性を悟り，仕事のため2，趣味のため8，でライブラリ作りに取り組む．

著書　ASICの論理回路設計他

玉村　聡(たまむら さとし)

1989年　電線製造メーカー勤務
　　　　プラント向け電子機器の設計開発
　　　　ハーネスアセンブリ，プリント基板設計，生産機械部
2001年　糖分分析機商社勤務
　　　　主に糖分分析器メンテンナンス
2002年　有限会社サーキットボードサービス設立
　　　　プリント基板設計ソフトウェアEAGLE販売
　　　　電子機器の設計

森田 一(もりた はじめ)

幼少期に『NHKラジオ教科書』を手に取ったのが運の尽きで電子技術の世界に．アマチュア無線やマイコンなどお決まりのコースを経て家電メーカに就職．家電メーカではマイコンのソフト開発，カスタムマイコン開発，ASIC開発，EMC設計とその時節ごとに楽しそうな分野を渡り歩く．「CISPR22なんざ少なくともあと20 dB厳しくないと，今後問題が多発する」が最近の口癖．

武田 洋一(たけだ よういち)

東京理科大学理学部化学科卒．
株式会社亜土電子工業(ADOパーツショップ)店長およびマーケティング担当．
サンハヤト株式会社研究開発本部長．
現在，インタープラン株式会社で営業技術・マーケティングを担当．
電子回路は気難しいときが多いけれど，頑張れば優しくしてくれます．私はまだ本当の親友とは認めてくれていないみたいです．

宮崎 充彦(みやざき みつひこ)

大阪電気通信大学を卒業後，半田こての製造，販売メーカー，白光株式会社に入社致しました．入社後は，製造部，生産技術部の部署を経て，現在はR＆Dセンターにて，研究・開発の業務に携わっています．半田付けは熱で半田を溶かし接合する，簡単なプロセスと考えがちですが，実は奥深い技術です．材質，温度制御，作業プロセスなど，ユーザーに必要とされる技術に日々取組んでいます．

INDEX
索引

[数字・アルファベット]
Add —— 37, 43, 150, 180
Airwire —— 89, 223, 232, 237
Approve —— 207, 245
Arc —— 37, 46,
Attribute —— 37, 42, 47
Auto —— 37, 52, 157, 235
BD2051A —— 84
BD5638 —— 20, 276
Bend —— 200, 233
BH1417FV —— 21, 267
BH33NB1 —— 82, 105, 245
BH3544F —— 324
Board —— 29, 170, 219
BU94603KV —— 78, 80, 207, 270
Bus —— 37, 43, 46, 201, 326
CAD
—— 12, 17, 21, 28, 30, 154, 184, 214
CAMプロセッサ —— 27, 29, 66, 246
Change —— 37, 41, 49, 102
Circle —— 37, 46, 178
Class —— 42, 238
Clearance —— 209, 231
Connection —— 106
Control Panel —— 28, 67
Copy —— 37, 39, 53, 93
Cut —— 53
Delete —— 37, 43

Device
—— 29, 52, 87, 103, 166, 210, 281
Diameter —— 49
Dimension —— 37, 47, 53
DIP —— 43, 54, 114, 318
Direction —— 102
Disconnect —— 106, 170
Display —— 37, 39, 42
DRC
—— 29, 37, 52, 105, 243, 250, 282
Drill —— 71, 89, 209
DTA124EUA —— 85
DTC114TUA —— 88
D級アンプ —— 20
EAGLE —— 17, 21, 62, 149, 179
ERC —— 37, 48, 66, 102, 206
Errors —— 37, 48
Export —— 39
File —— 231
Flash Magic —— 313
Frame —— 196
Gateswap —— 37, 44, 286
GND —— 45, 202, 218, 238
Grid —— 57, 91, 126, 220
Group —— 37, 40, 59
Hole —— 37, 51
HVSOF5 —— 83, 105
I^2C —— 330

Info —— 36
Invoke —— 37, 45
J-Link —— 312
Junction —— 37, 47, 201
Label —— 47, 201
Layer —— 42, 89
Library —— 55, 165
Lock —— 37, 49
LPC1114 —— 21, 282
LPCXpresso —— 284, 312
Mark —— 37, 39
Meander —— 37, 50, 53
Mirror —— 40, 48
Miter —— 44
Move —— 37, 39, 59
MP3 —— 18, 77
Name —— 37, 42, 44
Net —— 31, 37, 46, 200
Netlist —— 31, 205, 213
Optimize —— 37, 49
Overlap —— 105
Package —— 29, 42, 87, 165
Pad —— 33
Partlist —— 212
Paste —— 37, 43
Pin —— 52, 99
Pinswap —— 37, 43
Polygon —— 37, 46, 240
Prefix —— 97
Print —— 230
Properties —— 36
Ratsnest —— 37, 51, 223

Rect —— 37, 46, 181
Remove —— 170
Rename —— 122
Replace —— 37, 43
Ripup —— 37, 50, 152
Rotate —— 37, 40
Route —— 37, 50
RSB12JS2 —— 85
Save —— 76
Scale factor —— 230
Schematic —— 29, 64, 104, 168, 219
Show —— 36
Signal —— 51
Size —— 42, 231
Smash —— 37, 44
Smd —— 52, 92, 179
SOP8 —— 87, 118
SOT-323 —— 89
Split —— 44
Symbol —— 87, 98, 103, 196, 280
Technology —— 42
Text —— 37, 42, 45
ULP —— 226
Undo/Redo —— 237
Value —— 37, 42, 44, 207
Via —— 37, 49, 51
VQFP64 —— 90
VSON008X —— 278
Vカット —— 182, 289, 319
Width —— 42, 96
Wire —— 37, 42, 45

[あ・ア行]

アートワーク
　——30, 146, 194, 213, 218
アクション・ツール・バー
　——45, 91, 197, 219
移動 ——37, 39, 59, 220
印刷 ——28, 96, 229, 248
インストール ——21, 24, 72, 258
エア・ワイヤ ——223
エア・ワイヤ化 ——50
エラー配線チェック ——48
エラー表示 ——48
円弧描画 ——46
円描画 ——46
オート・ルータ ——22
表裏反転 ——48

[か・カ行]

ガーバー・データ
　——67, 182, 246, 251
外形線 ——59, 101, 221
回転 ——40, 48, 159, 199, 223
回路図 ——17, 31, 36, 64, 87,
　167, 190, 195, 213, 218
角の変更 ——44
基板データ ——17, 219, 275
強調表示 ——36
クラス ——42, 208, 238
グループ選択 ——40
ゲートの入れ替え ——44
原点 ——39, 59, 102, 138, 159
固定 ——49
コピー ——39, 120

コマンド・ツール・バー
　——36, 206, 232
コントロール・パネル
　——26, 91, 246

[さ・サ行]

サーマル・ビア ——278
最適化 ——49, 236
削除 ——43, 170, 239
左右反転 ——40
四角描画 ——46
情報表示 ——36
シルク印刷 ——33, 97, 248
信号線接続 ——51
スケマティック・エディタ ——39, 48
寸法表示 ——47
赤外線リモコン ——87, 284, 333
設計ルール ——52
接続点描画 ——47
相対座標設定 ——39
属性設定 ——47

[た・タ行]

多角形描画 ——46
直線描画 ——45
テキスト描画 ——45
デザイン・ルール・チェック
　——105, 243
電源 ——84, 87, 146, 194, 282,
　285, 303, 310
動作確認 ——303, 306, 310
取り付け穴 ——221
ドリル穴 ——51, 157
ドリル・データ ——28, 66, 249

[な・ナ行]

ネット名称追加 —— 47
ネット・リスト —— 31, 39

[は・ハ行]

配線 —— 17, 36, 48, 50, 64, 96, 103, 152, 200, 210, 221, 225, 231, 281, 286
配線エラー —— 243
配線記号 —— 97, 103
配線描画 —— 46, 50
バス描画 —— 46
パッド
　—— 33, 49, 52, 105, 130, 176
パラメータ・ツール・バー
　—— 40, 45, 50, 99, 200
はんだごて —— 111, 130
はんだたまり —— 109
はんだ付け
　—— 33, 108, 306, 311, 315
はんだ面
　—— 48, 68, 161, 223, 238, 248
ビアの配置 —— 51
ペア配線の均等化 —— 50
表示レイヤ設定 —— 39
表面実装用パッドの配置 —— 52
プリント・パターン —— 17, 21, 221
ピン端子の配置 —— 52
ピンの入れ替え —— 43
フィレット —— 111
複合部品の配置 —— 45
フット・プリント —— 33, 108, 111
部品追加 —— 43
部品の値 —— 44
部品の変更 —— 43, 167
部品番号 —— 36, 97, 207, 237
部品表 —— 31, 76, 210, 226
部品マクロ —— 17, 28, 33, 87, 94, 117, 155, 165, 210, 274, 278, 285
部品名称，値の分離 —— 44
部品面 —— 28, 67, 161, 238, 323
ブリッジ —— 108
プロジェクト —— 26, 313
負論理 —— 102
ペースト —— 43, 289
ベタ面 —— 49, 239, 282
ベタ面の表示 —— 52
変更
　—— 41, 49, 122, 170, 208, 249
ベンド追加 —— 44
放熱パッド —— 280
ボード・エディタ —— 37, 52

[ま・マ行]

マーカPad —— 95
マイクロストリップ・ライン —— 275
名称 —— 44, 122, 125
メトリックとインチ —— 54
面付け —— 18, 182, 288, 291, 321

[ら・ラ行]

ライブラリ・エディタ —— 52, 91
ライブラリ・ファイル
　—— 91, 94, 210, 225
ランド径 —— 157
リワーク —— 113
レイアウト —— 28, 69, 219, 229, 241

- **本書記載の社名,製品名について** ── 本書に記載されている社名および製品名は,一般に開発メーカーの登録商標または商標です.なお,本文中では ™, ®, © の各表示を明記していません.
- **本書掲載記事の利用についてのご注意** ── 本書掲載記事は著作権法により保護され,また産業財産権が確立されている場合があります.したがって,記事として掲載された技術情報をもとに製品化をするには,著作権者および産業財産権者の許可が必要です.また,掲載された技術情報を利用することにより発生した損害などに関して,CQ出版社および著作権者ならびに産業財産権者は責任を負いかねますのでご了承ください.
- **本書付属の CD-ROM についてのご注意** ── 本書付属の CD-ROM に収録したプログラムやデータなどは著作権法により保護されています.したがって,特別の表記がない限り,本書付属の CD-ROM の貸与または改変,複写複製(コピー)はできません.また,本書付属の CD-ROM に収録したプログラムやデータなどを利用することにより発生した損害などに関して,CQ出版社および著作権者は責任を負いかねますのでご了承ください.
- **本書に関するご質問について** ── 文章,数式などの記述上の不明点についてのご質問は,必ず往復はがきか返信用封筒を同封した封書でお願いいたします.ご質問は著者に回送し直接回答していただきますので,多少時間がかかります.また,本書の記載範囲を越えるご質問には応じられませんので,ご了承ください.
- **本書の複製等について** ── 本書のコピー,スキャン,デジタル化等の無断複製は著作権法上での例外を除き禁じられています.本書を代行業者等の第三者に依頼してスキャンやデジタル化することは,たとえ個人や家庭内の利用でも認められておりません.

Ⓡ 〈日本複製権センター委託出版物〉
本書の全部または一部を無断で複写複製(コピー)することは,著作権法上での例外を除き,禁じられています.本書からの複製を希望される場合は,日本複製権センター(TEL:03-3401-2382)にご連絡ください.なお,本書付属 CD-ROM の複写複製(コピー)は,特別の表記がない限り許可いたしません.

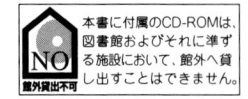

プリント基板 CAD EAGLE でボード作り　　CD-ROM付き

2013年3月30日　初版発行
2013年7月1日　第2版発行

　　　　　　　　　　　　© 渡辺 明禎,小林 芳直,玉村 聡,
　　　　　　　　　　　　　森田 一,武田 洋一,宮崎 充彦 2013
　　　　　　　　　　　　　　　　(無断転載を禁じます)

　　　　　　　著　者　　渡辺 明禎,小林 芳直,玉村 聡,
　　　　　　　　　　　　森田 一,武田 洋一,宮崎 充彦

　　　　　　　発行人　　寺 前 裕 司
　　　　　　　発行所　　CQ 出版株式会社
　　　　　　　〒170-8461　東京都豊島区巣鴨 1-14-2
　　　　　　　電話 編集　　03-5395-2123

ISBN978-4-7898-3638-8　　　　　販売　　03-5395-2141
定価はカバーに表示してあります　　振替　　00100-7-10665

乱丁,落丁本はお取り替えします　　編集担当者　寺前 裕司／我満 みどり
　　　　　　　　　　　　　　　　DTP・印刷・製本　三晃印刷株式会社
　　　　　　　　　　　　　　　　カバー・表紙デザイン　千村 勝紀
　　　　　　　　　　　　　　　　　　　　　　　　Printed in Japan